BIM 造价专业基础知识

人力资源和社会保障部职业技能鉴定中心
工业和信息化部电子通信行业职业技能鉴定指导中心　组织编写
北京绿色建筑产业联盟BIM技术研究与应用委员会

BIM 技术人才培养项目辅导教材编委会 编

张　磊　主编

U0299676

中国建筑工业出版社

图书在版编目(CIP)数据

BIM造价专业基础知识/BIM技术人才培养项目辅导教材编委
会编. —北京:中国建筑工业出版社,2018.5
BIM技术系列岗位人才培养项目辅导教材
ISBN 978-7-112-22203-2

Ⅰ. ①B… Ⅱ. ①B… Ⅲ. ①建筑工程-工程造价-应用软件-技术
培训-教材 Ⅳ. ①TU723.3-39

中国版本图书馆CIP数据核字(2018)第086045号

责任编辑:封 毅 毕凤鸣
责任校对:党 蕾

BIM技术系列岗位人才培养项目辅导教材
BIM造价专业基础知识
人力资源和社会保障部职业技能鉴定中心
工业和信息化部电子通信行业职业技能鉴定指导中心 组织编写
北京绿色建筑产业联盟BIM技术研究与应用委员会
BIM 技 术 人 才 培 养 项 目 辅 导 教 材 编 委 会 编
张 磊 主编
＊
中国建筑工业出版社出版、发行(北京海淀三里河路9号)
各地新华书店、建筑书店经销
北京红光制版公司制版
北京建筑工业印刷厂印刷
＊
开本:787×1092毫米 1/16 印张:18 字数:443千字
2018年5月第一版 2018年5月第一次印刷
定价:55.00元
ISBN 978-7-112-22203-2
(32099)

本 书 编 委 会

编委会主任：陆泽荣　北京绿色建筑产业联盟执行主席

主　　编：张　磊　北京市第三建筑工程有限公司

　　　　　刘　钢　湖南交通职业技术学院

副 主 编：胡　琰　湖南交通职业技术学院

　　　　　芦　东　北京市第三建筑工程有限公司

　　　　　李向东　中国铁道科学研究院集团有限公司

编写人员：

北京市第三建筑工程有限公司	张晓辉	张　琴	汤红玲	杨　波	朱　江
湖南交通职业技术学院	常爱萍	易红霞	孟庆红		
江苏国泰新点软件有限公司	叶小勇				
中冶建工集团有限公司	周　健	袁　玲	肖康程		
公正工程管理咨询有限公司	李　静				
天津市投资咨询公司	金春华	张　雯	沈　斌		
湖南水利水电职业技术学院	卜婷婷				
北京建工四建工程建设有限公司	谢明泉	宋　昆			
北京住总集团有限责任公司	张宝龙				
香港互联立方有限公司	毕崇磊				
湖南卓越工程技术有限公司	龙建军				
广州市新誉工程咨询有限公司	李绪泽				
北京绿色建筑产业联盟	陈玉霞	孙　洋	张中华	范明月	吴　鹏
	王晓琴	邹　任			

主　　审：尹贻林　天津理工大学

3

丛 书 总 序

中共中央办公厅、国务院办公厅印发《关于促进建筑业持续健康发展的意见》（国发办〔2017〕19号），住房城乡建设部印发《2016—2020年建筑业信息化发展纲要》（建质函〔2016〕183号），《关于推进建筑信息模型应用的指导意见》（建质函〔2015〕159号），国务院印发《国家中长期人才发展规划纲要（2010—2020年）》《国家中长期教育改革和发展规划纲要（2010—2020年）》，教育部等六部委联合印发的《关于进一步加强职业教育工作的若干意见》等文件，以及全国各地方政府相继出台多项政策措施，为我国建筑信息化BIM技术广泛应用和人才培养创造了良好的发展环境。

当前，我国的建筑业面临着转型升级，BIM技术将会在这场变革中起到关键作用；也必定成为建筑领域实现技术创新、转型升级的突破口。围绕住房和城乡建设部印发的《推进建筑信息模型应用指导意见》，在建设工程项目规划设计、施工项目管理、绿色建筑等方面，更是把推动建筑信息化建设作为行业发展总目标之一。国内各省市行业行政主管部门已相继出台关于推进BIM技术推广应用的指导意见，标志着我国工程项目建设、绿色节能环保、装配式建筑、3D打印、建筑工业化生产等要全面进入信息化时代。

如何高效利用网络化、信息化为建筑业服务，是我们面临的重要问题；尽管BIM技术进入我国已经有很长时间，所创造的经济效益和社会效益只是星星之火。不少具有前瞻性与战略眼光的企业领导者，开始思考如何应用BIM技术来提升项目管理水平与企业核心竞争力，却面临诸如专业技术人才、数据共享、协同管理、战略分析决策等难以解决的问题。

在"政府有要求，市场有需求"的背景下，如何顺应BIM技术在我国运用的发展趋势，是建筑人应该积极参与和认真思考的问题。推进建筑信息模型（BIM）等信息技术在工程设计、施工和运行维护全过程的应用，提高综合效益，是当前建筑人的首要工作任务之一，也是促进绿色建筑发展、提高建筑产业信息化水平、推进智慧城市建设和实现建筑业转型升级的基础性技术。普及和掌握BIM技术（建筑信息化技术）在建筑工程技术领域应用的专业技术与技能，实现建筑技术利用信息技术转型升级，同样是现代建筑人职业生涯可持续发展的重要节点。

为此，北京绿色建筑产业联盟应工业和信息化部教育与考试中心（电子通信行业职业技能鉴定指导中心）的要求，特邀请国际国内BIM技术研究、教学、开发、应用等方面的专家，组成BIM技术应用型人才培养丛书编写委员会；针对BIM技术应用领域，组织编写了这套BIM工程师专业技能培训与考试指导用书，为我国建筑业培养和输送优秀的建筑信息化BIM技术实用性人才，为各高等院校、企事业单位、职业教育、行业从业人员等机构和个人，提供BIM专业技能培训与考试的技术支持。这套丛书阐述了BIM技术在建筑全生命周期中相关工作的操作标准、流程、技巧、方法；介绍了相关BIM建模软件工具的使用功能和工程项目各阶段、各环节、各系统建模的关键技术。说明了BIM技术在项目管理各阶段协同应用关键要素、数据分析、战略决策依据和解决方案。提出了推动 BIM 在设计、施工等阶段应用的关键技术的发展和整体应用策略。

我们将努力使本套丛书成为现代建筑人在日常工作中较为系统、深入、贴近实践的工具型丛书，促进建筑业的施工技术和管理人员、BIM 技术中心的实操建模人员、战略规划和项目管理人员，以及参加 BIM 工程师专业技能考评认证的备考人员等理论知识升级和专业技能提升。本丛书还可以作为高等院校的建筑工程、土木工程、工程管理、建筑信息化等专业教学课程用书。

本套丛书包括四本基础分册，分别为《BIM 技术概论》《BIM 应用与项目管理》《BIM 建模应用技术》《BIM 应用案例分析》，为学员培训和考试指导用书。另外，应广大设计院、施工企业的要求，我们还出版了《BIM 设计施工综合技能与实务》《BIM 快速标准化建模》等应用型图书，并且方便学员掌握知识点的《BIM 技术知识点练习题及详解（基础知识篇）》《BIM 技术知识点练习题及详解（操作实务篇）》。2018 年我们还将陆续推出面向 BIM 造价工程师、BIM 装饰工程师、BIM 电力工程师、BIM 机电工程师、BIM 路桥工程师、BIM 成本管控、装配式 BIM 技术人员等专业方向的培训与考试指导用书，覆盖专业基础和操作实务全知识领域，进一步完善 BIM 专业类岗位能力培训与考试指导用书体系。

为了适应 BIM 技术应用新知识快速更新迭代的要求，充分发挥建筑业新技术的经济价值和社会价值，本套丛书原则上每两年修订一次；根据《教学大纲》和《考评体系》的知识结构，在丛书各章节中的关键知识点、难点、考点后面植入了讲解视频和实例视频等增值服务内容，让读者更加直观易懂，以扫二维码的方式进入观看，从而满足广大读者的学习需求。

感谢各位编委们在极其繁忙的日常工作中抽出时间撰写书稿。感谢清华大学、北京建筑大学、北京工业大学、华北电力大学、云南农业大学、四川建筑职业技术学院、黄河科技学院、湖南交通职业技术学院、中国建筑科学研究院、中国建筑设计研究院、中国智慧科学技术研究院、中国建筑西北设计研究院、中国建筑股份有限公司、中国铁建电气化局集团、北京城建集团、北京建工集团、上海建工集团、北京中外联合建筑装饰工程有限公司、北京市第三建筑工程有限公司、北京百高教育集团、北京中智时代信息技术公司、天津市建筑设计院、上海 BIM 工程中心、鸿业科技公司、广联达软件、橄榄山软件、麦格天宝集团、成都孺子牛工程项目管理有限公司、山东中永信工程咨询有限公司、海航地产集团有限公司、T-Solutions、上海开艺设计集团、江苏国泰新点软件、浙江亚厦装饰股份有限公司、文凯职业教育学校等单位，对本套丛书编写的大力支持和帮助，感谢中国建筑工业出版社为丛书的出版所做出的大量的工作。

北京绿色建筑产业联盟执行主席　陆泽荣

2018 年 4 月

前　言

BIM 作为建筑工程领域一种新的工具、新的理念、新的解决方案，自从被引入国内以后，就引起了社会各界的高度关注。短短几年内，政府、行业协会、软硬件厂商、建筑企业等都以不同的身份在参与着这项新的技术革命。在取得了大量 BIM 推广与应用经验的同时，也暴露出诸如对 BIM 认识深度不够、BIM 应用流程不规范、BIM 成果验收标准不统一等问题，尤其是缺乏能将 BIM 技术和各专业深度融合的 BIM 专业化人才，这直接决定着 BIM 这项先进的技术能嵌入到建筑工程领域的广度与深度！

《BIM 造价专业基础知识》作为"BIM 技术系列岗位人才培养项目辅导教材"的专业分册之一，是根据《全国 BIM 专业技能测评考试大纲》编写，用于 BIM 技术学习、培训与考试的指导用书。本书旨在给工程造价领域提供 BIM 技术的理论应用基础与实施指导。

本书共分为六个章节。第 1 章是工程造价基础知识，比较系统、全面地介绍了工程造价的基本知识，主要包括工程造价概述、工程造价管理基本知识、全国注册造价师的基本知识以及目前的工程造价行业现状。第 2 章是 BIM 造价概述，主要讲述了基于 BIM 技术应用在造价专业领域的相关情况。主要包括 BIM 造价的概念、BIM 造价的发展阶段、BIM 造价的特征、BIM 造价的作用与价值以及市场需求预测。第 3 章是 BIM 与工程计量，主要讲述了 BIM 在工程计量上的具体应用。主要包括工程计量概述、BIM 土建计量、BIM 安装计量，并附带部分 BIM 算量的案例。第 4 章是 BIM 与工程计价，主要讲述了工程计价一些基本知识以及 BIM 在工程计价中的应用。第 5 章是 BIM 造价管理，主要讲述 BIM 技术在造价管理中的应用，包括工程造价管理的现状和趋势、BIM 在全过程造价管理中的应用以及一些新型管理模式下造价专业的 BIM 技术应用。第 6 章是 BIM 与造价信息化。主要内容包括工程造价信息简介、工程造价信息化以及 BIM 在工程造价信息化建设中的价值。本书的知识脉络和造价工程师考试教材的知识脉络能较好地吻合，除了可作为 BIM 专业技术学习和考试用书外，也可作为造价专业的参考用书。

本书在编写的过程中，参考了大量的专业书籍和文献，汲取了行业专家的宝贵经验，得到了众多单位和同仁们的大力支持和帮助，在此一并感谢！但受限于编者的能力和经验，不妥之处在所难免，恳请广大读者批评指正！

《BIM 造价专业基础知识》编写组
2018 年 4 月

目　　录

第1章 工程造价基础知识

本章导读

本章主要讲述工程造价的基础知识。从建筑工程的相关概念讲起，在明确工程造价的含义、特点和作用的基础上，对我国工程造价管理的产生、发展和管理组织系统进行说明，特别是针对不同阶段工程造价管理的工作内容进行阐述。注册造价工程师和工程造价咨询企业对行业的稳定发展非常重要，本章将对注册造价工程师考试和注册的相关情况进行说明，讲述工程造价咨询企业的资质等级和工作范围。基于建筑行业新技术、新手段层出不穷，针对工程造价行业当前发展现状进行剖析，并说明BIM技术发展对造价工作的重大意义。

1.1　工程造价概述

1.1.1　建设工程相关概念

1. 建筑工程的含义

建筑工程是土木工程最有代表性的分支，主要解决社会和科技发展所需的"吃、穿、用、住、行"中"住"的问题，表现为形成人类活动所需要的、功能良好、安全和舒适美观的空间。建筑工程是指永久性和临时性的建筑物、构筑物的建造活动，即为新建、改建或扩建房屋建筑物和附属构筑物设施所进行的规划、勘察、设计和施工、竣工交付使用及维修等各项技术工作和完成的工程实体，包括民用建筑和工业建筑工程。

民用建筑工程，是指直接用于满足人们的物质和文化生活需要的非生产性建筑的建筑工程。主要包括：剧院、旅馆、商店、学校、医院、住宅等建筑物和与其配套的水塔、自行车棚、水池等建造和修缮工程；电气、给水排水、暖通、通信、智能化、电梯等线路、管道、设备的安装活动，室外场地的平整、道路修建、排水、园林绿化及其他民用建筑工程。

工业建筑工程，是指从事物质生产和直接为生产服务的建筑工程。主要包括生产（加工）车间、动力车间、特殊车间、实验车间、仓库、独立实验室、化验室、锅炉房、变电所和其他生产用建筑工程。

2. 建设工程项目的分解

任何工程项目的建设都是根据业主特殊的功能要求与使用要求，单独进行设计、单独进行施工。每一个项目均有自己的特点，各不相同。从建设过程的角度来看，可以说不存在两个完全相同的工程，因而对每一个工程的造价也需要单独地进行计算。又由于工程项目的特点，其建筑、结构、设备等形式各异，体量大小千变万化，所用材料成百上千，在计算工程费用时按一个完整工程作为计量单位进行计价是很难实现的。可行的方法是将工程进行分解，即将整体工程分解为组成内容相对简单、可以计算出相应实物数量的工程造价计价的基本子项。如果分解得到这样的子项，则有可能方便容易地计算出各个基本子项的价格费用，然后再逐级汇总得到整个工程的造价。同理，工程造价的控制也应控制至各个基本子项的实际发生的费用，将各个基本子项的费用实际值与相应的计划值作比较，最终才能控制整个工程的造价。

工程分解或工程结构分解是进行工程造价计算与控制的一项非常重要的工作，是工程造价规划与控制的基础。工程的分解有多种途径，分解结构的意义在于其能够把整体的、复杂的工程分成较小的、更易管理的组成部分，直到定义的详细程度足以保障和满足工程造价的规划活动和控制活动的需要。

建设项目是一个系统工程，为适应工程管理和经济核算的需要，可以将建设项目由大到小，按分部分项划分为各个组成部分。按照我国在建设领域内的有关规定和习惯做法，工程项目按照它的组成内容的不同，可以划分为建设项目、单项工程、单位工程、分部工程和分项工程 5 类。

（1）建设项目

建设项目一般指的是具有一个计划文件和按一个总体设计进行建设、经济上实行了统一核算、行政上有独立组织形式的工程建设单位。在工业建设中，一般是以一个企业（或联合企业）为建设项目；在民用建设中，一般是以一个事业单位（如一所学校、一所医院）为建设项目；也有营业性质的，如以一座宾馆、一所商场为建设项目。在一个建设项目中，可以有几个单项工程，也可能只有一个单项工程。

（2）单项工程

单项工程是建设项目的组成部分，它是能够独力发挥生产能力或效益的工程。工业建设项目的单项工程，一般是指能独立生产的厂（或车间）、矿或一个完整的、独立的生产系统；非工业项目的单项工程是指建设项目中能够发挥设计规定的主要效益的各个独立工程。单项工程是具有独立存在意义的一个完整工程，也是一个复杂的综合体，它由若干单位工程组成。

（3）单位工程

单位工程是单项工程的组成部分。通常按照单项工程所包含的不同性质的工程内容，根据能否独立施工的要求，将一个单项工程划分为若干单位工程，如某车间是一个单项工程，构成车间的一般土建工程、特殊构筑物工程、工业管道工程、卫生工程、电气照明工程等，就分别为单位工程。

（4）分部工程

分部工程是单位工程的组成部分。在建设工程中，分部工程是按照工程结构的性质或部位划分的。例如，一般土建工程（单位工程）可以分为基础、墙身、柱梁、楼地屋面、装饰、门窗、金属结构等，其中每一部分称为分部工程。

（5）分项工程

在分部工程中，由于还包括不同的施工内容。按其施工方法、工料消耗、材料种类还可以分解成更小的部分，即建筑或安装工程的一种基本的构成单元——分项工程。分项工程是通过简单的施工过程就能完成的工程内容，它是工程造价计价工作中一个基本的计量单元，也是工程定额的编制对象。它与单项工程是完整的产品有所不同，一般说它没有独立存在的意义，它只是建筑安装工程的一种基本的构成因素，是为了确定建筑安装工程造价而设定的一种中间产品，如砖石工程中的标准砖基础、混凝土及钢筋混凝土工程中的现浇钢筋混凝土矩形梁等（图1.1.1-1）。

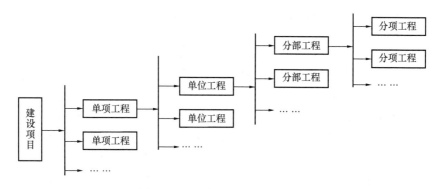

图1.1.1-1 建设工程项目分解图

3. 建设工程项目的建设程序

在工程建设中，不同阶段的工作内容需要按照先后次序，有计划、有步骤地进行，这个过程是循序渐进的，反映了工程建设各个阶段的内在联系和客观规律。按照惯例，一般我们将建设工程项目的程序分为六个阶段。

(1) 决策阶段

建设项目投资决策是选择和决定投资行动方案的过程，是对拟建项目的必要性和可行性进行技术经济论证，也是对不同建设方案进行技术经济比较及作出判断和决定的过程。正确的项目投资行动来源于正确的项目投资决策。项目决策正确与否，直接关系到项目建设的成败，关系到工程造价的高低及投资效果的好坏。正确决策是合理确定与控制工程造价的前提。

(2) 设计阶段

建设项目设计是指在建设项目开始施工之前，设计人员根据已批准的可行性研究报告及设计任务书，为具体实现拟建项目的技术、经济等方面的要求，拟定建筑、安装和设备制造等所需的规划、图纸、数据等技术文件的工作。设计是建设项目由计划变为现实具有决定意义的工作阶段。设计文件是建筑安装施工的依据。拟建工程在建设过程中能否保证质量、进度和节约投资，在很大程度上取决于设计质量的优劣。工程建成后，能否获得满意的经济效果，除项目决策外，设计工作起着决定性的作用。国家规定，一般工业项目和民用建设项目按初步设计和施工图设计两个阶段进行，称为"两阶段设计"；对于技术复杂而又缺乏设计经验的项目，可按初步设计、技术设计和施工图设计三个阶段进行，称为"三阶段设计"。

(3) 招投标阶段

建设项目招标投标是建设项目招标与投标活动的总称，是建筑市场交易活动的主要形式。建设项目招标是指招标人在发包建设项目之前，依据法定程序，以公开招标或邀请招标方式，鼓励潜在的投标人依据招标文件参与竞争，通过评定以便从中选定中标人的一种经济活动。建设项目投标是与项目招标的对称概念，是指具有合法资格和能力的投标人，根据招标文件，在指定期限内填写标书提出报价，并等候开标，决定能否中标的经济活动。其是建筑企业承揽业务的主要途径。实行建设项目的招标投标是我国建筑市场趋向法制化、规范化、完善化的重要举措，对于择优选择承包单位，全面合理地确定工程造价，进而使工程造价得到合理有效地控制，具有十分重要的意义。

(4) 施工阶段

建筑施工是指建筑企业的生产活动，是各类建筑物的建造过程，是利用一定的工艺原理、生产方法、操作技术、机械和建筑材料，在指定的地点，把设计图纸所体现的设计意图变成实物的过程。我们一般将建筑施工划分为施工准备和施工两个阶段。施工准备阶段主要是确保工程施工顺利进行，贯穿于施工的全过程。从工程开工之前到每个分部、分项工程施工，都有一系列的施工准备工作。根据内容的性质不同，施工准备工作还可以继续细分为办理开工手续、技术准备、资源准备、施工现场准备等几个方面。当施工前的准备工作完成，经总监理工程师或建设方代表签署开工令后，即进入正式施工阶段。施工阶段主要包括建筑与装饰、水电工程和设备安装工程等内容。

(5) 竣工阶段

竣工阶段可以分为三步。第一步是竣工验收：施工单位组织自检、监理单位组织预验收，预验收合格后施工单位提出竣工申请，建设、设计、施工及监理单位编写自评报告，建设单位组织竣工验收，建设主管部门参与。第二步是竣工结算：工程竣工结算是指施工企业按照合同规定的内容全部完成所承包的工程，经验收质量合格，并符合合同要求之后，向发包单位进行的最终工程款结算。竣工结算书是一种动态的计算，是按照工程实际发生的量与额来计算的，经审查的工程竣工结算是核定建设工程造价的依据，也是建设项目竣工验收后编制竣工决算和核定新增资产价值的依据。第三步是正式交付使用。

（6）运维阶段

建筑运营维护阶段指建筑在竣工验收完成并投入使用后，整合建筑内人员、设施及技术等关键资源，通过运营充分提高建筑的使用率，降低它的经营成本，增加投资收益，并通过维护尽可能延长建筑的使用周期而进行的综合管理。运维管理包括空间管理、设施管理、隐蔽工程管理、应急管理、节能减排管理和公共安全管理等方面（图 1.1.1-2）。

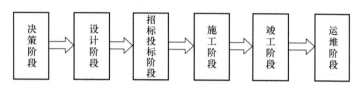

图 1.1.1-2　建设程序图

1.1.2　工程造价的含义、特点、作用

1. 工程造价的含义

工程造价通常是指工程项目在建设期（预计或实际）支出的建设费用。由于所处的角度不同，工程造价有不同的含义。含义一：从投资者（业主）角度分析，工程造价是指建设一项工程预期开支或实际开支的全部固定资产投资费用。投资者为了获得投资项目的预期效益，需要对项目进行策划决策、建设实施（设计、施工）直至竣工验收等一系列活动。在上述活动中所花费的全部费用，即构成工程造价。从这个意义上讲，工程造价就是建设工程固定资产总投资。含义二：从市场交易度分析，工程造价是指在工程发承包交易活动中形成的建筑安装工程费用或建设工程总费用。显然，工程造价的这种含义是指以建设工程这种特定的商品形式作为交易对象，通过招标投标或其他交易方式，在多次预估的基础上，最终由市场形成的价格。

工程造价的两种含义实质上就是从不同角度把握同一事物的本质。对投资者而言，工程造价就是项目投资，是"购买"工程项目需支付的费用；同时，工程造价也是投资者作为市场供给主体"出售"工程项目时确定价格和衡量投资效益的尺度。

2. 工程造价的特点

由于建筑产品不同于一般工业产品，因此工程造价具有以下特点：

（1）工程造价的大额性

建筑产品与一般商品不同，建筑产品不仅体形庞大，而且其消耗的资源也十分巨大。一个建设项目少则几百万元、多则数亿乃至数千亿元以上，特大的工程项目如长江三峡工程总造价达 2000 多亿元。工程造价的大额性一方面关系到有关方面的重大经济利益，另一方面也使工程项目承受了极大的经济风险。同时对宏观经济的运行将会产生重大的影响，基本建设投资规模过大或投资规模过小都会对国民经济的正常运行产生十分不利的影响。

（2）工程造价的个别性和差异性

任何一项工程都有特定的用途、功能和规模，即便是相同的用途、功能和规模，由于处在不同的地理位置或不同的建造时间，其工程造价会有较大的差异。工程项目与一般的商品不同，它具有单件性特点，即不存在完全相同的工程项目。工程造价的个别性和差异性是由建筑产品的特点决定的。

（3）工程造价的动态性

工程项目具有建设周期长、影响因素多等特点。受许多来自社会和自然的众多不可控因素的影响，而这些不可控因素均会对工程造价产生不同程度的影响。例如，物价的变化、不利的自然条件、政府行为的影响以及人为因素的影响等都会带来工程造价的变化。因此，工程造价在整个建设期内都处在不确定的状态之中，直至竣工决算才能最终确定工程的实际造价。

（4）工程造价的层次性

工程造价的层次性取决于工程的层次性。一个建设项目往往含有多个能够独立发挥设计效能的单项工程。一个单项工程又是由能够独立组织施工的单位工程组成的。与此相对应，工程造价可分为：建设项目总造价、单项工程造价和单位工程造价。单位工程造价甚至还可以分为分部工程造价和分项工程造价。工程造价的层次性非常明显。

（5）工程造价的兼容性

工程造价的兼容性特点是由其内容的丰富性决定的。工程造价既可以指建设项目的固定资产投资，也可以指建筑安装工程造价；既可以指招标的标底、招标控制价，也可以指投标报价、合同价。

3. 工程造价的作用

工程造价涉及国民经济各部门、各行业，涉及社会再生产中的各个环节，也直接关系到人民群众的生活和城镇居民的居住条件，所以它的作用范围和影响程度都很大。其作用主要表现在以下几方面。

（1）工程造价是项目决策的依据

工程造价决定着项目的一次投资费用。投资者是否有足够的财务能力支付这笔费用，是否认为值得支付这项费用，是项目决策中要考虑的主要问题，也是投资者必须首先解决的问题。因此，在项目决策阶段，建设工程造价就成为项目财务分析和经济评价的重要依据。

（2）工程造价是制定投资计划和控制投资的依据

投资计划是按照建设工期、工程进度和建设工程价格等逐年分年月加以制定的。正确的投资计划有助于合理和有效地使用资金。工程造价在控制投资方面的作用非常明显。工程造价是通过多次性预估，最终通过竣工决算确定下来的。每一次预估的过程就是对造价的控制过程，而每一次估算对下一次估算又都是对造价严格地控制。具体地讲，每一次估算都不能超过前一次估算的一定幅度，这种控制是在投资者财务能力的限度内为取得既定的投资效益所必需的。建设工程造价对投资的控制也表现在利用制定各类定额、标准、参数来对建设工程造价的计算依据进行控制上。在市场经济条件下，造价对投资控制作用成为投资的内部约束机制。

（3）工程造价是筹措建设资金的依据

投资体制的改革和市场经济的建立，要求项目的投资者必须有很强的筹资能力，以保证工程建设有充足的资金供应。工程造价基本决定了建设资金的需要量，从而为筹措资金提供了比较准确的依据。当建设资金来源于金融机构的贷款时，金融机构在对项目的偿债能力进行评估的基础上，也需要依据工程造价来确定给予投资者的贷款数额。

（4）工程造价是评价投资效果的重要指标

建设工程造价是一个包含着多层次造价的指标体系。就一个工程项目来说，它既是建设项目的总造价，又包含着单项工程造价和单位工程造价，同时也包含单位生产能力的造价，或单位平方米建筑面积的造价等。它能够为评价投资效果提供出多种评价指标，并能够形成新的价格信息，为今后类似项目的投资提供参考。

（5）工程造价是合理进行利益分配和调节产业结构的手段

工程造价的高低，涉及国民经济各部门和企业间的利益分配。在计划经济体制下，政府为了利用有限的财政资金建成更多的工程项目，总是趋向压低工程造价，使建设中的劳动消耗得不到完全补偿，价值不能得到完全实现。而未被实现的部分价值则被重新分配到各个投资部门，为项目投资者所占有。这种利益的再分配有利于各产业部门按照政府的投资导向迅速发展，也有利于按宏观经济的要求调整产业结构，但是也会严重损害建筑企业的利益，从而使建筑业的发展长期处于落后状态，与整个国民经济的发展不相适应。在市场经济中，工程造价也无例外地受供求状况的影响，并在围绕价值的波动中实现对建设规模、产业结构和利益分配的调节。加上政府正确的宏观调控和价格政策导向，工程造价在这方面的作用会充分发挥出来。

1.1.3 工程造价的计价特征和影响因素

1. 工程造价的计价特征

（1）单件性计价特征

每个建设工程都有专门的用途，所以其结构、面积、造型和装饰也不尽相同。即便是用途相同的建设工程，其技术水平、建筑等级、建筑标准等也有所差别，这就使得建设工程的实物形态千差万别，再加上不同地区构成投资费用的各种要素的差异，最终导致建设工程投资千差万别。因此，建设工程只能就每项工程按照其特定的程序单独计算其工程造价。

（2）多次性计价特征

建设工程周期长、规模大、造价高，因此按照基本建设程序必须分阶段进行，相应地也要在不同阶段进行多次估价，以保证工程造价计价的科学性（图1.1.3-1）。

（3）计价依据的复杂性特征

建设工程投资的确定依据繁多，关系复杂。在不同的建设阶段有不同的确定依据，且互为基础和指导，互相影响。如在投资估算阶段，利用投资估算指标计算建设工程投资估算额；在设计阶段利用概算定额（概算指标）和预算定额计算设计概算和施工图预算。而预算定额是概算定额（指标）编制的基础，概算定额（指标）又是投资估算指标编制的

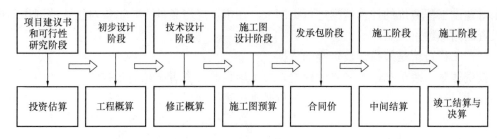

图 1.1.3-1　建设工程多次性计价示意图

基础。

（4）组合性计价特征

建设工程造价的计算是分部组合而成的，这与建设工程的组合性有关。一个建设项目就是一个工程的综合体。凡是按照一个总体设计进行建设的各个单项工程汇集的总体称为一个建设项目，反过来讲一个建设项目可分解为若干个单项工程，而一个单项工程又可以分解为若干个分部工程，一个分部工程又可以分解为多个分项工程。在计算工程造价时往往先计算各个分项工程的价格，依次汇总后，就可以汇总成各个分部工程的造价、各个单位工程的造价、各个单项工程的造价，最后汇总成建设工程总造价。

（5）计价方法多样性特征

工程项目的多次性计价有各不相同的计价依据，每次计价的准确性要求也不一样，由此决定了计价方法的多样性。例如，投资估算方法有设备系数法、生产能力指数法等；概算方法也有单价法和实物法等。不同的情况下，选择使用不同的计价方法。

（6）动态跟踪调整性

每个建设工程从立项到竣工都有一个较长的建设期，在此期间都会出现一些不可预料的变化因素对建设工程造价产生影响。如设计变更，设备、材料、人工价格的变化，国家利率、汇率的调整，因不可抗力或承、发包双方原因造成的索赔事件的发生等，必然会引起建设工程价格的变动。所以建设工程造价在整个建设期内都是不确定的，需随时进行动态跟踪、调整，直至竣工决算后才能真正确定建设工程造价。

2. 工程造价的分类

按工程建设阶段的不同，建设工程造价可分为以下 7 类：

（1）投资估算造价

投资估算是指在项目建议书和可行性研究阶段对拟建项目所需投资进行计算，通过编制估算文件预先测算和确定的过程。估算出的建设项目的投资额，称为估算造价。

投资估算是建设项目前期工作的重要内容之一。准确的投资估算是项目立项、建设的一个重要环节。

（2）概算造价

概算造价是设计单位或造价咨询单位在初步设计阶段，为确定拟建项目所需的投资额或费用而编制的一种文件。它是设计文件的重要组成部分。概算造价的层次性十分明显，分单位工程概算造价、单项工程概算造价、建设项目概算总造价，是由单个到综合、局部到总体、逐个编制、层层汇总而成。

概算造价应按建设项目的建设规模、隶属关系和审批程序，报请审批。对于国有资金投资的项目，总概算造价经有关部门批准后，就成为国家控制该建设项目总投资的主要依据，不得任意突破。

（3）修正概算造价

修正概算造价是指在采用三个阶段设计的技术设计阶段，根据对初步设计内容的深化，通过编制修正概算文件预先测算和确定的建设工程造价。它是对初步设计概算进行修正调整，比概算造价准确，但受概算造价控制。

（4）预算造价

预算造价是指在施工图设计阶段，根据施工图纸编制预算文件，预先测算和确定的建设工程造价。它比概算造价或修正概算造价更为详尽和准确，同时也受前一阶段所确定的建设工程造价的控制。

（5）合同价

合同价是指在工程招投标阶段通过签订总承包合同、建筑安装工程承包合同、设备材料采购合同、技术和咨询服务合同确定的价格。合同价是属于市场价格范畴，但它并不等同于实际建设工程造价。它是由承发包双方根据有关规定或协议条款约定的取费标准计算的用以支付给承包方按照合同要求完成工程内容的价款总额。按合同类型的计价方法来划分，可将合同价分为固定合同价、可调合同价和工程成本加酬金合同价。

（6）结算价

结算价是指在合同实施阶段，在工程结算时按合同调价范围和调价方法，对实际发生的设备、材料价差及工程量增减等进行调整后计算和确定的价格。结算价是该工程结算的实际价格。

（7）决算价

决算价是指在竣工总结阶段建设方核实的实际造价，通过为建设项目编制竣工决算，最终确定的实际建设工程造价。

3. 工程造价的影响因素

由于建筑产品本身的特性，决定了其造价的确定受诸多因素的影响，如国家政策、法律法规、市场、技术、管理、人员素质等因素的影响。

（1）国家政策和法律法规的影响

工程造价的确定是一项政策性和法律性很强的工作，受国家政策和法律法规影响很大，如建筑法、招标投标法、计价规范、各种定额以及政府主管部门的文件等都对造价的确定产生直接的约束和指导作用，要求工程造价人员在确定工程造价时要熟悉和掌握国家的相关政策和法律法规的规定，保证工程造价确定工作的合法性。

（2）市场因素的影响

在社会主义市场经济条件下，建筑产品的造价必然受到市场因素的影响，如建筑市场的价值规律、供求状况、各种要素市场及价格等因素，都直接影响着工程造价的确定。工程造价人员，要准确把握市场的动态，做好造价确定工作。

（3）区域因素的影响

区域经济发展的不平衡，导致处于不同区域的建筑产品，在造价上存在巨大的差异。因此要求造价人员在确定造价时，要充分考虑区域特点，准确合理地确定工程造价。

（4）技术因素的影响

工程造价的确定，也会受到技术因素的影响。如设计技术：建筑产品设计中采用不同的建筑材料、建筑构造、结构、设计参数（主要是保险系数）等对工程造价的影响很大。又如施工技术：采用不同的施工工艺、施工方法、施工机械等会对工程造价的确定产生影响。因此，在确定工程造价时应考虑设计、施工等技术因素的影响。

（5）管理水平因素的影响

管理水平直接影响人员、材料、施工机械等因素的使用和效率的发挥，影响建筑产品直接成本和各项管理费用的发生，在工程造价的确定工作中要结合实际管理水平合理确定工程造价。

（6）造价人员素质因素的影响

工程造价人员对影响工程造价确定因素的把握及业务水平不同，对确定的工程造价差异很大。工程造价人员要具有很高的素质，不仅需要具备较高的建筑专业技术水平、熟悉施工过程，掌握现代化的造价软件，还必须具备较高的经济管理理论、政策把握能力及确定工程造价的业务水平。

1.2　工程造价管理

1.2.1　工程造价管理的相关概念

1. 工程造价管理的含义

工程造价管理是指综合运用管理学、经济学和工程技术等方面的知识与技能，对工程造价进行预测、计划、控制、核算等工作的过程。工程造价管理既涵盖了工程建设投资管理，也涵盖了工程项目费用管理。

工程造价管理的分类：

（1）根据管理主体的不同可分为宏观管理和微观管理。

工程造价的宏观管理是指政府部门及行业协会根据社会经济发展的实际需要，运用法律、经济和行政等手段，规范市场主体的投资和价格行为，监控工程造价的系统活动。工程造价的微观管理是指工程参建主体根据工程有关计价依据和市场价格信息等预测、计划、控制、核算工程造价的系统活动。

（2）根据工程造价管理的范畴不同分为工程投资费用管理和工程价格管理。

工程投资费用管理是指基本建设主体对建设一项工程预期开支或实际开支的全部固定资产投资费用进行预测、计划、控制、核算等活动。工程价格管理是指对建筑市场中需求主体（投资者）和供给主体（建筑商）之间工程价格形成的管理。

2. 工程造价管理的目标和任务

（1）工程造价管理的目标

工程造价管理的目标是按照经济规律的要求，根据社会主义市场经济的发展形势，利用科学管理方法和先进管理手段，合理地确定工程造价和有效地控制造价，以提高投资效益和建筑安装企业经营效果。

（2）工程造价管理的任务

工程造价管理的任务是：加强工程造价的全过程动态管理，强化工程造价的约束机制，维护有关各方的经济利益，规范价格行为，促进微观效益和宏观效益的统一。

3. 工程造价管理的基本内容和根本原则

（1）工程造价管理的内容

工程造价管理的核心是做好造价工作，发挥工程造价的作用，为工程项目建设活动服务。其目标是根据市场经济规律和市场发展趋势，维护参建各方主体的利益，运用科学的管理方法、手段，合理地确定工程造价和有效地对工程造价进行控制，提高投资效益，通过降低工程项目建设成本，提高建筑安装企业的经济效益。工程造价管理的基本内容是工程造价的确定与有效控制，可归结为以下工作：工程造价管理政策、法规、规范、制度建设及执行；投资估算的确定与控制；设计概算、修正概算的确定与控制；施工图预算的确定与控制；工程量清单、招标控制价的确定与控制；合同价的确定与控制；工程结算的确定与控制；工程决算的确定与控制；工程造价指数、定额的制定及颁布、执行；工程造价人员的培养、培训、考核工作等。

（2）工程造价有效控制的几个原则

所谓工程造价的有效控制，就是在优化建设方案、设计方案的基础上，在建设程序的各个阶段，采用一定的方法和措施，把工程造价的发生控制在合理的范围和核定的造价限额以内。具体地说，用投资估算控制设计方案的选择和初步设计概算造价；用概算造价控制技术设计和修正概算造价；用概算造价或修正概算造价控制施工图设计和预算造价，以求合理使用人力、物力和财力，取得较好的投资效益。

有效控制工程造价应体现三个原则：

①以设计阶段为重点的建设全过程造价控制

建设工程造价控制应贯穿于项目建设的全过程，在控制过程中必须重点突出，只有抓住关键阶段，工程造价控制才能有效可控。根据统计，我国的情况是初步设计阶段，影响项目造价的可能性为 $75\%\sim95\%$；在技术设计阶段，影响项目造价的可能性为 $35\%\sim75\%$；在施工图设计阶段，影响项目造价的可能性为 $5\%\sim35\%$；到了施工阶段对造价的影响相对较小。其中影响项目造价最大的阶段，是约占建设周期 1/4 的技术设计结束前的工作阶段。很显然，工程造价控制的重点在于施工以前的投资决策和设计阶段，而在项目作出投资决策后，控制工程造价的关键就在于设计。

②主动控制，以取得令人满意的效果

长期以来，人们一直把控制理解为目标值与实际值的比较，以及当实际值偏离目标值时，分析其产生偏差的原因，并确定下一步的对策。在工程项目建设全过程进行这样的工程造价控制当然是有意义的，但问题在于这种立足于"调查—分析—决策"基础之上的"偏离—纠偏—再偏离—再纠偏"的控制方法，只能发现偏离，而不能使已产生的偏离消失，不能预防可能发生的偏离，因而只能说是被动控制。自 20 世纪 70 年代初开始，人们将"控制"立足于事先主动地采取决策措施，以尽可能地减少以至避免目标值与实际值的偏离，这是主动的、积极的控制方法，因此被称为主动控制。也就是说，工程造价的控制，不仅要反映投资决策，反映设计、发包和施工，更要能动地影响投资决策，影响设计、发包和施工，主动地控制工程造价。

③技术与经济相结合是控制工程造价最有效的手段

要有效地控制工程造价，应从组织、技术、经济、合同与信息管理等多方面采取措施。从组织上采取措施，包括明确项目组织结构，明确工程造价控制者及其任务，以使工程造价控制有专人负责，明确管理职能分工；从技术上采取措施，包括重视设计多方案选择，严格审查监督初步设计、技术设计、施工图设计、施工组织设计，深入技术领域研究节约造价的可能性；从经济上采取措施，包括动态地比较工程造价的实际值和计划值，严格审核各项费用支出，采取节约造价的奖励措施等。当然，技术与经济相结合是控制工程造价最有效的手段，通过技术比较、经济分析和效果评价，正确处理技术先进与经济合理两者之间的对立统一关系，力求在技术先进条件下经济合理，在经济合理基础上技术先进，把控制工程造价的观念渗透到各个阶段之中。

4. 工程造价管理的组织系统

工程造价的管理系统，是为实现工程造价管理目标而进行有效组织活动，以及与造价管理功能相关的群体。主要指国家、地方、部门和企业之间管理权限和管理职责的划分。工程造价管理包括政府行政管理系统，行业协会管理系统和企事业单位管理系统。

（1）政府行政管理系统

国务院建设行政主管部门在全国范围内行使建设工程造价管理职能，其主要职责是：组织制订工程造价管理的有关法律、制度，全国统一经济定额制订和修订，工程造价咨询单位资质标准和工程造价人员执业资格标准。并组织这些法规、制度、定额、标准的贯彻实施，并指导其他主管部门和地方建设行政主管部门的工程造价管理工作。其他主管部门和地方建设行政主管部门负责所辖范围的工程造价管理工作。政府投资公共、公益性项目已占有相当份额，因此政府对这部分投资项目的工程造价管理，不仅承担一般商品价格的调控职能，同时也要在掌握市场价格信息的基础上，为实现管理目标而进行的成本控制、计价、定价和竞价的系统活动。

（2）行业协会管理系统

工程造价管理协会是工程造价的行业管理协会。其主要任务是研究工程造价管理行业改革、探讨提高投资效益、预测和控制工程造价的理论和方法，促进工程造价管理的科学化、现代化，并向建设行政主管部门提出建议；接受建设行政主管部门委托，承担工程造价咨询单位和工程造价人员执业资格的管理工作。

（3）企事业单位管理系统

设计单位、工程造价咨询单位接受业主的委托，制定工程造价控制目标，编制造价文件，参与招标、评标、合同谈判及施工过程造价控制等工作。承包企业的造价管理是通过市场调查，参与企业的投标决策，编制投标报价，参与承包合同价的确定；施工阶段，加强工程造价的动态管理和成本控制，以促进企业盈利目标的实现。

1.2.2 国内外工程造价管理的产生和发展

1. 国际工程造价管理

（1）国际工程造价管理的起源

国际工程造价管理的起源可以追溯到中世纪，那时大多数的建筑都比较小，且设计简单，业主一般请当地的工匠来负责房屋的设计和建造，而对于那些重要的建筑，业主则直接购买材料，雇佣工匠或者雇佣一个主要的工匠（通常是石匠）来代表业主负责监督项目的建造。工程完成后按双方事先协商好的总价支付，或者按预先确定一个单位单价，然后乘以实际完成的工程量所确定的总价进行支付。现代意义上的工程造价管理产生于资本主义社会化大生产的出现。最先产生的是现代工业发展最早的英国。16～18世纪，技术发展促使大批工业厂房的兴建，许多农民在失去土地后向城市集中，需要大量住房，从而使建筑业逐渐得到发展，设计和施工逐步分离为独立的专业。工程数量和工程规模的扩大要求有专人对已完工程量进行测量、计算工料和进行估价。从事这些工作的人员逐步专门化，并被称为工料测量师。他们以工匠小组的名义与工程委托人和建筑师洽商，估算和确定工程价款。这样就产生了一批工程计算人员进行工程计价工作，这些人员就成为当时的工料测量师。

（2）国际工程造价管理的发展

从19世纪初期开始，西方工业化国家在工程建设中开始推行招标承包制，工程建设活动及其管理的发展，要求工料测量师在工程设计以后和开工以前就进行测量和估价，根据图纸算出实物工程量并汇编成工程量清单，为招标者确定标底或为投标者做出报价。从此工程造价管理逐渐形成了独立的专业。1881年英国皇家特许测量师学会（Royal Institution of Chartered Surveyors，RICS）成立，这个时期完成了工程造价管理的第一次飞跃。至此工程委托人能够做到在工程开工之前，预先了解到需要支付的投资额，但是他还不能做到在设计阶段就对工程项目所需的投资进行准确预计，并对设计进行有效的监督和控制。往往在招标时或招标后才发现，根据当时完成的设计，工程费用过高，投资不足，不得不中途停工或修改设计。业主为了使投资花得明智和恰当，为了使各种资源得到最有效的利用，迫切要求在设计的早期阶段以至在作投资决策时，就开始进行投资估算，并对设计进行控制。工程造价规划技术和分析方法的应用，使工料测量师在设计过程中有可能相当准确地做出概预算，甚至可在设计之前即做出估算，并可根据工程委托人的要求使工程造价控制在限额以内。从20世纪40年代开始，一个"投资计划"和控制制度就在英国等工业发达的国家应运而生，完成了工程造价管理的第二次飞跃。承包方为适应市场的需要，也强化了自身的造价管理和成本控制工作。

（3）国际工程造价管理的发展特点

国际工程造价管理是随着工程建设的发展和经济体制改革而产生并日臻完善的。这个发展过程的特点可归纳如下：

①从事后算账发展到事先算账。即从最初只是消极地反映已完工程量的价格，逐步发展到在开工前进行工程量的计算和估价，进而发展到在初步设计时提出概算，在可行性研究时提出投资估算，成为业主进行投资决策的重要依据。

②从被动地反映设计和施工发展到能动地影响设计和施工。最初负责施工阶段工程造价的确定和结算，以后逐步发展到在设计阶段、投资决策阶段对工程造价作出预测，并对设计和施工过程中投资的支出进行监督和控制，进行工程建设全过程的造价管理。

③重视实施过程中的造价控制。国外对工程造价的管理是以市场为中心的动态控制。造价工程师对造价计划执行过程中出现的问题及时分析研究，及时采取纠正偏差的措施，充分体现了造价控制的动态性，并且重视造价管理所具有的随着环境、工作的进行以及价格变化等调整造价控制标准和控制方法的动态特征。

④从依附于施工者或建筑师发展成一个独立的专业。如在英国有专业学会，有统一的专业人士的称谓评定和职业守则，不少高等院校也开设了工程造价管理专业，培养工程造

价管理的专门人才。

2. 我国工程造价管理

总体而言，新中国成立后，我国参照苏联的工程建设管理经验，逐步建立了一套与计划经济体制相适应的定额管理体系，并陆续颁布了多项规章制度和定额，在国民经济的复苏与发展中起到了十分重要的作用。改革开放以来，我国工程造价管理进入黄金发展期，工程计价依据和方法不断改革，工程造价管理体系不断完善，工程造价咨询行业得到快速发展。

从具体的发展过程来看，我国工程造价管理体制的历史，大体可分为五个阶段。

第一阶段（1950～1957年），是与计划经济相适应的概预算定额制度建立时期。1949年新中国成立后，百废待兴，全国面临着大规模的恢复重建工作，特别是实施第一个五年计划后，为合理确定工程造价，用好有限的基本建设资金，引进了苏联一套概预算定额管理制度，同时也为新组建的国营建筑施工企业建立了企业管理制度。1957年颁布的《关于编制工业与民用建设预算的若干规定》，规定各不同设计阶段都应编制概算和预算，明确了概预算的作用。在这之前国务院和国家建设委员会还先后颁布了《基本建设工程设计和预算文件审核批准暂行办法》《工业与民用建设设计及预算编制暂行办法》《工业与民用建设预算编制暂行细则》等文件。这些文件的颁布，建立健全了概预算工作制度，确立了概预算在基本建设工作中的地位，同时对概预算的编制原则、内容、方法和审批、修正办法、程序等作了规定，确立了对概预算编制依据实行集中管理为主的分级管理原则。为加强概预算的管理工作，先后成立了标准定额司（处），1956年又单独成立了建筑经济局。同时，各地分支定额管理机构也相继成立。

第二阶段（1958～1966年），是概预算定额管理逐渐被削弱的阶段。1958年开始，"左"的错误指导思想统治了国家政治和经济生活，在中央放权的背景下，概预算与定额管理权限也全部下放。1958年6月，基本建设预算编制办法、建筑安装工程预算定额和间接费用定额交各省、自治区、直辖市负责管理，其中，有关专业性的定额由中央各部负责修订、补充和管理，造成工程量计量规则和定额项目在全国各地区不统一的现象。各级基建管理机构的概预算部门被精简，设计单位概预算人员减少，只算政治账，不讲经济账，概预算控制投资作用被削弱，吃大锅饭、投资大撒手之风逐渐滋长。尽管在短时期内也有过重整定额管理的迹象，但总的趋势并未改变。

第三阶段（1966～1976年），是概预算定额管理工作遭到严重破坏的阶段。"文化大革命"期间，概预算和定额管理机构被撤销，概预算人员改行，大量基础资料被销毁，定额被说成是"管、卡、压"的工具。造成设计无概算，施工无预算，竣工无决算，投资大敞口，吃大锅饭。1967年，国家建筑工程部直属企业实行经费制度。工程完工后向建设单位实报实销，从而使施工企业变成了行政事业单位。这一制度实行6年，于1973年1月1日被迫停止，恢复建设单位与施工单位施工图预算结算制度。1973年制订了《关于基本建设概算管理办法》，但并未能施行。

第四阶段，1976年至20世纪90年代初，是造价管理工作整顿和发展的时期。1976年，二十年动乱结束后，随着国家经济中心的转移，为恢复与重建造价管理制度提供了良好的条件。从1977年起，国家恢复重建造价管理机构，至1983年8月成立基本建设标准定额局，组织制定工程建设概预算定额、费用标准及工作制度。概预算定额统一归口，

1988 年划归建设部，成立标准定额司，各省市、各部委建立了定额管理站，全国颁布一系列推动概预算管理和定额管理发展的文件，并颁布几十项预算定额、概算定额、估算指标，这些做法，特别是在 20 世纪 80 年代后期，中国建设工程造价管理协会成立，全过程工程造价管理概念逐渐为广大造价管理人员所接受，对推动建筑业改革起到了促进作用。

第五阶段，从 20 世纪 90 年代初至今。随着我国经济发展水平的提高和经济结构的日益复杂，计划经济的内在弊端逐步暴露出来，传统的与计划经济相适应的概预算定额管理，实际上是用来对工程造价实行行政指令的直接管理，遏制了竞争，抑制了生产者和经营者的积极性与创造性，不能适应不断变化的社会经济条件而发挥优化资源配置的基础作用。2003 年，建设部按照我国工程造价管理改革的要求，本着国家宏观调控、市场竞争形成价格的原则，制定和发布了《建设工程工程量清单计价规范》GB 50500—2003，使工程造价的计价方式及其管理向市场化方向迈进了一大步。2008 年，为了适应我国社会主义市场经济发展的需要，规范建设工程造价计价行为，统一建设工程工程量清单的编制和计价方法，维护发包人和承包人的合法权益，住房和城乡建设部按照我国工程造价管理改革的总体目标，发布了《建设工程工程量清单计价规范》GB 50500—2008。2008 版计价规范主要修编了 2003 版计价规范正文中不尽合理、可操作性不强的条款及表格格式，特别增加了使用工程量清单计价如何编制工程清单和招标控制价、投标报价、合同价款约定以及工程计量与价款支付、工程价款调整、索赔、竣工结算、工程计价争议处理等内容。2013 年我国颁布《建设工程工程量清单计价规范》GB 50500—2013，工程量清单计价模式进一步得到全面推广和巩固，全过程造价管理的概念进一步深入人心，各种造价软件层出不穷。而随着 BIM 技术的不断进步发展，更是推动了工程造价管理工作向着精细化、科学化、连续化、可视化等方面进一步深化。

1.2.3 全面造价管理概念的提出

按照国际造价管理联合会（International Cost Engineering Council，ICEC）给出的定义，全面造价管理（Total Cost Management，TCM）是个综合的概念，指有效地利用专业知识与技术，对资源、成本、盈利和风险进行筹划和控制。建设工程全面造价管理包括全寿命期造价管理、全过程造价管理、全要素造价管理和全方位造价管理。

1. 全寿命期造价管理

建设工程全寿命期造价是指建设工程初始建造成本和建成后的日常使用成本之和，包括策划决策、建设实施、运行维护及拆除回收等各阶段费用。由于在建设工程全寿命期的不同阶段，工程造价存在诸多不确定性，因此，全寿命期造价管理主要是作为一种实现建设工程全寿命期造价最小化的指导思想，指导建设工程投资决策及实施方案的选择。

2. 全过程造价管理

全过程造价管理是指覆盖建设工程所有阶段的造价管理。包括：策划阶段的项目策划、投资估算、项目经济评价、项目融资方案分析；设计阶段的限额设计、方案比选、概预算编制；招投标阶段的标段划分、发承包模式及合同形式的选择、招标控制价或标底编制；施工阶段的工程计量与结算、工程变更控制、索赔管理；竣工验收阶段的结算与决算等。全过程造价管理的概念目前深入人心，使用最多。

3. 全要素造价管理

影响建设工程造价的因素有很多。为此，控制建设工程造价不仅仅是控制建设工程本身的建造成本，还应同时考虑工期成本、质量成本、安全与环境控制，从而实现工程成本、工期、质量、安全、环保的集成管理。全要素造价管理的核心是按照优先原则，协调和平衡工期、质量、安全、环保与成本之间的对立统一关系。

4. 全方位造价管理

建设工程造价管理不仅仅是建设单位或承包单位的任务，而应是政府建设主管部门、行业协会、建设单位、设计单位、施工单位以及有关咨询机构的共同任务。尽管各方面的地位、利益、角度等有所不同，但必须建立完善的协同工作制度，才能实现建设工程造价的有效控制。

1.2.4　全过程的工程造价管理

为了加强行业的自律管理，规范工程造价咨询企业承担建设项目全过程造价咨询的内容、范围、格式、深度要求和质量标准，提高全过程工程造价管理咨询的成果质量，依据国家的有关法律、法规、规章和规范性文件，中国建设工程造价管理协会组织有关单位制订了《建设项目全过程造价咨询规程》CECA/GC 4-2017，主要内容包括：总则、术语、一般规定、决策阶段、设计阶段、交易阶段、实施阶段、竣工阶段等。

根据我国《建设项目全过程造价咨询规程》，根据全寿命期和全过程造价管理的思路，工程造价管理应该深入到建设工程的每一个周期，每一个周期的管理内涵和主要工作内容与方法都应该根据具体的情况进行分析判断。

根据我国现行工程造价管理的情况，我们按照六个阶段对工程造价管理的基本工作思路和工作方法进行描述。

1. 决策阶段的工程造价管理

工程造价管理第一阶段，即决策阶段工程造价管理的思路和内容：

（1）投资估算的编制与审核

1）投资估算的主要工作内容为编制建设项目投资估算，估算建设项目流动资金。

2）投资估算的编制与审查应依据《建设项目投资估算编审规程》CECA/GC 1-2015的有关规定进行。

（2）建设项目的经济评价

1）建设项目经济评价应执行国家发改委、住房和城乡建设部发布的《建设项目经济评价方法和参数》的有关规定，承担全过程工程造价管理咨询建设项目经济评价工作的主要内容为财务评价。

2）建设项目盈利能力分析应通过编制全部现金流量表、自有资金现金流量表和损益表等基本财务报表，计算财务内部收益率、财务净现值、投资回收期、投资收益率等指标来进行定量判断。

3）建设项目清偿能力分析应通过编制资金来源与运用表、资产负债表等基本财务报表，计算借款偿还期、资产负债率、流动比率、速动比率等指标来进行定量判断。

4）建设项目的不确定性分析应通过盈亏平衡分析、敏感性分析等方法来进行定量判断。

2. 设计阶段的工程造价管理

（1）设计概算的编制与审核

1）设计概算的主要工作内容包括建设项目设计概算的编制、审核，调整概算的编制。

2）设计概算的编制应采用单位工程概算、综合概算、总概算三级编制形式。当建设项目为一个单项工程时，可采用单位工程概算、总概算两级概算编制形式。其中建筑单位工程概算可用概算定额法、概算指标法、类似工程预算法等方法编制；设备及安装单位工程概算可按预算单价法、扩大单价法、设备价值百分比法、综合吨位指标法等方法编制。

（2）施工图预算的编制与审核

1）施工图预算的主要工作内容包括单位工程施工图预算、单项工程施工图预算和建设项目施工图总预算。

2）单位工程施工图预算应采用单价法和实物量法进行编制；单项工程施工图预算由组成本单项工程的各单位工程施工图预算汇总而成；施工图总预算由单项工程（单位工程）施工图预算汇总而成。

3）施工图预算的审核可采用全面审查法、标准预算审查法、分组计算审查法、对比审查法、筛选审查法、重点审查法、分解对比审查法等方法；施工图预算审查的重点是对工程量，工、料、机要素价格，预算单价的套用，费率及计取等进行审查。

3. 招投标阶段的工程造价管理

（1）招标文件与合同相关条款的拟订

1）在施工招标策划过程中应明确承发包方式、合同价方式的选择等问题。

2）工程施工招标文件及合同条款拟订过程中，应对预付工程款的数额、支付时限及抵扣方式、工程计量与支付工程进度款的方式、数额及时间等进行约定。

3）拟定招标文件和合同条款时应当遵循如下程序：准备工作、文本选用、文件编制、文件评审及成果文件提交等。

（2）工程量清单与招标控制价编制

工程量清单与招标控制价编制的内容、依据、要求、表格格式等应执行《建设工程工程量清单计价规范》GB 50500—2013 的有关规定。

（3）投标报价分析

投标报价分析一般应包括错漏项分析，算术性错误分析，不平衡报价分析，明显差异单价的合理性分析，安全文明措施费用、规费、税金等不可竞争费用的审核。

（4）工程合同价款的确定

工程合同价款的约定执行《建设工程工程量清单计价规范》GB 50500—2013 的有关条款。

4. 实施阶段的工程造价管理

（1）工程预付款

1）工程预付款拨付的时间和金额应按照承发包双方的合同约定执行，合同中无约定的宜执行《建设工程价款结算办法》（财建〔2004〕369 号）的相关规定。

2）支付的工程预付款，应按照建设工程施工承发包合同约定在工程进度款中进行抵扣。

（2）工程计量支付

1）工程造价咨询单位应按《建设工程工程量清单计价规范》GB 50500—2013 的有关规定和表式，审核工程计量支付的全部内容。

2）工程造价咨询单位在审核与确定本期应支付的进度款金额时，若发现工程量清单中出现漏项、工程量计算偏差以及工程变更引起工程量的增减，应按承包人在履行合同义务过程中完成的实际工程量计算和确定应支付金额。

（3）工程变更

工程造价咨询单位对工程变更的估价的处理应遵循以下原则：合同中已有适用的价格，按合同中已有价格确定；合同中有类似的价格，参照类似的价格确定；合同中没有适用或类似的价格，由承包人提出价格，经发包人确认后执行。

（4）工程索赔

工程索赔的程序应参照《建设工程工程量清单计价规范》GB 50500—2013 中第4.6.3 条的规定执行。

工程索赔价款的计算应遵循下列方法处理：合同中已有适用的价格，按合同中已有价格确定；合同中有类似的价格，参照类似的价格确定；合同中没有适用或类似的价格，由承包人提出，经发包人确认后执行。

5. 竣工验收阶段的工程造价管理

（1）工程竣工结算

工程造价咨询企业应依据工程造价咨询合同的要求，在合同约定的时间内完成工程竣工结算的审查，并应满足发包、承包双方合同约定的工程竣工结算时限或国家有关规定的要求。

工程竣工结算的审查文件组成、审查依据、审查要求、审查程序、审查方法、审查内容、审查时效，应执行《建设项目工程结算编审规程》CECA/GC 3-2007 的有关规定。

（2）工程竣工决算

基本建设项目竣工财务决算的依据主要包括：可行性研究报告、初步设计、概算调整及其批准文件、招投标文件（书）、历年投资计划、经财政部门审核批准的项目预算、承包合同、工程结算等有关资料，有关的财务核算制度、办法，其他有关资料。

基本建设项目竣工财务决算报表主要包括以下内容：

1）封面；

2）基本建设项目概况表；

3）基本建设项目竣工财务决算表；

4）基本建设项目交付使用资产总表；

5）基本建设项目交付使用资产明细表。

竣工决算报告说明书的内容主要包括：

1）基本建设项目概况；

2）会计账务的处理、财产物资清理及债权债务的清偿情况；

3）基建结余资金等分配情况；

4）主要技术经济指标的分析、计算情况；

5）基本建设项目管理及决算中存在的问题、建议；

6）决算与概算的差异和原因分析；

7）需要说明的其他事项。

6. 运维阶段的工程造价管理

运维阶段的工程造价管理，也称为项目后评价造价管理。项目后评价是工程项目实施阶段管理的延伸。工程项目竣工验收或通过销售交付使用，只是工程建设完成的标志，而不是工程项目管理的终结。工程项目建设和运营是否达到投资决策时所确定的目标，只有经过生产经营或销售取得实际投资效果后，才能进行正确的判断；也只有在这时，才能对工程项目进行总结和评估，才能综合反映工程项目建设和工程项目管理各环节工作的成效和存在的问题，并为以后改进工程项目管理、提高工程项目管理水平、制定科学的工程项目建设计划提供依据。

项目后评价的基本方法是对比法。就是将工程项目建成投产后所取得的实际效果、经济效益和社会效益、环境保护等情况与前期决策阶段的预测情况相对比，与项目建设前的情况相对比，从中发现问题，总结经验和教训。在实际工作中，往往从以下两个方面对工程项目进行后评价。

（1）效益后评价

项目效益后评价是项目后评价的重要组成部分。它以项目投产后实际取得的效益（经济、社会、环境等）及其隐含在其中的技术影响为基础，重新测算项目的各项经济数据，得到相关的投资效果指标，然后将这些指标与项目前期评估时预测的有关经济效果值（如NPV、内部收益率 IRR、投资回收期 Pt 等）、社会环境影响值（如环境质量值 IEQ 等）进行对比，评价和分析其偏差情况以及原因，吸取经验教训，从而为提高项目的投资管理水平和投资决策服务。具体包括经济效益后评价、环境效益和社会效益后评价、项目可持续性后评价及项目综合效益后评价。

（2）过程后评价

过程后评价是指对工程项目的立项决策、设计施工、竣工投产、生产运营等全过程进行系统分析，找出项目后评价与原预期效益之间的差异及其产生的原因，使后评价结论有根据，同时针对问题提出解决办法。

以上两方面的评价有着密切的联系，必须全面理解和运用，才能对后评价项目作出客观、公正、科学的结论。

1.3 全国注册造价工程师

1.3.1 全国注册造价工程师的概念

根据《注册造价工程师管理办法》（建设部令第 150 号），造价工程师是指通过全国造价工程师执业资格统一考试，或者通过资格认定或资格互认，取得中华人民共和国造价工程师执业资格，按有关规定注册管理并取得中华人民共和国造价工程师注册证书和执业印章，从事工程造价活动的专业人员。

根据《注册造价工程师管理办法》（建设部令第 150 号），我国实行造价工程师注册执业管理制度。取得造价工程师执业资格的人员，必须经过注册方能以注册造价工程师的名义进行执业。

1.3.2　全国注册造价工程师的执业范围

根据我国法律规定，全国注册造价工程师的执业范围包括：

（1）建设项目建议书、可行性研究投资估算的编制和审核，项目经济评价，工程概算、演算、结算、竣工结（决）算的编制和审核。

（2）工程量清单、标底（或者控制价）、投标报价的编制和审核，工程合同价款的签订、变更和调整，工程款支付与工程索赔费用的计算。

（3）建设项目管理过程中设计方案的优化、限额设计等工程造价分析与控制，工程保险理赔的核查。

（4）工程经济纠纷的鉴定。

（5）注册造价工程师应当在本人承担的工程造价成果文件上签字并盖章。修改经注册造价工程师签字盖章的工程造价成果文件，应当由签字盖章的注册造价工程师本人进行。

1.3.3　全国注册造价工程师应具备的能力

1. 思想品德方面

根据我国建设工程造价管理协会制定的《造价工程师职业道德行为准则》，对于造价工程师职业道德操守方面的具体要求如下：

遵守国家法律、法规和政策，执行行业自律性规定，珍惜职业声誉，自觉维护国家和社会公共利益；遵守"诚信、公正、精业、进取"的原则，以高质量的服务和优秀的业绩，赢得社会和客户对造价工程师职业的尊重；勤奋工作，独立、客观、公正、正确地出具工程造价成果文件，使客户满意；诚实守信，尽职尽责，不得有欺诈、伪造、作假等行为；尊重同行，公平竞争，搞好同行之间的关系，不得采取不正当的手段损害、侵犯同行的权益；廉洁自律，不得索取、收受委托合同约定以外的礼金和其他财物，不得利用职务之便谋取其他不正当的利益；造价工程师与委托方有利害关系的应当主动回避；同时，委托方也有权要求其回避；对客户的技术和商务秘密负有保密义务；接受国家和行业自律组织对其职业道德行为的监督检查等。

2. 专业技术方面

作为工程造价管理者，造价工程师应是具备工程、经济和管理知识与实践经验的高素质复合型专业人才；造价工程师应具备造价理论知识、造价实践经验和造价软件操作等技术技能；造价工程师应具有高度的责任心和协作精神，善于与业务工作有关的各方人员沟通、协作，共同完成工程造价管理工作；造价工程师还应具备一定的组织管理能力，了解整个组织及自己在组织中的地位，并具有一定的组织管理能力，面对机遇和挑战，能够积极进取、勇于开拓。

3. 身体素质方面

造价工程师应具有健康体魄和较好的心理承压能力。健康的心理和较好的身体素质是造价工程师适应紧张、繁忙工作的基础。

1.3.4 全国注册造价工程师执业资格制度

1. 考试

根据原国家人事部、建设部在1996年联合发布《造价工程师执业资格制度暂行规定》，确立了造价工程师执业资格制度。凡从事工程建设活动的建设、设计、施工、工程造价咨询、工程造价管理等单位和部门，必须在计价、评估、审查（核）、控制及管理等岗位配备有造价工程师执业资格的专业技术管理人员。

造价工程师执业资格考试实行全国统一大纲、统一命题、统一组织。造价工程师执业资格考试分为四个科目："建设工程造价管理""建设工程计价""建设工程技术与计量"（土建或安装专业）和"工程造价案例分析"。参加四个科目考试的人员必须在连续两个考试年度内通过全部科目。

通过造价工程师执业资格考试的合格者，由省、自治区、直辖市人事（职改）部门颁发人事部统一印制，人力资源和社会保障部和住房城乡建设部共同颁发的造价工程师执业资格证书，该证书全国范围有效。

2. 注册

根据建设部令第150号《注册造价工程师管理办法》，我国造价工程师实行注册登记制度。建设部及各省、自治区、直辖市和国务院有关部门的建设行政主管部门为造价工程师的注册管理机构。

注册条件：

（1）取得造价工程师执业资格。

（2）受聘于一个工程造价咨询企业或者工程建设领域的建设、勘察设计、施工、招标代理、工程监理、工程造价管理等单位。

（3）没有不予注册的情形。

3. 造价工程师的权利

（1）使用注册造价工程师名称。

（2）依法独立执行工程造价业务。

（3）在本人执业活动中形成的工程造价成果文件上签字并加盖执业印章。

（4）发起设立工程造价咨询企业。

（5）保管和使用本人的注册证书和执业印章。

（6）参加继续教育。

4. 造价工程师的义务

（1）遵守法律、法规、有关管理规定，恪守职业道德。

（2）保证执业活动成果的质量。

（3）接受继续教育，提高执业水平。

（4）执行工程造价计价标准和计价方法。

（5）与当事人有利害关系的，应当主动回避。

（6）保守在执业中知悉的国家秘密和他人的商业、技术秘密。

1.4　工程造价咨询

1.4.1　工程造价咨询的含义和内容

1. 工程造价咨询的含义

工程造价咨询企业是指接受委托，对建设工程造价的确定与控制提供专业咨询服务的企业。工程造价咨询企业可以为政府部门、建设单位、施工单位、设计单位提供相关专业技术服务，这种以造价咨询业务为核心的服务有时是单项或分阶段的，有时覆盖工程建设全过程。

工程造价咨询企业从事工程造价咨询活动，应当遵循独立、客观、公正、诚实信用的原则，不得损害社会公共利益和他人的合法权益。同时，任何单位和个人不得非法干预依法进行的工程造价咨询活动。

2. 咨询企业的业务范围

在我国，造价咨询企业依法从事工程造价咨询活动，不受行政区域限制。甲级工程造价咨询企业可以从事各类建设项目的工程造价咨询业务；乙级工程造价咨询企业可以从事工程造价 5000 万元人民币以下的各类建设项目的工程造价咨询业务。

工程造价咨询企业可以对建设项目的组织实施进行全过程或者若干阶段的管理和服务。具体而言，工程造价咨询业务范围包括：

(1) 建设项目建议书及可行性研究投资估算、项目经济评价报告的编制和审核。

(2) 建设项目概预算的编制与审核，并配合设计方案比选、优化设计、限额设计等工作进行工程造价分析与控制。

(3) 建设项目合同价款的确定（包括招标工程工程量清单和标底、投标报价的编制和审核）；合同价款的签订与调整（包括工程变更、工程洽商和索赔费用的计算）及工程款支付，工程结算及竣工结（决）算报告的编制与审核等。

(4) 工程造价经济纠纷的鉴定和仲裁的咨询。

(5) 提供工程造价信息服务等。

1.4.2　工程造价咨询企业的资质等级

国务院建设行政主管部门根据我国工程造价咨询单位各方面的情况制定了统一标准，工程造价咨询企业资质等级分为甲乙两级。

1. 甲级工程造价咨询企业资质标准

(1) 已取得乙级工程造价咨询企业资质证书满 3 年；

(2) 技术负责人是注册造价工程师，并具有工程或工程经济类高级专业技术职称，且从事工程造价专业工作 15 年以上；

(3) 专职从事工程造价专业工作的人员（以下简称专职专业人员）不少于 20 人。其中，具有工程或者工程经济类中级以上专业技术职称的人员不少于 16 人，注册造价工程师不少于 10 人，其他人员均需要具有从事工程造价专业工作的经历；

(4) 企业注册资本不少于人民币 100 万元；

（5）企业近 3 年工程造价咨询营业收入累计不低于人民币 500 万元；

（6）在申请核定资质等级之日前 3 年内无违规行为。

2. 乙级工程造价咨询企业资质标准

（1）企业出资人中注册造价工程师人数不低于出资人总人数的 60%，且其认缴出资额不低于注册资本总额的 60%；

（2）技术负责人是注册造价工程师，并具有工程或工程经济类高级专业技术职称，且从事工程造价专业工作 10 年以上；

（3）专职专业人员不少于 12 人，其中，具有工程或者工程经济类中级以上专业技术职称的人员不少于 8 人，注册造价工程师不少于 6 人，其他人员均需要具有从事工程造价专业工作的经历；

（4）企业注册资本不少于人民币 50 万元；

（5）暂定期内工程造价咨询营业收入累计不低于人民币 50 万元；

（6）在申请核定资质等级之日前无违规行为。

1.4.3 我国现行工程造价咨询企业管理制度

1. 咨询企业资质管理

准予资质许可的造价咨询企业，资质许可机关应当向申请人颁发工程造价咨询企业资质证书。工程造价咨询企业资质有效期为 3 年。资质有效期届满，需要继续从事工程造价咨询活动的，应当在资质有效期届满前向资质许可机关提出资质延续申请。准予延续的，资质有效期延续 3 年。

工程造价咨询企业的名称、住所、组织形式、法定代表人、技术负责人、注册资本等事项发生变更的，应当自变更确立之日起 30 日内，办理资质证书变更手续；工程造价咨询企业合并的，合并后存续或者新设立的工程造价咨询企业可以承继合并前各方中较高的资质等级，但应当符合相应的资质等级条件；工程造价咨询企业分立的，只能由分立后的一方承继原工程造价咨询企业资质，但应当符合原工程造价咨询企业资质等级条件。

2. 咨询企业行为准则

为了保障国家与公共利益，维护公平竞争的良好秩序以及各方的合法权益，具有造价咨询资质的企业在执业活动中均应遵循行业行为准则：

（1）执行国家的宏观经济政策和产业政策，遵守国家和地方的法律、法规及有关规定，维护国家和人民的利益。

（2）接受工程造价咨询行业自律组织业务指导，自觉遵守本行业的规定和各项制度，积极参加本行业组织的业务活动。

（3）按照工程造价咨询企业资质证书规定的资质等级和服务范围开展业务。

（4）具有独立执业能力和工作条件，以精湛的专业技能和良好的职业操守，竭诚为客户服务。

（5）按照公平、公正和诚信的原则开展业务，认真履行合同，依法独立自主开展经营活动，努力提高经济效益。

（6）靠质量、靠信誉参加市场竞争，杜绝无序和恶性竞争；不得利用与行政机关、社会团体以及其他经济组织的特殊关系搞业务垄断。

（7）以人为本，鼓励员工更新知识，掌握先进的技术手段和业务知识，采取有效措施组织、督促员工接受继续教育。

（8）不得在解决经济纠纷的鉴证咨询业务中分别接受双方当事人的委托。

（9）不得阻挠委托人委托其他工程造价咨询单位参与咨询服务；共同提供服务的工程造价咨询单位之间应分工明确，密切协作，不得损害其他单位的利益和名誉。

（10）有义务保守客户的技术和商务秘密，客户事先允许和国家另有规定的除外。

3. 咨询企业法律责任

（1）资质申请或取得的违规责任

申请人隐瞒有关情况或者提供虚假材料申请工程造价咨询企业资质的，不予受理或者不予资质许可，并给予警告，申请人在1年内不得再次申请工程造价咨询企业资质。

以欺骗、贿赂等不正当手段取得工程造价咨询企业资质的，由县级以上地方人民政府建设主管部门或者有关专业部门给予警告，并处1万元以上3万元以下的罚款，申请人3年内不得再次申请工程造价咨询企业资质。

（2）经营违规的责任

未取得工程造价咨询企业资质从事工程造价咨询活动或者超越资质等级承接工程造价咨询业务的，出具的工程造价成果文件无效，由县级以上地方人民政府建设主管部门或者有关专业部门给予警告，责令限期改正，并处以1万元以上3万元以下的罚款。

工程造价咨询企业不及时办理资质证书变更手续的，由资质许可机关责令限期办理；到期不办理的，可处以1万元以下的罚款。

1.5　工程造价行业发展现状

建筑工程造价工作对于建筑工程项目整体管理的重要性不言而喻，及时、准确的计量与计价工作，是科学进行项目成本管理的基础。利用信息化技术，尤其是BIM技术，提高工程造价的精度，并追求多专业协同作业，是目前行业发展的方向和趋势所在。

1.5.1　工程造价计量工作的现状

1. 现状与不足

目前，我国建筑工程计量处于手工计量与软件计量并行的阶段，教学考试中以手工为主，主要考核对于计量基本原理和公式的掌握，实际工作中以软件为主，力求节约时间，提高正确率和规范性。具体而言，在不同阶段，针对不同情况，使用的算量手段和侧重点有所不同。

（1）概、预算阶段

概预算编制人员在进行算量识图的过程中，对于设计师的设计思路不了解，对于图纸的设计构成不清晰。在工程量计算中，不能够准确计算出图纸需要传达的工程数量。同时，一部分概预算编制人员不了解实际施工情况，缺乏实际工程经验，死板的按照图纸计算纸面工程量，忽略具体施工中会遇到的各种问题，如碰撞、预留、工程损耗等，导致工程量与实际工程的人工、设备和材料需要量有偏差。手工计量，对于有经验的造价工程师而言，算量的细节处理从目前来看是优于软件的，因为每一个部分工程的计算都是基于理论分析与实践判断相结合；但是，从长远看，软件可以通过大数据和不断升级优化进行弥补，不仅在大规模工程量计算的速度上遥遥领先，更是可以在计算精度上和多专业协同性上处于不败的优势。

（2）结、审阶段

施工中的过程性结算、竣工结算和决算审计等工作，都需要按照规定的程序，依据相关规范和合同约定进行。规模较小的项目中，少量的设计变更和施工变更带来的工程量变动，手工计算即可以完成。较为复杂的工程项目、工期较长的工程项目和专业集成较多的工程项目，工程量变动较大，手工计算不如软件计算更加准确快捷。软件计算不仅具备时间的优势，同时，数据的改动可以及时导入计算机，实现整体数据联动更改，更可以根据不同需要实现各种数据分析和按照不同格式随时提取文件，如某一单位工程整体工程量变动情况、某一楼层工程量变动情况、某种主材需求量变动情况等。

2. 发展趋势

工程计量软件化，是行业发展趋势和共识，目前在实际工程工作中和教学中均已基本得到推广和普及。在 BIM 时代，从建筑设计阶段开始，要求使用 BIM 技术搭建建筑信息模型，并实现模型的全过程共享应用，做到一模多用，协同完善。对于工程造价算量工作，基于二维 CAD 图纸的建筑工程计量开始向基于三维建筑信息模型的建筑工程计量模式进行转变，目前主流算量软件均已开放端口，能够实现三维模型的直接导入。

1.5.2　工程造价计价工作的现状

1. 现状与不足

首先，我国目前已经完全实现由定额计价到清单计价的整体转变。我国工程造价计价工作的发展可以从国家颁布《建设工程工程量清单计价规范》（GB 50500—2003），到施行《建设工程工程量清单计价规范》（GB 50500—2008），再到执行《建设工程工程量清单计价规范》（GB 50500—2013）的转变看出，计价方式和思路整体处于不断调整、不断优化的过程。为规范建设工程造价计价行为，统一建设工程计价文件的编制原则和计价方法，根据《中华人民共和国建筑法》《中华人民共和国合同法》《中华人民共和国招标投标法》等法律法规，制定了《建设工程工程量清单计价规范》（GB 50500—2013）。本规范适用于建设工程发承包及实施阶段的计价活动，在第三部分中，规范明确指出使用国有资金投资的建设工程发承包，必须采用工程量清单计价；非国有资金投资的建设工程，宜采用工程量清单计价。

其次，我国计价工作各项程序逐步完善。基于对建筑安装工程工程量计算的基础上得到工程量数量清单，利用各类定额实现子目定额的套取，按照国家规范进行计价和各种费税的记取，最后进行各专业、各单项工程的价格加和并调整，从而实现对工程项目价格的计算，这是工程造价的基本思路。其中各类定额的制定和执行是计价关键，目前我国按照不同角度划分的各种定额正处于不断完善过程中，如国家定额、行业定额、地区定额、企业定额、概算定额、预算定额等。

但是计价工作也存在诸多问题。

比如每一种定额都是针对一定环境中使用的，如果不能正确及时地制定和进一步完善相应的定额，在使用过程中就会形成许多不便，甚至得到偏差较大的结果。比如我国有些省份没有制定地区概算定额，工作中只能用预算定额替代使用，计价过程无形中变得复杂。

又比如不少企业没有条件，也不愿意花精力和时间来制定自己的企业定额，在计价过程中使用地区或行业定额替代使用，不能真正体现自己企业的核心竞争优势。

2. 发展趋势

工程计价工作采用软件完成，已经是行业的共识，计价软件处于不断的深化研究和整合升级中。目前，计价软件多种多样，及时对国家规范和政策、地区计价文件、主要材料和设备价格的导入是计价软件维护的根本；对操作界面的优化和便捷功能的添加体现了各种计价软件的特色与风格；将不同阶段计价工作整合在同一款软件中，实现数据无缝流转与对比，是不少计价软件开发商基于国家工程造价全过程管理思路的新探索；实现各种算量软件计算结果的完整准确导入，及各种计价结果的标准化输出，是计价软件的竞争核心所在。

1.5.3 工程造价管理工作的新变化

成本管理是工程项目管理工作中参建、运营各方最为关心的。工程造价管理工作是成本管理中最为核心的工作，计量和计价工作都是为工程造价管理服务的。近年来，我国工程造价管理呈现出国际化、专业化和信息化等新的可喜变化。

1. 工程造价管理的国际化

随着我国经济日益融入全球资本市场，在我国的外资和跨国工程项目不断增多，这些工程项目大都需要通过国际招标、咨询等方式运作。同时我国政府和企业在海外投资和经营的工程项目也在不断增加。国内市场国际化，国内外市场的全面融合，使得我国工程造价管理的国际化成为一种趋势。境外工程造价咨询机构在长期的市场竞争中已形成自己独特的核心竞争力，在资本、技术、管理、人才、服务等方面均占有一定优势。面对日益严峻的市场竞争，我国工程造价咨询企业应以市场为导向，转换经营模式，增强应变能力，在竞争中求生存，在拼搏中求发展，在未来激烈的市场竞争中取得主动。

2. 工程造价管理的专业化

经过长期的市场细分和行业分化，未来工程造价咨询企业应向更加适合自身特长的专业方向发展。作为服务型的第三产业，工程造价咨询企业应避免走大而全的规模化，而应朝着集约化和专业化模式发展。企业专业化的优势在于：经验较为丰富，人员精干，服务更加专业，更有利于保证工程项目的咨询质量，防范专业风险能力较强。在企业专业化的同时，对于日益复杂、涉及专业较多的工程项目而言，势必引发和增强企业之间尤其是不同专业的企业之间的强强联手和相互配合。同时不同企业之间的优势互补、相互合作，也将给目前的大多数实行公司制的工程造价咨询企业在经营模式方面带来转变，即企业将进一步朝着合伙制的经营模式自我完善和发展。鼓励及加速实现我国工程造价咨询企业合伙制经营，是提高企业竞争力的有效手段，也是我国未来工程造价咨询企业的主要组织模式。合伙制企业因对其组织方面具有强有力的风险约束性，能够促使其不断强化风险意识，提高咨询质量，保持较高的职业道德水平，自觉维护自身信誉。正因如此，在完善的工程保险制度下的合伙制也是目前发达国家和地区工程造价咨询企业所采用的典型经营模式。

3. 工程造价管理的信息化

我国工程造价领域的信息化是从 20 世纪 80 年代末期伴随着定额管理，推广应用工程造价管理软件开始的。进入 20 世纪 90 年代中期，伴随着计算机和互联网技术的普及，全国性的工程造价管理信息化已成必然趋势。近年来，尽管全国各地及各专业工程造价管理机构逐步建立了工程造价信息平台，工程造价咨询企业也大多拥有专业的计算机系统和工程造价管理软件，但仍停留在工程量计算、汇总及工程造价的初步统计分析阶段。从整个工程造价行业看，还未建立统一规划、统一编码的工程造价信息资源共享平台；从工程造价咨询企业层面看，工程造价管理的数据库、知识库尚未建立和完善。目前发达国家和地区的工程造价管理已大量运用计算机网络和信息技术，实现工程造价管理的网络化、虚拟化。特别是建筑信息建模（Building Information Modeling，BIM）技术的推广应用，必将推动工程造价管理的信息化发展。

在工程造价行业的发展过程中，追求全过程工程的造价管理、搭建兼容性强的造价管理平台和实现便捷的特色功能是工程造价管理软件发展的共同方向和趋势所在。

课 后 习 题

一、单选题

1. 工程项目按照它的组成内容的不同，从大到小，可以划分为（　　）五项。

A. 建设项目、单项工程、单位工程、分部工程和分项工程

B. 建设项目、单位工程、单项工程、分部工程和分项工程

C. 建设项目、单项工程、分部工程、单位工程和分项工程

D. 建设项目、单项工程、单位工程、分项工程和分部工程

2. （　　）是单位工程的组成部分。在建设工程中，是按照工程结构的性质或部位划分的。例如，一般土建工程（单位工程）可以分为基础、墙身、柱梁、楼地屋面、装饰、门窗、金属结构等。

A. 单项工程　　　　　　　　　　B. 建设项目

C. 分部工程　　　　　　　　　　D. 分部工程

3. 竣工阶段可以分为三步，第一步是竣工验收；第二步是（　　）；第三步是正式交付使用。

A. 竣工结算　　　　　　　　　　B. 试运行

C. 竣工决算　　　　　　　　　　D. 编写自评报告

4. "工程项目具有建设周期长、影响因素多等特点。受许多来自社会和自然的众多不可控因素的影响，而这些不可控因素均会对工程造价产生不同程度的影响。"以上描述属于工程造价的（　　）特点。

A. 个别性和差异性　　　　　　　B. 层次性

C. 动态性　　　　　　　　　　　D. 兼容性

5. 根据工程造价多次性计价的特征，发承包阶段对应的计价名称为（　　）。

A. 工程概算　　　　　　　　　　B. 施工图预算

C. 合同价　　　　　　　　　　　D. 投资估算

6. 以下那一条不属于工程造价有效控制的基本原则（　　）。

A. 以设计阶段为重点的建设全过程造价控制

B. 技术与经济相结合是控制工程造价最有效的手段

C. 以施工阶段为重点的建设全过程造价控制

D. 主动控制，以取得令人满意的效果

7. 以下哪一个指标不属于建设项目盈利能力分析（　　）。

A. 财务内部收益率　　　　　　　　B. 财务净现值

C. 投资回收期　　　　　　　　　　D. 资产负债率

8.（　　）阶段形成的造价更加真实和准确。

A. 可行性分析阶段　　　　　　　　B. 施工图设计阶段

C. 施工阶段　　　　　　　　　　　D. 竣工结算阶段

二、多选题

1. 以下哪些属于全面造价管理的概念（　　）。

A. 全寿命期造价管理　　　　　　　B. 全过程造价管理

C. 全要素造价管理　　　　　　　　D. 全方位造价管理

2. 以下（　　）选项符合《工程造价咨询单位管理办法》（建设部令第 149 号）中对于甲级造价咨询企业的规定。

A. 已取得乙级工程造价咨询企业资质证书满 3 年

B. 专职从事工程造价专业工作的人员（以下简称专职专业人员）不少于 20 人

C. 企业注册资本不少于人民币 100 万元

D. 企业近 3 年工程造价咨询营业收入累计不低于人民币 1000 万元

3. 作为造价工程师，应该遵循其基本责任和义务，以下选项中哪种情况应该杜绝（　　）。

A. 认真进行造价工作，不断提高造价水平

B. 在某次投标活动中，同时为 A、B 两个单位编制标书

C. 在评标过程中，严词拒绝投标单位给予的红包

D. 将自己的注册证书和执业印章有偿借予其他单位使用

4. 以下哪种说法符合工程造价管理工作的新变化（　　）。

A. 工程造价管理国际化进程加快

B. 工程造价管理进一步集约化和专业化发展

C. 工程造价管理信息化程度越来越高

D. 工程造价管理人员越来越多

三、简答题

请简要说明工程造价有哪些影响因素？

参考答案

一、单选题

1. A　2. C　3. A　4. C　5. B　6. C　7. D　8. D

二、多选题

1. ABCD　2. ABC　3. BD　4. ABC

三、简答题

答：（1）国家政策和法律法规的影响；（2）市场因素的影响；（3）区域因素的影响；（4）技术因素的影响；（5）管理水平因素的影响；（6）造价人员素质因素的影响。

第 2 章　BIM 造价概述

本章导读

　　本章先是介绍了造价行业的发展阶段以及 BIM 造价的概念，接着讲述了常见的 BIM 造价软件，而后讲述了 BIM 造价的主要优势以及 BIM 技术在造价行业的价值，最后提到了 BIM 技术在造价行业发展的必然性。

2.1　BIM 造价的概念

2.1.1　BIM 的起源

BIM 的全称是"建筑信息模型"（Building Information Modeling），这项技术被称之为"革命性"的技术，源于美国乔治亚技术学院（Georgia Tech College）建筑与计算机专业的查克·伊斯曼（Chuck Eastman）博士提出的一个概念：建筑描述系统如图 2.1.1-1 所示。1986 年 Robert Aish 提出关于目前 BIM 的诸多特点。1999 年 Chuck Eastman 将"建筑描述系统"发展为"建筑产品模型"，建筑信息模型包含了不同专业的所有的信息、功能要求和性能，把一个工程项目的所有的信息包括在设计过程、施工过程、运营管理过程的信息全部整合到一个建筑模型，如图 2.1.1-2 所示。2002 年 Jerry Laiserin 发表《比较苹果与橙子》，使得 BIM 一词在工程建设行业中得到广泛应用。

图 2.1.1-1　BIM 的起源和发展

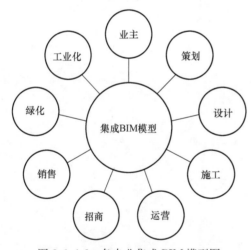

图 2.1.1-2　各专业集成 BIM 模型图

近年来，BIM 技术逐渐发展成为一种多维（三维空间、四维时间、五维成本、N 维更多应用）模型信息集成技术，可以使建设项目的所有参与方（包括政府主管部门、业主、设计、施工、监理、造价、运营管理、项目用户等）在项目从概念产生到完全拆除的整个生命周期内都能够在模型中操作信息和在信息中操作模型，从而从根本上改变从业人员依靠符号文字形式图纸进行项目建设和运营管理的工作方式，实现在建设项目全生命周期内提高工作效率和质量以及减少错误和风险的目标。

BIM 技术以其高度可视化、参数化、集成化及仿真性的特点优势，带来了建筑行业的第二次工业革命，注定成为未来建筑行业的发展趋势。

2.1.2　BIM 造价的含义

BIM 造价指的是以 BIM 为主要技术手段对工程项目从概念阶段到运维阶段的整个全寿命周期各阶段造价进行管理和控制。

BIM 造价的含义主要有以下五点：

（1）BIM 造价是以三维数字技术为基础的。整个造价管理过程都是基于高度可视化的三维模型进行的，包括投资方案估算、工程量计算、各阶段造价控制管理等。三维模型不仅为造价管理过程提供展示、模拟及管理的可视化工具，同时也是算量、计价、分析等数据运算过程中的数字载体。

（2）BIM 造价过程中信息是可供各参与方共享的（在权限使用范围内）。基于 BIM 技术的工程造价管理往往是各参与方协作共享的过程，在项目整体实施过程中，各参与方的信息产生及集成往往是基于同一 BIM 模型，意味着整个项目 BIM 造价信息具有单一的数据源，这为工程项目造价管理提供了更有利的数据管理基础。通过平台服务对项目建设过程造价信息进行保存及传递共享，以供各参与方根据共享信息对其作出及时准确的管理决策。

（3）BIM 造价的信息包含了各阶段产生的数据。基于 BIM 技术的数据集成管理功能，造价管理各阶段（决策阶段、设计阶段、招投标阶段、施工阶段、竣工阶段、运维阶段）的成果信息，可作为过程数据集成在三维信息模型及相应管理平台中，为项目管理者提供全过程造价信息把控。

（4）BIM 造价可供多种软件复用。造价信息作为存储在 BIM 模型及相应平台中的数据，可直接调取并为多种 BIM 软件读取复用。例如附着在 BIM 模型中项目工程量信息，可直接被造价管理平台软件读取，且该平台不仅限于某一款软件或一系列软件。

（5）BIM 造价是以数据库作为技术支撑的。该数据库必须是可积累、可计算、可共享、可追溯、可复用的。造价管理是与市场性变动有着较大联系的一项数据化管理及决策活动。故其实施基础是大数据库的建立及有效利用。

2.2　BIM 造价的发展

2.2.1　传统造价阶段

从 1949 年到 20 世纪 50 年代中期，我国工程造价管理主要采用的是无统一预算定额与单价情况下的工程造价计价模式。这一时期主要是通过设计图纸计算出的工程量来确定工程造价。当时计算工程量没有统一的规则，只是由估价人员根据企业的累积资料和个人的工作经验，结合市场行情进行工程报价，经过和业主洽商，达成最终工程造价。从 20 世纪 50 年代到 90 年代初期，发展为有政府统一预算定额与单价情况下的工程造价计价模式。当时的工程计价基本上是在统一预算定额与单价情况下进行的，因此工程造价的确定主要是按设计图及统一的工程量计算规则计算工程量，并套用统一的预算定额与单价，计算出工程直接费，再按规定计算间接费及有关费用，最终确定工程的概算造价或预算造价，并在竣工后编制决算，经审核后的决算即为工程的最终造价。从 20 世纪 90 年代至 2003 年，这段时间造价管理沿袭了以前的造价管理方法，同时国家建设部对传统的预算定额计价模式提出了"控制量、放开价、引入竞争"的基本改革思路。各地在编制新预算定额的基础上，明确规定预算定额单价中的材料、人工、机械价格作编制期的基期价，并定期发布当月市场价格信息进行动态指导，在规定的幅度内予以调整，同时在引入竞争机制方面做了新的尝试。2003 年 3 月有关部门颁布了《建设工程工程量清单计价规范》，工程量清单计价是在建设施工招投标时招标人依据工程施工图纸、招标文件要求，以统一的工程量计算规则和统一的施工项目划分规定，为投标人提供实物工程量项目和技术性措施项目的数量清单；投标人在国家定额指导下、在企业内部定额的要求下，结合工程情况、市场竞争情况和本企业实力，并充分考虑各种风险因素，自主填报清单开列项目中包括的工程直接成本、间接成本、利润和税金在内的综合单价与合计汇总价，并以所报综合单价作为竣工结算调整价的一种计价模式。

在以上传统工程造价的各发展阶段中，主要包含了以下几大特征：

1. 造价技术方面

在计量方式上以上阶段主要采用的是手工算量及表格算量。造价人员根据二维图纸表达的内容，对各类构件种类及数量进行统计，并根据构件类别按照相应的计算规则进行工程量计算。当工程发生变更修改时，往往需要造价员根据变更情况对相应内容进行再次重复计算。这种工作方式人工计算量大、速度慢、计算精确度低、重复计算工作内容多。造价工程师的大量精力被禁锢在重复的计算工作中，且项目工程量数据不方便保存及追溯，不利于造价技术的积累。虽然后期出现了易表算量、蓝光算量等基于 Excel 平台开发的手工算软件及立马算量、希达算量等基于自主平台开发的表格算量软件。但这些软件的算量都只是仿手工算量。

在计价方式上，从经验估算发展到量价合一再发展到量价分离。在 20 世纪 80 年代以前的传统的计价方式中，编制一份建安工程预算结算书，完全靠笔、纸、定额书，需借助计算器或算盘，从计算工程量、套定额、工料分析单价调价差到费用计算汇总等全过程手工完成。工程造价人员在计算纸上罗列大量的计算公式，不停地翻定额本，在预算表格上填写定额编号、单位、数量、定额单价。到 90 年代开始出现计价软件，编制工程预算实现了半手工。造价人员手工计算完施工图工程量，利用软件将工程量输入计算机、选套子目、输入材料价格，取费汇总计算。

2. 造价管理方面

传统工程造价管理往往由于工程量、定额单价等数据信息是相互独立的，容易形成信息割裂，且分散的信息不利于存档及其他项目、其他参与方的重复利用。另外，项目各阶段的造价管理信息也是孤立的、不成体系的、难以集成的，这给各阶段的造价管理造成了较大困难。

2.2.2　BIM 造价阶段

进入 21 世纪，随着计算机和各类软件的不断普及，建筑行业工程造价信息化也飞速发展，开始出现了基于 CAD 平台的图形算量即 BIM 算量的初级阶段。图形算量是指在使用过程中，通过画图确定构件实体的位置，并输入与算量有关的构件属性，软件通过默认或根据各地用户自定义的计算规则，自动计算生成构件实体的工程量，形成报表。基于 BIM 技术的图形算量能够自动按照各地清单、定额规则，利用三维图形技术，进行工程量自动统计、扣减计算，并进行报表统计，大幅度提高了预算员的工作效率。但该类算量软件作为一个独立的造价应用，包含了建立三维模型、进行工程量统计、输出报表这一套完整的造价计算流程，其模型及信息很难同施工过程其他应用进行信息集成和综合，应用方向较单一。

而近几年来随着 BIM 技术的推广及发展，相应的 BIM 造价应用软件也相继出现并不断完善，推出了基于 BIM 平台的 BIM 算量软件、计价软件及管理软件，标志着 BIM 造价时代的正式来临。该阶段 BIM 算量的特征主要体现在以下几个方面：

1. 基于三维模型

在算量软件发展的前期，曾经出现基于平面及高度的 2.5 维计算方式，后逐步被三维技术方式替代。为了快速建立三维模型，并且与之前的用户习惯保持一致，多数算量软件依然以平面为主要视图进行模型的构建，并且使用三维的图形算法，可以处理复杂的三维构件的计算。与传统手工算量及表格算量相比，其计算准确性较高，结合三维模型展示，工程量数据更直观，且对结果进行复查追溯更便捷。

2. 支持按计算规则自动算量

BIM 造价阶段的算量，由手工计算及仿手工计算转变为真正意义的自动算量，并支持计算规则的选择。计算规则即各地清单、定额规范中规定的工程量统计规则，比如小于一定规格的墙洞将不列入墙工程量统计，也包括墙、梁、柱等各种不同构件之间的重叠部分的工程量如何进行扣减及归类，全国各地、甚至各个企业均有可能采取不同的规则。计算规则的处理是算量工作中最为烦琐及复杂的内容，专业的 BIM 算量软件一般都比较好地自动处理了计算规则，并且大多内置了各种计算规则库。同时，算量软件一般还提供工程量计算结果的计算表达式反查、与模型对应确认等专业功能，让用户复核计算规则的处理结果。

3. 数据计算及集成更稳定

与基于 CAD 平台的算量软件相比，直接基于 BIM 平台的算量无需对 BIM 模型进行文件格式转换，从而避免了转换过程造成的数据丢失，保障了算量过程的稳定性及算量结果的准确性。同时直接基于 BIM 模型的造价管理，不仅可在模型中附加材料、几何尺寸等造价相关信息，还可集成时间进度、施工条件等其他信息，为 BIM 模型的"一模多用"及项目全寿命周期 BIM 造价的实施提供了可靠的数据基础。

4. 支持一模多用

初级阶段的 BIM 算量，往往是在算量软件中单独建立三维模型，该模型仅供工程算量使用，在模型的重复应用及交换共享方面较困难。而基于 BIM 平台的算量真正实现了 BIM 模型的一模多用。BIM 造价管理充分利用了数据集成技术，可对接各地工程量计算规则，打通设计、施工、预算、进度等多个环节，实现 BIM 技术在国内本土的落地。在项目实施过程中软件共用一个模型，应用与造价管理的 BIM 模型可同时用于工程设计、施工管理、成本控制、进度控制等多个环节，有效地避免了重复建模，实现了"一模多用"，从而消除了多种软件之间模型转换和互导所导致的数据不一致问题，节约了传统算量软件重复建模的时间，大幅提高了工作效率及工程量计算的精度。有效打通了 BIM 造价应用与其他应用的信息通道，为后期数据高度集成与共享的 BIM 云造价奠定了基础。

另外大数据时代的来临，也让 BIM 的应用普及有了新的内涵。大数据、云计算等新技术与 BIM 技术在造价中的集成应用也给 BIM 造价的发展带来了新助力。通过为建筑企业、投资方、施工方等产业链主要组成部分建立云端数据库，实现了造价数据的云同步，保证数据公开、透明，防范了贪腐现象，实现对造价的信息建设及管理。

2.3　BIM 造价软件简介

2.3.1　国外 BIM 造价软件

基于 BIM 的造价类软件分别提供了造价管理不同业务、不同角度和不同阶段的应用。造价管理的业务涉及估算、概算、施工图预算、招标控制价、投标报价、变更、计算支付、结算等不同业务，在这个过程中，没有一家软件可以涵盖全部内容。因此，目前基于 BIM 的造价软件解决的都是某一个具体的业务，同时，各软件之间通过标准化的数据或接口进行关联。

美国总承包商会（Associated General Contractors of America，AGC），将 BIM 相关软件分成八大类型（A BIM tools Matrix）：概念设计和计价软件、BIM 核心建模软件、BIM 分析软件、加工图和预制加工软件、施工管理软件、算量和计价软件、进度计划软件以及文件共享和协同软件，并列举了共约 60 种 BIM 软件，其中算量和预算软件主要有 QTO、DProfiler、Innovaya 和 Vico Takeoff Manager 四种（表 2.3.1-1）。

国外部分 BIM 造价软件表　　　　　　　　　　表 2.3.1-1

产品名称	厂商	BIM 用途	说　　明
QTO（Quantification Take Off）	Autodesk	工程计量	通过整合来自多方的信息，比如 Revit architecture、structure、MEP 软件，以及其他工具软件的几何图形、图像和数据，可自动或者手动测量面积和构件，并最终可以导出到 Excel 中或者发布成 DWF 格式
DProfiler	Beck Technology	概念设计阶段成本测算	主要是在该概念设计阶段提供成本测算服务，它使用了来自 R SMeans 公司的一个面向对象的三维 CAD 和费用数据库的组合，使用户能够根据早期的制图产生出可靠的项目费用结果，并进行决策
Visual Estimating	Innovaya	预算	Visual Estimating 支持 BIM 模型的自动计算并显示工程量，还可以将设计构件与预算数据库连接，以完成工程造价。工程造价是个复杂的过程，包括分析设计，根据施工需要对构件进行项目分类并集合，设定装配件、物料的定量和变量，编制数据库，再将工程项目的数据信息择录载入这些产品数据库，最终使它们价格化。当前的 BIM 设计软件程序不能精确统计到施工装配件上的细节，诸如一个"墙"构件上的钉子、龙骨、石膏板等。因此，BIM 在设计与施工间存在着一道沟堑，而 Innovaya Visual Estimating 的作用便体现于此
Vico office suite	Vico Software	工程量及 5D 成本管理	是属于 5DBIM 软件，包含了可用于可建性模拟的 Vico constructability mananger，用于算量的 Vico takeoff mananger，用于成本管理的 Vico cost planner，主要应用于应用与施工阶段，能利用多种 BIM 模型，并进行成本与进度计划管理

加拿大 BIM 学会（Institute for BIM in Canada，IBC）对欧美国家的 BIM 软件进行统计，共有 79 个相关软件，其中可以在设计阶段使用的软件有 62 个，占总数的八成左右；约 1/3 可以在施工阶段使用，而运营阶段的软件数量不足 9%；能用于工程造价和造价管理的 BIM 软件包括 Allplan Cost Management、CostOS BIM、DProfile、EaglePoing Suite、EcoDesinger、Innovaya Suite、Maxwell、OnCenter Software、Planswift、SAGE Suite、Synchro Suite、Tokoman、Vertigraph 共 13 种，大部分集中在施工阶段。

2.3.2 国内 BIM 造价软件

国内 BIM 造价软件主要是结合国内的造价情况（包括算量规则、计价方式）进行开发的，所以在项目的实用性方面更具有优势。国内部分 BIM 造价软件见表 2.3.2-1。

国内部分 BIM 造价软件表 表 2.3.2-1

软件名称	平 台	特 点
广联达	自主研发平台，Revit 模型需二次导入广联达软件	1. 工程量计算基于其传统的算量平台完成计算； 2. Revit 模型导入图形算量软件，保留用户对三维算量软件的操作习惯和核查工程量，基于 Revit 本身建模具有很高的灵活性
鲁班	基于 CAD 平台，企业级 BIM 系统，Revit 模型需二次导入鲁班软件	1. 利用 CAD 转化功能，大大提高预算的速度； 2. 鲁班的企业级 BIM 系统基于模型信息的集成，同时结合授权机制，在实现施工项目管理的协同的同时，能够进行企业级的管控、项目级协同管理
新点比目云	基于 Revit 平台，可与 BIM 技术对接	1. 基于 Revit 平台二次开发，可应用已有模型，进行 Revit 模型构件映射，完成工程量计算； 2. 提供一键智能布置圈梁等二次构件，垫层土方砖模等基础构件，外墙脚手架、建筑面积等零星构件； 3. 可按实物量出量也可用自动挂接相应的清单定额； 4. 沿承 Revit 三维特点，无其他； 5. 提供多样化报表，供用户在出量过程中的各类需求； 6. 二次开发构件自动调整工具，满足建模过程中的调整模型
斯维尔	基于 Revit 平台，采用映射的方式，可与 BIM 技术对接	1. 基于 Revit 平台二次开发，可应用已有模型，进行 Revit 模型构件映射，完成工程量计算； 2. 目前暂不支持 CAD 翻模，全手工建模； 3. 对于不便翻模的构件，支持按当前程或整个楼层一键智能布置构件； 4. 可按实物量出量也可用自动挂接相应的清单定额； 5. 沿承 Revit 三维特点； 6. 提供多样化报表，供用户在出量过程中的各类需求

软件名称	平台	特点
品著	基于 Revit 平台，可直接手工建模，也可以 CAD 图纸翻模，与 BIM 技术对接	1. 利用 CAD 图纸识别技术，并结合使用者的操作习惯，扩展了多个翻模工具，进而简化了 Revit 的操作难度，翻模效率较高； 2. 直接利用 Revit 设计模型，根据国标清单规范和全国各地定额工程量计算规则，在 Revit 平台上完成工程量计算分析，快速输出所需的计算结果和统计报表，计算结果可供计价软件直接使用； 3. 扩展性强，一模多用，模型数据能应用到设计、施工、运维等建设工程信息化全生命周期，进而增强了工作流和可交付结果的可靠性和可配置性
晨曦	基于 Revit 平台，与 BIM 技术对接	1. 支持任何设计院基于 Revit 平台设计的 rvt 模型算量； 2. 支持 CAD 翻模，可识别 CAD 图纸的轴网、柱、梁、墙、基础（基础梁、独立基础）等构件，快速将二维构件转换为三维模型；对于不便翻模的构件，支持按当前程或整个楼层一键智能布置构件，可布置构件类型多； 3. 提供自动套清单定额和手动调用，构件计算过程同手工习惯一致，异形和特殊构件的计算模式采用体积扣减体积，核查直观； 4. 除沿承三维特点外还二次开发了区域三维、楼层三维等工具，便于更快查看三维，并且每个构件都以实体的形态体现，如内墙面等装饰构件； 5. 集合 Revit 本身的明细表，及二次开发的算量报表，满足用户在应用过程中的各类需求，适合全国； 6. 集成一模通用，土建、钢筋、安装均可共用一个模型进行布置和算量

2.4　BIM 造价的特征

2.4.1　精细化

BIM 造价的精细化特点主要体现在：与传统造价方式相比基于 BIM 技术的造价在工程量的计算上更精确，同时在计价与管理中更符合市场动态行情和行业现状，如图 2.4.1-1 所示。

在算量过程中，基于 BIM 平台的算量，往往是在 BIM 基础模型之上，根据各专业、各构件相应的工程量计算原则，对 BIM 模型进行精确详细的工程量统计，并可出具相应工程量清单报表，其中可包括各构件的类型、型号、材料、尺寸、位置等详细信息。在整个过程中，只要保证前期 BIM 基础建模的准确性及信息的完备性，软件便能够准确快速地计算出工程量。而传统手工算量过程中，在识图、构件归类统计、数据输入、结果计算等各操作阶段都可能因为人为因素造成算量结果偏差。同样在基于 CAD 平台的工程算量中，由于 CAD 图纸的识别转化容易造成信息偏差从而影响结果的准确性。所以 BIM 造价与其他方式相比在算量的精确性上具有较大的优势。

另外，在计价过程中，参考企业自身积累的项目 BIM 造价指标和计价信息以及云平台的实时市场价格动态行情，可有效选取和套用更加合理经济的价格，从而更有利于工程造价的精细化管控。

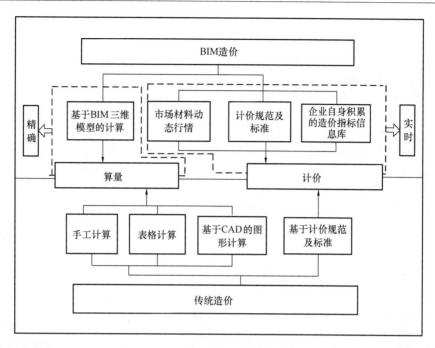

图 2.4.1-1　BIM 造价的精细化特征体现

2.4.2　智能化

BIM 造价的智能化主要体现在参数化的变更管理、仿真性的成本模拟以及可视化的数据查看这三个方面，如图 2.4.2-1 所示。

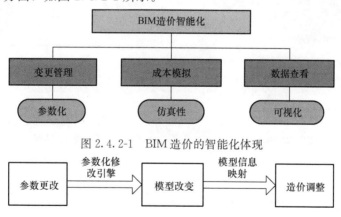

图 2.4.2-1　BIM 造价的智能化体现

图 2.4.2-2　BIM 造价的参数变更调整

BIM 造价智能化的变更管理指基于 BIM 参数化技术，可以通过参数的调整快速实现对模型的变更，根据构件及信息的关联驱动，从而自动完成对工程造价的调整，如图 2.4.2-2 所示。例如在 BIM 造价模型完成后，设计产生变更，某区域局部的柱的尺寸发生变化，此时，只需要通过对柱参数的调整，即可实现对模型的参数修改，并直接关联造价信息，使相应区域的造价及总造价进行调整。另外，基于 BIM 技术的数据库平台，还可对原始造价及每次变更的造价信息进行分批次的保存管理，以便于项目成本管理的追溯。相比较而言，传统的 CAD 图形，其构件参数是相对孤立的，难以自动进行参数匹配和调整，需人工对其变更部位进行重新算量及造价调整。某工程参数化的 BIM 造价调整过程如图 2.4.2-3～图 2.4.2-7 所示。

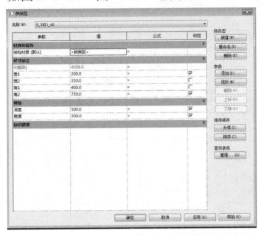

图 2.4.2-3　参数调整

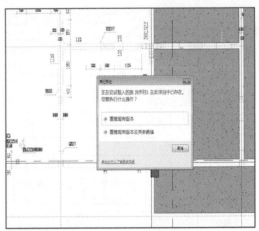

图 2.4.2-4　参数关联

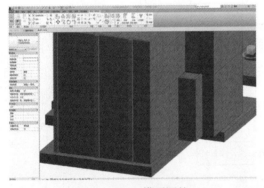

图 2.4.2-5　模型调整

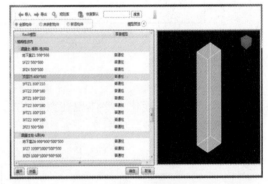

图 2.4.2-6　模型映射

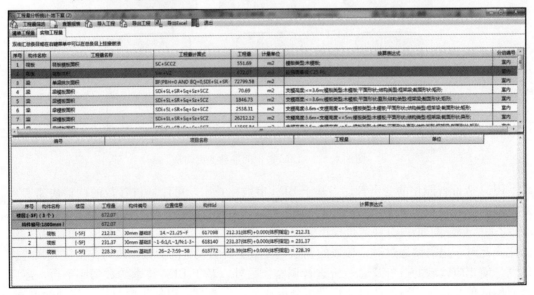

图 2.4.2-7　造价调整

BIM 造价智能化的成本模拟是指基于 BIM 技术的高度仿真模拟技术，可以根据不同的施工方案及施工措施，对项目实施过程中的任意区域、任意时间点及时间段的成本造价信息进行动态模拟，以预先对其成本管理进行把控。在项目实施过程中，工程造价不仅包括建筑材料费，同时也包含了其他措施项费用，故施工方法、施工工序、施工条件等施工约束条件对项目工程造价具有不可忽视的影响。而传统成本管理方式中因大多建设项目都是工程量大而且建设时间紧迫，一些现代建筑物的结构更是复杂，参与人员自身的能力不足，不能掌握项目全部信息，出现优化不合理的情况。而基于 BIM 技术的 5D（3D＋时间＋造价）模拟，可以根据确定的施工方案和进度，模拟各时间段的工程量及价款，做好各阶段的资金安排，控制好工程成本，如图 2.4.2-8～图 2.4.2-10 所示。

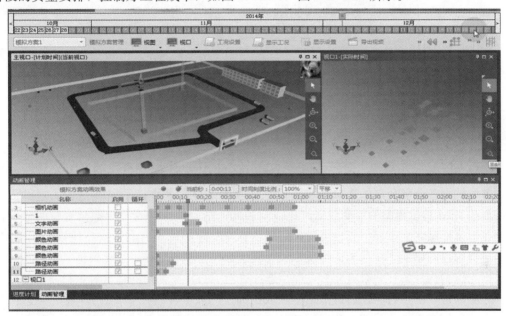

图 2.4.2-8　5D 模拟

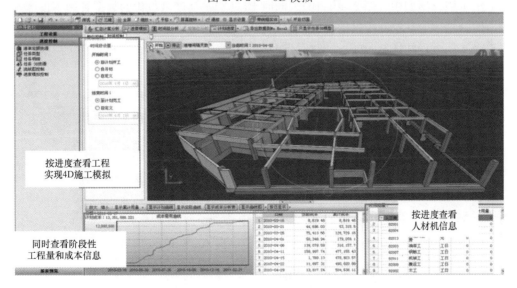

图 2.4.2-9　各时间段造价模拟

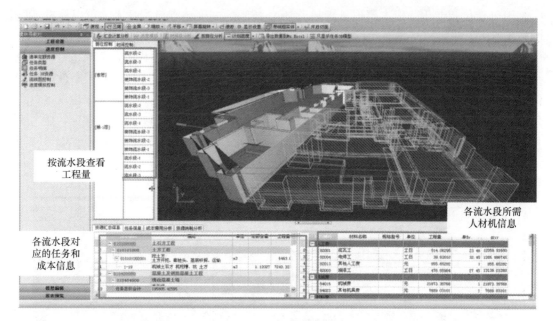

图 2.4.2-10　各流水段造价模拟

BIM 造价智能化的数据查看指的是通过 BIM 模型的三维表达以及软件的智能过滤功能，各构件及各分部分项的造价信息可以更加直观的展示及查询。BIM 造价的这种可视化特征在 BIM 造价模型的前期建立过程以及后期的造价模拟和管理中都具有较明显的体现。在造价模型建立过程中三维可视化的展示，在一定程度上有利于提高建模的正确率，减少造价信息的错误。在后期造价模拟和管理过程中，基于三维可视化模型，可实现对造价数据与模型构件的一一对应显示，即当选择查看项目任意部位的造价时，只需在模型中选择相应部位，便可自动在造价信息中调取该部位的数据（图 2.4.2-11），反之在造价数据库中选择任意构件或分部的数据信息，该数据对应的构件或分部范围也会相应的高亮显示在三维可视化模型中（图 2.4.2-12）。同时 BIM 造价高度可视化的数据管理不仅体现在三维空间的展示，在空间维度的基础上附加上时间维度，根据施工进度计划，还可实现对项目整个实施过程的任意时间段或时间点的造价信息展示，选择任意时间点，模型根据进度安排进行相应的生长，并计算出相应状态的造价成本信息。

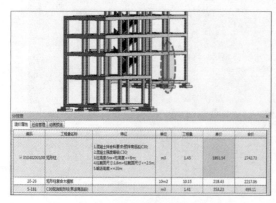

图 2.4.2-11　通过模型展示造价信息

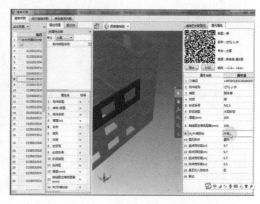

图 2.4.2-12　通过造价信息展示模型

2.4.3　动态化

建设项目造价信息在设计、施工、运营过程是一个不断变化更新的动态过程，在项目全生命周期中，BIM 模型不是"静止"的，而是"动态"生成的。所以 BIM 造价是一个动态的过程信息管理，而传统工程造价是一个"状态"量的计算（图 2.4.3-1）。

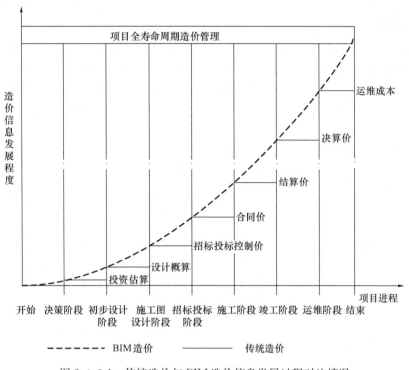

图 2.4.3-1　传统造价与 BIM 造价信息发展过程对比情况

传统的工程造价管理往往是首先在决策阶段中进行项目的估算，而后在设计阶段进行项目预算，最后在施工竣工阶段进行项目结算。这种方式计算出的造价结果是一种"状态"量，例如设计阶段计算出的预算结果是指设计图纸完成后基于该图纸对整个项目完成状态下所需成本的预测计算，施工竣工结算也只是根据项目具体情况对项目完成后的成本进行计算统计。以上两种造价计算结果都只是特定状态下的成本数据，对某时间段内或整个过程中的造价是无法进行动态统计的。而 BIM 造价是基于 BIM 动态模型的成本信息管理，BIM 模型随着项目进程的推进，它是一个不断集成及迭代的动态数据信息库，从决策阶段到初设阶段、施工图设计阶段再到施工及竣工阶段，最后到后期运营阶段的整个项目全寿命周期中基于模型的造价数据的内容及深度是一个逐级递增的过程，可选取任意时间段内的造价过程信息进行查看。故项目整个 BIM 造价管理过程是基于同一模型的动态信息管理。

2.4.4　一体化

在项目 BIM 造价管理过程中，各参与方在各阶段往往需基于统一的 BIM 模型对其进行相应的各项事务，统一的模型源保障了各参与方数据的一致性，同时也是项目造价信息流有效性的重要基础。BIM 造价的一体化主要体现在项目各参与方的一体化及项目各阶段的一体化。

BIM 造价各参与方的一体化主要指的是在项目实施过程中各参与方（包括投资方、设计方、施工总承包方、各分包方、咨询单位等）都将基于统一的 BIM 模型，各参与方基于该模型在实施过程中生成各自相应的造价数据信息，并最终迭代集成到共享统一模型中。各参与方一体化的模型信息共享，大大减少了各参与方的沟通障碍以及后期结算、对量过程中纠纷的产生。

BIM 造价的各阶段的一体化指的是从项目决策阶段、设计阶段、招投标阶段到施工阶段及竣工阶段最后到运营阶段整个过程中模型及信息是连续传递，即后续阶段的造价管理是建立在前一阶段的 BIM 造价模型基础上（图 2.4.4-1）。基于 BIM 的项目全寿命周期造价管理一般是在决策阶段建立粗略的方案模型并基于此对其进行宏观的投资估算，而后在设计阶段基于该基础模型进一步对项目进行设计并形成设计概预算。在施工过程中再将实际建设的造价信息与设计概预算信息进行对比，从而形成施工造价管理信息模型，并为后期竣工结算提供依据及运维基础模型。整个项目周期内的造价信息是连续的动态变化过程，并具有较强的追溯性，即可选取设计或施工阶段中的任意状态下的造价信息进行计算。

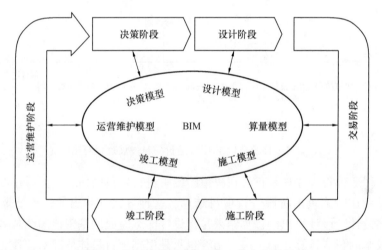

图 2.4.4-1　基于 BIM 技术的一体化造价管理

2.4.5　信息化

BIM 造价的信息化主要指的是项目造价管理过程中，基于 BIM 技术的数据集成，可有效实现项目整个造价过程中数据的有效存储、快速准确计算和分析。例如，通过 BIM 快速精确地进行工程量计算、对量等。基于 BIM 的高效的计算、准确的数据和科学的分析，可以使依靠经验、依靠个人能力的管理现状得到很大改观，逐步实现项目精细化和企业集约化的管控。

BIM 造价的信息化主要体现在信息化交互及信息化集成两大方面。

1. 信息化交互

BIM 技术的核心是模型，本质在于信息，而 BIM 造价应用则是以信息模型为基础的信息交互。工程项目从立项到最后的竣工、运营阶段都可利用 BIM 技术进行模型的创建（包括新建与更新）与信息的赋予，不同阶段、不同软件之间的造价信息通过某种媒介相互识别、关联、汇集，在不同的应用阶段形成相应的子信息模型。随着工程的不断前进，设计、采购、施工、运营各个阶段的造价信息模型在 BIM 环境下不断地以数据交换接口进行交互形成一个关联体，最后形成一个资源库。以前的软件在进行信息互通时，大多采用两个软件之间进行数据交互，这种方式只能在二者之间进行，数据不公开、不透明。近几年随着 BIM 技术的发展，软件之间数据的交换越来越受到重视，目前国际比较成熟、得到大多数国家认可的是 IFC（Industry Foundation Classes，工业基础类）数据交换接口，它提供的中性文件，为大多数软件提供了可以共享的数据文件格式。

2. 信息化集成

工程项目的建设需要不同角色、不同专业的参与主体，各个主体在项目的不同阶段发挥着不同作用，各方信息的协调对项目造价管理的顺利实施非常重要。项目各参与方的信息达到协调一致，可减少信息在传导过程中的损耗，避免在建设过程中出现各参与方之间的信息冲突及项目不同阶段的信息流失或错误现象。应用 BIM 技术将工程项目的不同主体产生的造价信息集成于 BIM 模型，项目各参与方可通过 BIM 模型进行项目的全面了解，并可通过统一的 BIM 造价信息平台对项目存在问题进行多方的沟通协调（图 2.4.5-1）。BIM 技术通过集成工程管理信息的收集、管理、交换、更新、储存过程和项目业务流程，实现数字建造模式下数字流和物质流的高程度集成与高水平组织，推动工程建造走向精益化。

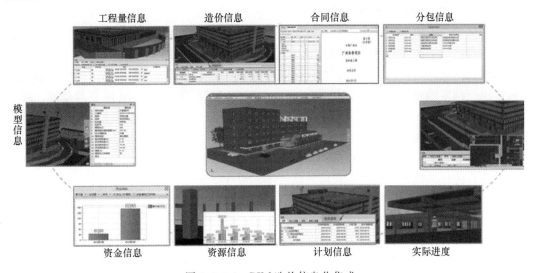

图 2.4.5-1 BIM 造价信息化集成

2.5 BIM 造价的作用与价值

2.5.1 BIM 在造价管理中的优势

BIM 技术在建立集成建设项目全生命周期各种信息的 BIM 模型时，生成了庞大的数据库，在造价管理中应用 BIM 技术可提高造价工作的效率和造价管理的水平，具体优势主要体现在以下方面。

1. BIM 使基础造价数据可及时准确调取

由构建 BIM 多维模型所形成的数据库是 BIM 的技术核心，模型不仅能集成所有造价元素信息和市场信息，如构件工程量、材料价格等，还可导入类似的历史项目造价数据帮助工作人员完善拟建项目信息模型。另外，在建设项目全生命周期中，当市场产生变动或项目发生变化时，只需调整 BIM 模型信息，数据库也会随之改变并将变化信息共享至各项目参与方，具有一定的实时性。故在建设项目的整个生命周期中，各个阶段中与造价有关的资料数据都可通过 BIM 数据库进行存储，因此在项目全生命周期，只需按照要求进行参数范围的设定，就可得到造价管理所需的数据。正是基于 BIM 数据库的实时性，建设项目造价管理人员迅速、准确地调化所需的基础造价数据，不仅提高了工程造价相关数据的准确性，更加强了工程造价的管理水平，使造价管理与市场发展脱节的状况得以改善。

2. BIM 使投资估算高效精确

建设项目的投资估算是投资决策阶段的主要造价管理工作，通过调取 BIM 数据库中储存的与拟建项目类似的已完项目的造价信息，如人工、材料、机械费用等，快速进行投资估算；随着拟建项目 BIM 模型的建立，利用 BIM 的可视化特点，通过对项目模型的整体察看和局部细节讨论，发现解决潜在问题，从而得到完善后更准确的数据，使投资估算更加精确。

3. BIM 使工程量计算快速准确

工程量是建设项目工程造价的关键因素，工程量的精确计算是造价管理顺利进行的基础。目前我国对于工程量计算还没有形成统一的标准，传统的工程量计算都是由人工完成，不仅效率低，而且容易出错。尤其是随着建设项目规模越来越大，结构越来越复杂，工程量统计越发困难。但应用 BIM 技术建立参数化模型，然后以 BIM 模型为基础，在融合了计算规则的 BIM 软件中适当更换扣减计算规则，依照 3D 布尔运算法则和空间拓扑关系，BIM 算量软件将自动完成实体扣减，并快速统计出准确的工程量。应用 BIM 技术进行工程量统计，不仅可以使预算工作人员节省出更多的时间进行询价、组价等更具价值的工作，而且统计结果客观、准确，可共享于不同专业，加强专业间协同工作，提高造价管理水平。

4. BIM 使资源利用充分合理

随着建设行业和社会经济的发展，大型复杂项目逐渐增多，建设周期长且项目信息繁多，若资源安排不够充分合理，极易引起工期延误和窝工现象的发生，造成成本管理失控。利用 BIM-5D 模型，即 BIM 三维参数化模型为基础加入时间维度和造价维度，掌握施工动态下的资源需求，可使项目资源计划更加具体合理。首先，在建立拟建项目的 BIM 三维模型后，对模型中建筑构件赋予时间元素，在通过 BIM 算量软件统计出工程量后，按照时间细分出不同阶段、不同空间的项目工程量，并依据 BIM 数据库中储存的价格信息进行工程项目任意时间段的造价分析，掌握其资源需求，进而准确地安排项目时间段需投入的工程资金、机械设备、建设材料及人工等项目资源的种类和数量，使项目资源得到合理充分的利用，实现限额领料，有效减轻仓储压力、掌控工程成本，有利于工程造价的精细化管理。

5. BIM 可有效减少、高效处理工程变更

应用 BIM 技术，在进行模型审核时，通过软件进行碰撞检查可发现设计中存在的问题，从而在设计阶段及时优化方案，减少施工阶段因设计问题引起的工程变更，节省成本。而当在施工过程中发生工程变更时，传统的处理方法是由造价人员在图纸上确认变更内容，从而计算出由变更造成的所有构件的工程量变化情况，耗时长且可靠性低；而应用 BIM 技术，将变更内容关联至 BIM 模型，只需调整模型中变更构件的相关信息，BIM 软件就会自动计算汇总出相关工程量变化，过程快速，结果准确，可及时为管理人员提供准确数据。

6. BIM 可有效支持多算对比

工程项目的多算对比是进行成本控制的有效方法，通过多算对比，及时发现工程项目施工过程中存在的问题，对此采取有效措施进行纠偏，使项目费用得以降低，实现成本的动态控制，有利于工程造价的精细化管理。所谓多算对比，是指从施工时间、施工工序、建筑区域这三个维度分析对比项目的计划成本与实际成本，这需要拆分、汇总大量有关造价的数据，仅靠人工计算难以实现，要快速实现工程项目精准的多算对比，就必须依靠 BIM 技术。BIM 模型中的建筑构件都已参数化，按照规则进行各个构件的统一编码，建立 3D 实体、时间、WBS 的关系数据库，导入实际成本数据可快速实现任意条件下项目成本的汇总、统计、拆分，从而进行精准的成本对比分析，有效了解项目消耗量情况，实现成本动态控制。

7. BIM 使历史数据得以积累共享

已完建设项目的造价数据，如含量指标、造价指标等对今后类似建设项目具有重要价值，可用做拟建项目投资估算和审核的参考资料；不仅如此，这些数据还被造价咨询企业视为宝贵财富，可增加其核心竞争力。但在现阶段，建设项目竣工结算后，造价单位大多将项目造价数据以纸质形式存放于档案柜或以 Word、Excel 等电子文档形式存放于硬盘、U 盘中，没有形成系统，面对如此庞大的造价数据，之后类似建设项目进行参考造价信息数据时会非常困难。而引入 BIM 技术对工程造价数据进行详细分析并形成电子数据，可有序整合至一个数据库中，便于数据调取、共享和积累。历史造价数据不断积累，借助于这些数据，新建项目可快速建立 BIM 模型，提供协同工作平台，使各参与方共享项目数据（图 2.5.1-1）。经过以上对于 BIM 技术在造价管理中的价值分析，不难看出在建设项目生命周期的各个阶段都可利用 BIM 技术进行造价管理。

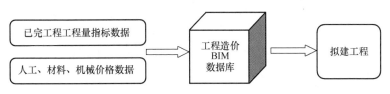

图 2.5.1-1　BIM 造价数据流

2.5.2　BIM 对造价管理模式的改进

1. 思维模式的转变

一般来讲，现有的工程造价模式会经历如下流程：项目在可研阶段时，一些较大企业从历史积累的指标库中筛选出与现有项目相似的历史指标数据与可行性研究报告做项目估算；设计阶段用初步施工图得到一个设计概算；到招投标阶段，运用详细施工 CAD 图导入算量软件中，分别算量和计价，然后得到施工图预算；到施工阶段记录过程中发生的变更、价差与索赔，通过对预算的调整得到结算与决算的造价。

基于 BIM 背景下的模型造价的思维模式已经不再是各个零散数据的调用，而是在设计阶段就建立一个标准的建筑模型，招投标阶段时，造价工程师将工程造价信息录入模型中，得到模型工程量和造价从而生成施工图预算，在施工阶段通过对模型数据和信息的维护得到结算、决算造价与真实指标信息，工程完工后，模型中的标准部分可分别保存到指标模型库中，为以后类似的项目造价复用与参考。

2. 工作方式的变化

传统的建设工程全过程造价管理是从建设工程项目投资决策开始，到竣工验收直至试运行投产，对所有的建设阶段进行全方位、全面的造价控制和管理，其工作方式为业主主导，具体由一家造价咨询单位承担全过程的造价管理工作，这样能够有效避免多头管理，利于明确职责与风险，使全过程造价管理工作系统地开展与实施。在这种工作方式下，承担全过程造价管理的工作职责主要由这家造价咨询单位负责，工作结果向业主负责。在基于 BIM 的全过程造价管理体系中，全过程造价管理工作不再仅仅是造价咨询单位的职责，甚至不是由其承担主要职责。项目各参与方在早期便介入到项目中来，共同进行全过程造价管理工作，工作方式不再是传统的由造价咨询单位与各个参与方之间的"点对点"的形式，而是各个参与方之间的造价信息都聚集在了 BIM 信息共享平台上，组成信息"面"，因此工作方式变为了造价咨询单位、各个项目参与方与 BIM 平台之间的"点对面"形式，造价咨询单位不再需要像从前一样为了得到相应的造价信息而花费时间、精力去进行"点对点"的交流，信息的交流从"点"升级为"面"，信息传递更为及时、准确，造价管理的工作效率也更为高效。

3. 组织架构的调整

传统的建设工程全过程造价管理的工作组织架构较为简单，负责全过程造价管理的造价咨询单位是组织架构中的主导，各参与方之间的造价管理人员配合造价咨询单位完成全过程造价管理工作。然而在基于 BIM 的建设工程全过程造价管理体系下，各参与方最理想的组织架构应该是类似于 IPD 模式下的组织架构，即由各参与方抽调具备基于 BIM 的造价管理人员，组建基于 BIM 的造价管理工作小组，该工作小组不再以造价咨询单位为主导，甚至可以不再需要造价咨询单位的参与，这个基于 BIM 的造价管理工作小组以业主为主导，从建设工程项目投资决策阶段开始，到项目竣工验收直至试运行投产为止，贯穿建设工程的所有阶段，涉及所有项目的参与方，承担建设工程全过程的造价管理工作。这样的组织架构变化，有利于 BIM 信息流的集成与共享，有利于各阶段之间、各参与方之间造价管理工作的协调与合作，有利于建设工程全过程造价管理工作的开展与实施。

4. 执业范围的影响

与国外相比，我国造价咨询行业的水平较低，执业范围比较狭窄。而目前我国造价咨询企业主要从事的预算、结算、决算等业务的数据、信息基本能从 BIM 中获得。这就意味着一旦 BIM 在我国造价咨询行业的应用标准、软件交互兼容等问题得到解决，这些基本业务就很可能不会再成为造价咨询行业的优势业务，造价咨询企业越加需要向以造价增值为目的的项目管理咨询、造价咨询、技术咨询的多元化方向转型（图 2.5.2-1）。

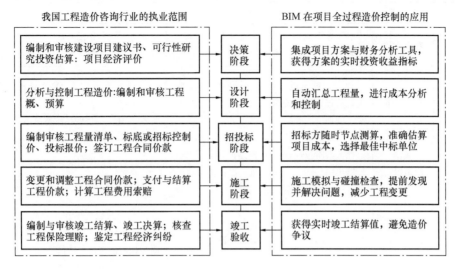

图 2.5.2-1 造价执业范围的对比

2.5.3 BIM 造价在各参与方中的价值

BIM 造价在各参与方中各阶段所对应的价值作用具体见表 2.5.3-1。

BIM 造价在各参与方中的价值表　　　　　表 2.5.3-1

各参与方	各阶段	价值体现	应用条件
业主方	决策阶段	1. 基于设计方提供的方案决策 BIM 模型及该阶段的造价信息，能更好地实现方案的必选及造价估算； 2. 对类似工程项目造价资料库的调取，可快速实现该项目方案造价的评估测算	目前项目全过程 BIM 造价完整应用的案例较少，项目 BIM 造价资料库的系统性积累较欠缺。在快速估测算项目总造价方面缺乏以往项目的参考比对，需对项目 BIM 造价信息资料进行存档建库以备后期使用
	设计阶段	基于 BIM 模型可及时了解设计方案的造价，以防止超出预期成本	在设计阶段中推进全专业设计 BIM 应用的普及
	招投标阶段	1. 给各投标单位发放由设计方提供的统一的算量模型，为投标方的报价预留更充裕的时间； 2. 在投标答辩中投标方基于 BIM 模型结合施工进度情况对项目进行造价成本 5D 展示，从而更好对各投标方成本管理方案进行了解	结合 BIM 技术的招投标模式需进一步优化调整
	施工阶段	1. 可实时监察施工过程中成本的消耗，有助于对施工方的监管，减少资源浪费； 2. 通过 BIM 造价模型的变更保存，有助于记录施工过程中工程变更，为后期的结算提供依据	BIM 技术须在在项目建造过程成本管理中结合相应协同平台进行深入应用，并对过程模型及数据进行及时共享及保存

各参与方	各阶段	价值体现	应用条件
业主方	竣工阶段	基于施工成本模型结合变更信息，有效实现竣工结算的透明化及高效性	在施工过程中需对成本模型进行及时有效的维护，并保证造价信息的准确性
	运营阶段	通过后期运维过程中的设备资产管理、能耗管理等实现对项目运营成本的及时检测及管理	1. 业主方需建立全面系统的运维管理平台系统； 2. 需建立完善的传感监测系统
设计方	决策阶段	在方案阶段通过 BIM 模型的建立可快速计算出项目的大概工程量，以帮助业主对其进行更好的方案了解及选择	设计方需在项目的初始方案阶段就对其进行 BIM 造价计算
	设计阶段	通过设计 BIM 模型造价的计算，可有效实现项目的限额设计，从而从设计方案上减少项目的造价成本	需在项目设计阶段全过程中实现 BIM 技术的应用，并在该阶段中需对设计模型附加相应的造价参数信息，对设计阶段的工作量有一定程度增加
施工方	招投标阶段	1. 基于招标方发放的算量模型可快速计算工程造价，从而给投标准备预留更充足的时间，对其项目实施方案进行更好的制定； 2.BIM 模型结合 5D 造价展示有利提升工程技术方案及成本方案的展示，有利于中标竞争力的提升	结合 BIM 技术的招投标模式需进一步优化调整
	施工阶段	1. 通过 BIM5D 成本管理，可对施工过程中的造价进行动态的全过程模拟，从而更好实现对施工方案的检测及指导； 2. 通过协同平台，实现与各参与方的造价的沟通协调	1. 在项目实施过程中需应用 BIM 协同平台； 2. 项目各参与都需应用 BIM 技术进行成本管理
	竣工阶段	通过 BIM 结算模型可与业主进行高效的竣工结算	结算模型数据保存完善
供货方	施工阶段	基于 BIM 算量模型可快速统计出构件材料的总量，从而计算出供货总价，从而制定较合理的合同价	供货方需具有相应的技术人员
	运营阶段	在后期维修过程中，基于 BIM 模型的查询及展示可对设备进行更便捷的维修	

2.6　BIM 造价市场需求预测

2.6.1　BIM 造价应用的必然性

建筑行业是能源消耗碳排放量最大的产业之一。每年中国建筑业的木材消耗量占全球森林砍伐量的 49%，建筑钢材用量占全球 50%，消耗全国 50% 以上的饮用水，产生的建筑垃圾占城市固定垃圾的 45%。美国经济学家对建筑业资源浪费调研表明，25%～30% 的施工流程是返工工作，30% 的劳动被浪费。随着行业竞争力的加剧，政府对行业准入资格的要求提升，业主对项目质量的高标准以及可持续发展战略的推广，这种传统的项目管理方式低素质低水平的管理人员和从业者也将逐步被淘汰。

美国建筑科学研究院在《美国国家 BIM 标准》中表示，工程建设投入的非增值部分达到 57%，而制造业投入的非增值部分为 26%，两者相差 31%（图 2.6.1-1）。全球范围内建筑业在 IT 的投资不足制造业的 20%（图 2.6.1-2）。如果建筑业通过技术升级和流程优化能够达到目前制造业的水平，按照美国 2011 年 9817 亿美元的建筑业产值规模计算，每年可以节约大约 3000 亿美元。如果中国建筑业的效率水平可以同等提升，按照中国 2012 年 13.53 万亿元的建筑业规模计算，每年可以节约 4.13 万亿元。

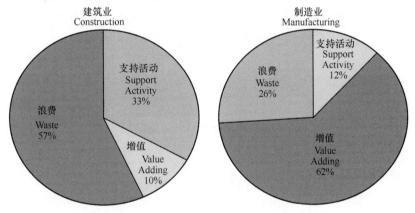

图 2.6.1-1 建筑业与制造业投入对比情况

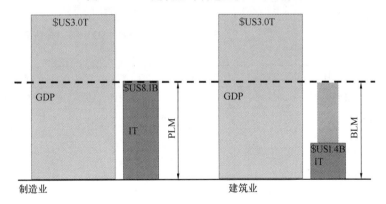

图 2.6.1-2 建筑业与制造业 IT 投入对比情况

随着计算机网络技术的发展，信息化时代的来临，越来越多的信息技术、3D 建模技术等高新科技将被大量运用于各种复杂、巨大的工程项目管理过程中，以达到工程项目的全生命周期管理。绿色化、工业化、信息化是我国建筑业发展的三个方向，而 BIM 技术作为继 CAD 技术后建筑行业的第二次革命性技术。它通过软件建模，把真实的建筑信息进行参数化、数字化后形成一个模型，以此模型为平台，从设计师、工程师一直到施工单位和建成后业主的运维各个项目参与方，在直到项目生命周期结束被拆毁的整个项目周期里，都能统一调用、共享并逐步完善该数字模型。BIM 技术的产业化应用，具有显著的经济效益、社会效益和环境效益。对于工程造价咨询行业，BIM 技术将是一次颠覆性的革命，它将彻底改变工程造价行业的行为模式，给行业带来一轮洗牌。

BIM 造价在我国的发展必然性可总结为以下几方面：

1. 政策鼓励

近来 BIM 在国内建筑业形成一股热潮，除了前期软件厂商的大声呼吁外，政府相关单位、各行业协会与专家、设计单位、施工企业、科研院校等也越来越重视并推广 BIM。

2011 年，住房城乡建设部印发《2011～2015 年建筑业信息化发展纲要》，《纲要》提出，在"十二五"期间，基本实现建筑企业信息系统的普及应用，加快建筑信息模型（BIM）、基于网络的协同工作等新技术在工程中的应用，推动信息化标准建设，促进具有自主知识产权软件的产业化，形成一批信息技术应用达到国际先进水平的建筑企业。

2015 年 6 月，住房城乡建设部在《关于推进建筑信息模型应用的指导意见》中，明确发展目标：到 2020 年末，建筑行业甲级勘察、设计单位以及特级、一级房屋建筑工程施工企业应掌握并实现 BIM 与企业管理系统和其他信息技术的一体化集成应用。

同时我国各级政府相关部门也不断发布相应地区 BIM 推广及应用指导政策，具体见表 2.6.1-1。

我国政府部分 BIM 相关政策

表 2.6.1-1

发　布　单　位	时间	发布信息
住房城乡建设部	2011.5.20	《2011—2015 年建筑业信息化发展纲要》
住房城乡建设部	2013.8.29	《关于征求关于推荐 BIM 技术在建筑领域应用的指导意见（征求意见稿）意见函》
北京市城乡规划标准化办公室	2014.2.26	《民用建筑信息模型设计标准》DB11/T 1069—2014
深圳市住房和建设局	2014.4.2	《深圳市人民政府办公厅关于印发〈深圳市建设工程质量提升行动方案（2014—2018 年）〉的通知》
辽宁省住房和城乡建设厅	2014.4.10	《2014 年度辽宁省工程建设地方标准编制/修订计划》
陕西省住房和城乡建设厅	2014.6.24	《关于推进建筑产业现代化工作的指导意见》
山东省人民政府办公厅	2014.7.3	《山东省人民政府办公厅关于进一步提升建筑质量的意见》
辽宁省人民政府	2014.8.8	《辽宁省人民政府关于印发推进文化创意和设计服务与相关产业融合发展行动计划的通知》
广东省住房和城乡建设厅	2014.9.3	《广东省住房和城乡建设厅关于开展建筑信息模型 BIM 技术推广应用工作的通知》
广东省住房和城乡建设厅	2014.9.29	《广东省住房和城乡建设厅关于印发〈广东省住房城乡建设系统工程质量治理两年行动实施方案〉的通知》
上海市人民政府办公厅	2014.10.29	《关于在本市推进建筑信息模型技术应用的指导意见》
深圳市建筑工务署	2015.5.4	《深圳市建筑工务署政府公共工程 BIM 应用实施纲要》、《深圳市建筑工务署 BIM 实施管理标准》
住房城乡建设部	2015.6.16	《关于推进建筑信息模型应用的指导意见》

续表

发　布　单　位	时间	发布信息
上海市城乡建设和管理委员会	2015.6.17	《上海市建筑信息模型技术应用指南（2015 版）》
广西壮族自治区住房和城乡建设厅	2016.1.12	《关于印发广西推进建筑信息，模型应用的工作实施方案通知》
湖南省人民政府办公厅	2016.1.14	《关于开展建筑信息模型应用工作的指导意见》
黑龙江省住房和城乡建设厅	2016.3.14	《关于推进我省建筑信息模型应用的指导意见》
浙江省住房和城乡建设厅	2016.4.27	《浙江省建筑信息模型应用导则》
住房城乡建设部	2016.9.19	《2016—2020 年建筑业信息化发展纲要》
住房城乡建设部	2016.12.2	《建筑信息模型应用统一标准》

2. 科研支持

在建筑行业内 BIM 技术的发展不仅得到了政府相关部门大力的政策鼓励，同时也收到了各行业协会与专家及科研院校的高度重视。

2004 年，中国首个建筑生命周期管理（BLM）实验室在哈尔滨工业大学成立，并召开 BLM 国际论坛会议。清华大学、同济大学、华南理工大学在 2004~2005 年间先后成立 BLM 实验室及 BIM 课题组，BLM 正是 BIM 技术的一个应用领域。国内先进的建筑设计团队和房地产公司也纷纷成立 BIM 技术小组，如清华大学建筑设计研究院、中国建筑设计研究院、中国建筑科学研究院、中建国际建设有限公司、上海现代建筑设计集团等。2011 年，华中科技大学成立 BIM 工程中心，成为首个由高校牵头成立的专门从事 BIM 研究和专业服务咨询的机构。2012 年 5 月，全国 BIM 技能等级考评工作指导委员会成立大会在北京友谊宾馆举办，会议颁发了"全国 BIM 技能等级考评工作指导委员会"委员聘书。

3. 行业需求

目前，我国正在进行着世界上最大规模的基础设施建设，工程结构形式越加复杂、超大型工程项目层出不穷，使项目各参与方都面临着巨大的投资风险、技术风险和管理风险。为从根本上解决建筑生命期各阶段和各专业系统间造价信息断层问题，应用 BIM 技术，从设计、施工到建筑全生命期管理全面提高信息化水平和造价管理应用效果。在大量复杂建设项目中，由于信息断层、协调困难等原因对人力、物力造成了大量不必要的浪费，从而使造价成本过高。故应用 BIM 技术对提高目前项目造价管理水平，具有较大的必要性。

4. 效益显著

在建筑行业中，BIM 技术的应用可有效改善造价管理过程中的信息协同问题，不仅可大大提升项目造价管理及行业信息化建设水平，同时更具有显著的经济效益。美国斯坦福大学整合设施工程中心（CIFE）根据 32 个项目总结了使用 BIM 技术的如下效果：消除 40% 预算外变更；造价估算耗费时间缩短 80%；通过发现和解决冲突，合同价格降低 10%；项目工期缩短 7%，及早实现投资回报。可见，BIM 作为一种新型模型信息技术，势必将对我国的建筑造价行业产生较大的影响及作用。

2.6.2　未来 BIM 造价发展

1. BIM 造价与云计算的集成应用

BIM 与云计算集成应用，是利用云计算的优势将 BIM 应用转化为 BIM 云服务，基于云计算强大的计算能力，可将 BIM 应用中计算量大且复杂的工作转移到云端，以提升计算效率；基于云计算的大规模数据存储能力，可将 BIM 模型及其相关的业务数据同步到云端，方便用户随时随地访问并与协作者共享；云计算使得 BIM 技术走出办公室，用户在施工现场可通过移动设备随时连接云服务，及时获取所需的 BIM 数据和服务等。根据云的形态和规模，BIM 与云计算集成应用将经历初级、中级和高级发展阶段。初级阶段以项目协同平台为标志，主要厂商的 BIM 应用通过接入项目协同平台，初步形成文档协作级别的 BIM 应用；中级阶段以模型信息平台为标志，合作厂商基于共同的模型信息平台开发 BIM 应用，并组合形成构件协作级别的 BIM 应用；高级阶段以开放平台为标志，用户可根据差异化需要从 BIM 云平台上获取所需的 BIM 应用，并形成自定义的 BIM 应用。

　　基于云平台的 BIM 造价管理，将项目各参与方、各阶段的 BIM 造价成果数据集成在云平台中，向用户端提供包括企业数据应用、管理、存储、定制等服务内容，用户只需通过 Internet 的使用，就可以在用户端对该项目 BIM 造价信息进行上传、查阅、交流共享及下载保存等（图 2.6.2-1）。

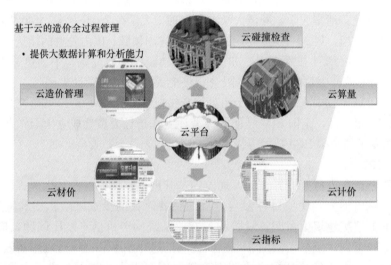

图 2.6.2-1　基于云平台的 BIM 造价管理

2. BIM 与移动应用的结合

　　建筑项目的分散性、施工人员的工作流动性、施工现场环境复杂使信息化推广应用受到制约。随着信息技术和通信技术的发展，如 3G 网络的普及、智能手机、平板电脑等终端设备的技术成熟与普及，企业或个人利用移动终端设备进行日常工作和生产作业成为可能。BIM 技术在"端"的应用上将最终进入移动应用时代。由于移动的 BIM 应用不再受时间和空间限制，通过搭建 BIM 模型服务器，项目现场可以直接通过手机、PAD 等移动设备进行 BIM 模型和图纸浏览，进行设计交底、变更洽商、施工指导、质量检查、虚拟施工等沟通，并可以联网直接将结果发给相关方。这样的集成应用将传统的"办公室 BIM 应用"（图 2.6.2-2）扩展到任意地点，实现了工作的时效性需求和空间性需求，这样可以在业务发生的同时立即应用 BIM 技术解决。并且，决策层可以通过手机等移动设备随时随地查询形象进度、成本分析、结算支付等工程情况，运筹帷幄，大大提高企业和项目的工作效率和工作质量。

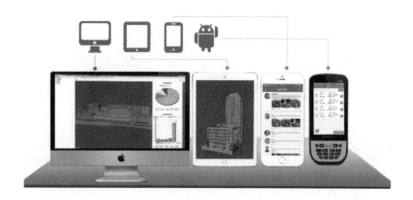

图 2.6.2-2 BIM 与移动应用的结合

3. BIM 与项目管理系统（PM）的集成应用

BIM 技术的应用更类似于一个管理过程，它与以往的工程项目管理不同，它的应用范围涉及了业主、设计院、咨询单位、施工单位、监理单位、供应商等多方的协同（图 2.6.2-3）。而且，各个参建方对于 BIM 模型有不同的需求、使用、控制、管理、协同的方式和方法。因此，以 BIM 模型为中心，使各参建方在项目运行过程中能够在模型、资料、管理、运营上协同工作。BIM 技术与 PM 集成应用必将成为以后 BIM 应用的一个趋势。BIM 系统是信息产生者，为项目的生产提供了大量的可供深加工和再利用的数据信息，这些海量信息除了可解决具体的某个业务问题，还解决不同业务之间的管理协同。同时，PM 解决了企业之间、企业到项目、项目之间的协同管理问题，在协同过程中，成为业务数据的使用者，它通过集成的 BIM 数据平台使用 BIM 产生的数据。形成了数据产生、存储、应用、再存储的一个循环系统（图 2.6.2-4）。因此，建立企业级 BIM 集成数据平台，支撑 BIM 技术与 PM 集成应用也是 BIM 应用趋势之一。

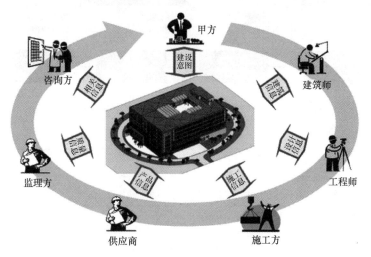

图 2.6.2-3 BIM 与项目管理系统（PM）的集成应用

4. BIM 与数据管理（DM）的结合应用

目前，能够搭建基于 BIM 的企业级数据中心的企业不多。因为数据中心需要的是大

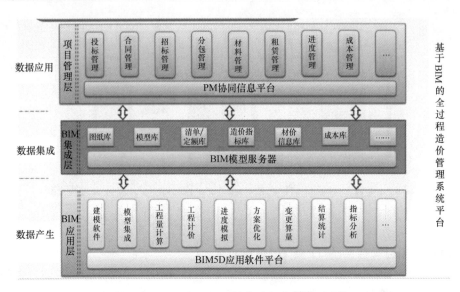

图 2.6.2-4 基于 BIM 的全过程造价管理系统

量数据，而建立大量数据的技术又是 BIM 的广泛应用。且只有广泛应用 BIM，才会不断产生有价值的数据，从而数据中心实现了对 BIM 数据综合管理和利用的功能，包括数据存储、转化、提取、分析，并将处理后的数据以有价值的知识的形式指导后续的 BIM 应用（图 2.6.2-5）。例如材料价格信息、成本信息、造价指标、项目预算信息等（图 2.6.2-6）。BIM 数据中心同时也是 BIM 系统与 ERP 系统集成的中转站，二者通过数据中心获取、修改、使用、提交数据，完成数据的生成和利用的良性循环。

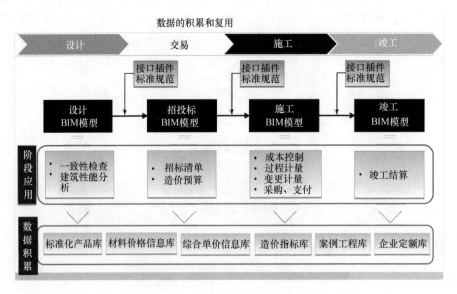

图 2.6.2-5 基于 BIM 技术的数据管理（DM）系统

5. BIM 与 IPD 的组合化

传统的建设项目中的各个参与单位之间，存在着各种各样的文化差异、信息保护等问题，从而产生了利益冲突，大家只关注自身利益的最大化，协同决策的水平低，造成生产

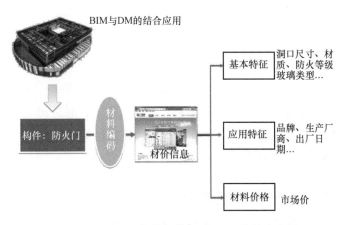

图 2.6.2-6　BIM 与数据管理（DM）的结合应用

效率低、协调沟通缓慢、费用超支等问题出现。虽然 BIM 技术的应用能极大改善和提升行业生产效率和科技水平，但是由于传统项目管理模式，参建各方是相对独立的利益个体，无法充分发挥 BIM 的协同和整合效益，在一定程度上阻碍了 BIM 技术的应用。因此，建设项目集成产品交付方法（IPD）应运而生，它是一种项目信息化技术手段和一套项目管理实施模式。美国建筑师学会（AIA）将 IPD 集成项目交付定义为一种项目交付方法，即将建设工程项目中的人员、系统、业务结构和事件全部集成到一个流程中。在该流程中，所有参与者将充分发挥自己的智慧和才华，在设计、制造和施工等所有阶段优化项目成效，为业主增加价值、减少浪费并最大限度提高效率。它带来新的项目管理模式变更，最大限度地实现建筑专业人员整合，实现信息共享及跨职能、跨专业、跨企业团队的高效协作。BIM 作为工程项目信息的共享知识资源，从项目生命周期开始就为其奠定可靠的决策基础，使不同参与者在项目生命周期的不同阶段进行协作，输入、提取、更新或者修改 BIM 模型信息。IPD 作为一种新的项目交付方法论，改变了项目参与者之间的合作关系，从协同的角度，加大参与者之间的合作与创新，对协同的过程不断进行优化及持续性改进。IPD 与 BIM 的有效结合，有利于构件从设计、施工到运营的高效协作流程，通过采用该流程，设计师、监理师、承包商和业主能够创建协调一致的数字设计信息与文档（图 2.6.2-7），从而有利于参建各方充分利用 BIM 技术并发挥其作用。

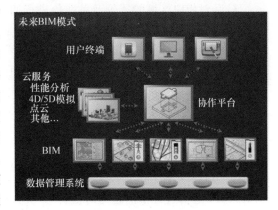

图 2.6.2-7　未来 BIM 造价模式

课　后　习　题

一、简答题

1. 简述 BIM 造价包含哪些意思？

2. 简述 BIM 造价的特征？

3. BIM 算量的特征主要体现在几个方面？

4. BIM 在造价管理中的优势？

二、单选题

1. 以下哪种说法不符合对于 BIM 造价的描述（　　）。

A. BIM 造价是不断修正，不断完善模型，不断添加信息的过程

B. BIM 造价提高了工作效率，尤其是提高了算量的精准度

C. 一款 BIM 建模软件一般是什么专业模型都可以完成

D. BIM 算量软件的显著特征是开放了 BIM 模型的接入口

2. 以下哪种说法不是对 BIM 造价信息的正确描述（　　）。

A. BIM 造价信息可以多方共享，最大程度发挥作用

B. BIM 造价信息可以逐步添加，越到后期越丰富

C. BIM 造价信息可以贯穿造价管理的全过程

D. BIM 造价信息具有独特性，其信息不可用于其他工程项目

3. 以下哪项不是手工算量的缺点（　　）。

A. 计算量大

B. 速度慢

C. 计算精确度高

D. 工程量数据不方便保存及追溯

4. 某工程在 BIM 造价模型完成后，设计产生变更，某区域局部的柱的尺寸发生变化。需要进行造价调整，正确的顺序是（　　）。

A. 首先对柱参数的调整，修改模型；其次关联造价信息，进行新造价信息的生成；最后对相应区域的造价及总造价进行调整

B. 修改造价信息，进行新造价信息的生成；再对相应区域的造价及总造价进行调整；最后对柱参数的调整，修改模型

C. 对柱参数的调整，修改模型；然后对相应区域的造价及总造价进行调整；最后关联造价信息，进行新造价信息的生成

D. 直接修改工程量，重新计价

参考答案

一、简答题

1. 答：（1）BIM 造价是以三维数字技术为基础的；

（2）BIM 造价过程中信息是可供各参与方共享的（在权限使用范围内）；

（3）BIM 造价的信息包含了各阶段产生的数据；

（4）BIM 造价可供多种软件复用；

（5）BIM 造价是以数据库作为技术支撑的。

2. 答：（1）精细化；（2）智能化；（3）动态化；（4）一体化；（5）信息化。

3. 答：（1）基于三维模型；

（2）支持按计算规则自动算量；

（3）数据计算及集成更稳定；

（4）支持一模多用。

4. 答：（1）BIM 使基础造价数据可及时准确调取；

（2）BIM 使投资估算高效精确；

（3）BIM 使工程量计算快速准确；

（4）BIM 使资源利用充分合理；

（5）BIM 可有效减少、高效处理工程变更；

（6）BIM 可有效支持多算对比；

（7）BIM 使历史数据得以积累共享。

二、单选题

1. C　　2. D　　3. C　　4. A

第 3 章　BIM 与工程计量

本章导读

　　本章首先概括讲解了工程量计量的依据、规范和方法，并以住房城乡建设部和国家质量监督检验检疫总局联合发布的《房屋建筑与装饰工程工程量计算规范》（GB 50854—2013）、《通用安装工程工程量计算规范》（GB 50856—2013）为依据，阐述了工程量清单的五个组成部分：项目编码、项目名称、项目特征、计量单位和工程量的编写规则；重点讲解了土建与安装工程的分部分项工程、能计量的措施项目工程工程量计算规则。结合目前国家大力推行的 BIM 计量软件，介绍了工程变更的内容、产生的原因、工程变更原则及存在问题，在此基础上阐述了 BIM 在工程变更方面的优势。本章最后概括性地介绍了 BIM 计量软件的工作流程，BIM 时代软件化工程计量的发展和优势。

3.1 工程计量概述

建设工程项目以工程设计图纸、施工组织设计或施工方案及有关技术经济文件为依据，按照相关工程国家标准的计算规则、计量单位等规定，进行工程数量的计算活动，在工程建设中简称工程计量。工程计量是按照事先约定好的工程量计算规则，以物理计量单位或自然计量单位计算建设工程各分部分项工程、措施项目工程或其他构件的数量。工程计量的结果是工程量。

物理计量单位是以产品物理属性来表示的长度、面积、体积、重量等计量单位。如用"米"表示长度，"平方米"表示面积，"立方米"表示体积，"吨"表示质量等。自然计量单位是建筑成品在自然状态下的简单数量，以个、套、樘、根、块、榀等计量单位表示工程量。

3.1.1 工程计量的依据

为了规范建设市场计价、计量行为，维护承发包各方权益，促进建筑市场健康有序发展，2012 年 12 月，住房城乡建设部和国家质量监督检验检疫总局联合发布了一本"清单计价规范"和九本"工程量计算规范"，并于 2013 年 7 月 1 日正式实施。

"清单计价规范"指的是《建设工程工程量清单计价规范》（GB 50500—2013）。

"工程量计算规范"包括《房屋建筑与装饰工程工程量计算规范》（GB 50854—2013）、《仿古建筑工程工程量计算规范》（GB 50855—2013）、《通用安装工程工程量计算规范》（GB 50856—2013）、《市政工程工程量计算规范》（GB 50857—2013）、《园林绿化工程工程量计算规范》（GB 50858—2013）、《矿山工程工程量计算规范》（GB 50859—2013）、《构筑物工程工程量计算规范》（GB 50860—2013）、《城市轨道交通工程工程量计算规范》（GB 50861—2013）、《爆破工程工程量计算规范》（GB 50862—2013）共九个专业的工程量计算规范（以下简称"工程量计算规范"）。

这一系列计价、计量规范统一了建设工程计量、计价规则，避免各行业、各地区因计量、计价规则不同而出现同一分部分项工程工程量、单价出入较大的情况，更有利于进行工程造价工作的管理、控制和分析。且这些规范均为强制性条文，无论是国有资金投资还是非国有资金投资的工程建设项目，其工程计量、计价必须执行规范。所以工程计量的主要依据如下：

1. 国家发布的工程量计算规范和国家、地方、行业发布的消耗量定额及工程量计算规则

国家发布的工程量计算规范具有强制性，为了统一、规范建设工程工程计量，要求按照工程量计算规范计算的工程量为净值，不考虑因施工方法或施工方案不同而增加的工作量或损耗。如采用"工程量计算规范"计算沟槽土方开挖，其工程量直接按设计图示尺寸以基础垫层底面积乘以挖土深度即可，因预留工作面而产生的工程量不予计算。

2015 年 3 月，住房城乡建设部以"建标〔2015〕34 号文"发布了《房屋建筑与装饰工程消耗量定额》（编号为 TY01-31—2015）、《通用安装工程消耗量定额》（编号为 TY02-31—2015）、《市政工程消耗量定额》（编号为 ZYA1-31—2015），自 2015 年 9 月 1 日起施行。各行业、各地方结合行业、地方特色，也发布了相应的消耗量定额和计算规则。消耗量定额中分部分项工程的设置一般都于国家发布的工程量计算规范相对应。与工程量计算规范的不同之处在于，在用消耗量定额计算规则计算工程量时，会计算因施工方法和施工方案不同而增加的工程量。如在计算基础开挖工程量中会计算因增加工作面而产生的工程量，钢筋绑扎连接时会考虑因接头而产生的工程量。

2. 经审定的施工设计图纸及说明

施工设计图纸及其说明直观反映了建筑物、构筑物的外部形状、内部布置、结构构造、内部装修、材料做法、施工要求及各部位的尺寸，工程量计算的数据来源于施工图纸。施工图纸及其说明是计算工程量的基础资料和基本依据。目前施工图纸多采用平法标注，部分构件直接采用标准图集，所以以计算工程量还需要配套相应的标准图集。

3. 经审定的施工组织设计或施工方案

施工组织设计是用来指导施工项目全过程各项活动的技术、经济和组织的综合性文件。其中的施工方案是计量的直接依据，如混凝土浇筑采用何种材料的模板，土石方开挖工程怎样预留工作面，采用何种施工机械，开挖后的土石方如何运输堆放、运输距离多少等都会在施工方案里有详细的规定。

4. 经审定的其他有关技术经济文件

其他技术经济文件包括招标文件的商务部分、施工合同及施工过程中的补充合同等，其中有关的计量条款也是计算工程量的直接依据。

3.1.2　工程计量的规范

国家2012年12月发布的一系列"工程量计算规范"由正文、附录和条文说明三部分组成。正文包括总则、术语、工程计量、工程量清单编制。附录则主要对分部分项工程和可计量的措施项目工程的项目编码、项目名称、项目特征、计量单位、工程量计算规则、工作内容作了详细的规定；对安全文明施工及其他不可计量的措施项目工程规定了项目编码、项目名称、工作内容及包含范围。

总则说明明确指出，无论是国有资金还是非国有资金投资的工程建设项目，其工程量的计算必须执行"工程量计算规范"，所以此条文具有强制性。

强制性条文规定：一个完整的工程量清单由项目编码、项目名称、项目特征、计量单位和工程量五部分组成，缺一不可。

1. 项目编码

工程量清单的项目编码，应采用12位阿拉伯数字表示，1~9位应按附录的规定设置，10~12位应根据拟建工程的工程量清单项目名称和项目特征设置。各位数字的含义是：1、2位为专业工程代码（01——房屋建筑与装饰工程；02——仿古建筑工程；03——通用安装工程；04——市政工程；05——园林绿化工程；06——矿山工程；07——构筑物工程；08——城市轨道交通工程；09——爆破工程。以后进入国标的专业工程代码以此类推）；3、4位为附录分类顺序码；5、6位为分部工程顺序码；7~9位为分项工程项目名称顺序码；10~12位为清单项目名称顺序码，从001开始编制。例如房屋建筑工程中，分别有C25、C30、C35三个不同混凝土强度等级的有梁板，则它们的项目编号分别为010505001001、010505001002、010505001003，前四级编码9位数字完全按照"工程量计算规范"编写，第五级编码即后三位数字从 001 开始按顺序编写。

当同一标段（或合同段）的一份工程量清单中含有多个单位工程且工程量清单是以单位工程为编制对象时，在编制工程量清单时应特别注意对项目编码 10～12 位的设置不得有重码的规定。例如房屋建筑工程中，一个标段（或合同段）的工程量清单中含有三个单位工程，每一单位工程中都有项目特征相同的独立基础，在工程量清单中又需反映三个不同单位工程的独立基础工程量时，则第一个单位工程的独立基础的项目编码应为 010501003001，第二个单位工程的独立基础的项目编码应为 010501003002，第三个单位工程的独立基础的项目编码应为 010501003003，并分别列出各单位工程独立基础的工程量。

2. 项目名称

分部分项工程量清单的项目名称应按附录的项目名称并结合拟建工程的实际情况确定，一般以工程实体命名。在确定项目名称时应以附录中的项目名称为基础，考虑该项目的规格、型号、材质等特征要求，并结合拟建工程的实际情况，对其进行适当的细化，使其能够反映影响工程造价的主要因素。如房屋建筑中，拟建项目的构造柱采用的是 C25 现浇混凝土，结构尺寸为 240mm×240mm，则在确定该构造柱的项目名称时，根据附录中项目编码为"010502002"的"构造柱"，再结合实际情况，可把项目名称细化为"C25 现浇混凝土构造柱"。

3. 项目特征

工程量清单的项目特征是确定一个清单项目综合单价不可缺少的重要依据，在编制工程量清单时，必须对项目特征进行准确和全面的描述。但有些项目特征用文字往往又难以准确和全面的描述清楚，因此，为达到规范、简捷、准确、全面描述项目特征的要求，在描述工程量清单项目特征时应按以下原则进行。

（1）项目特征描述的内容应按附录中的规定，结合拟建工程的实际，其特征描述应能满足确定综合单价的需要。

（2）若采用标准图集或施工图纸能够全部或部分满足项目特征描述的要求，项目特征描述可直接采用详见××图集或××图号的方式。对不能满足项目特征描述要求的部分，仍应采用文字描述。

4. 计量单位

"工程量计算规范"规定了工程量清单的计量单位应按附录中规定的计量单位确定。

规范附录中有两个或两个以上计量单位的，应结合拟建工程项目的实际情况，选择其中一个确定。例如门窗工程的计量单位为"樘或 m²"，就可以结合拟建项目的实际情况选"樘"或"m²"中的一个作为其计量单位。但在同一个建设项目中有多个单位工程，有相同项目名称的计量单位必须保持一致，可以根据工程实际情况任选一个为计量单位，但一旦选定，不同单位工程里的计量单位必须保持一致。例如建设项目中有多个单位工程，且每个单位工程中均有人工挖孔灌注桩分项工程，其计量单位为"根或 m³"，如果结合工程实际情况在一个单位工程里选定了以"m³"作为其计量单位，则在其他单位工程里也均要以"m³"作为其计量单位。

工程计量时每一项目汇总的有效位数应遵守下列规定：

（1）以"t"为单位，应保留小数点后三位数字，第四位小数四舍五入。

（2）以"m、m^2、m^3、kg"为单位，应保留小数点后两位数字，第三位小数四舍五入。

（3）以"个、件、根、组、系统"为单位，应取整数。

5. 工程量计算规则

建设项目工程计量必须按"工程量计算规范"附录中规定的工程量计算规则进行计算。其工程量是根据施工图纸及说明计算出来的工程量净值，不考虑由于施工方法或施工工艺不同而产生的量。

6. 工作内容

"工程量计算规范"中所列的工作内容是完成该分项工程可能发生的所有工作内容，实际操作中可结合工程实际情况进行调整。

7. 补充清单项目的规定

随着工程建设中新材料、新技术、新工艺等的不断涌现，"工程量计算规范"附录所列的工程量清单项目不可能包含所有项目。在编制工程量清单时，当出现规范附录中未包括的清单项目时，编制人应作补充。在编制补充项目时应注意以下三个方面。

（1）补充项目的编码应按规范的规定确定。

具体做法如下：补充项目的编码由专业工程代码××（如房屋建筑与装饰工程专业工程代码为 01）与 B 和三位阿拉伯数字组成，并应从 ××B001 起顺序编制，同一招标工程的项目不得重复。例如房屋建筑与装饰工程中补充了两个清单项目，则其编码分别为 01B001、01B002；安装工程中补充了一个清单项目，则其编码为 03B001。

（2）补充的清单项目还要按照附录的格式要求。

在工程量清单中补充项目的项目名称、项目特征、计量单位、工程量计算规则和工作内容。

（3）将补充的清单项目按要求编制完成后，应报省级或行业工程造价管理机构备案。

3.1.3　工程计量的方法

工程计量在建设工程造价工作中占用时间较长，需要计算的项目多且数据量大，为了避免在工程量计算过程中出现漏算或重算，提高计算的准确度，工程量的计算应按照一定的顺序进行。

1. 一般工程量计算方法

（1）单位工程计算顺序

1）按"工程量计算规范"顺序计算。

如房屋建筑与装饰工程工程量计算，可以按照《房屋建筑与装饰工程工程量计算规范》（GB 50854—2013）附录顺序，结合施工图纸中的分项工程，按照土石方工程—地基处理与边坡支护工程—桩基工程—砌筑工程—混凝土及钢筋混凝土工程……的顺序进行列项计算。

2）按照地方和行业发布的消耗量定额（标准）的顺序列项计算。

即从定额的第一分部的第一个分项工程开始，对照施工图纸，凡遇定额所列项目在施工图中有的，就按该分项工程量计算规则算出工程量。凡遇定额所列项目在施工图中没有的，就忽略，继续计算下一个分项工程。若遇到有的项目，其计算数据与其他分部的项目数据有关，则先将项目列出，其工程量待有关项目工程量计算完成后，再进行计算。例如：某省定额工程量计算规则为：基础土方回填量＝挖方体积—设计室外地坪以下埋设构件（包括基础垫层、基础等）体积，因基础垫层、基础分项工程在后续分部中，这时可先将土方回填项目列出，工程量计算可暂放缓一步，待计算完基础垫层、基础等工程量后，再利用该计算数据补算出基础回填工程量。

这种按定额顺序计算工程量的方法虽然看似笨拙，但对初学者可以有效地防止漏算、重算。

3）按照施工顺序列项计算。

如先从施工单位进场后的第一项工作场地平整算起，接下来按施工顺序依次计算挖地槽、基础垫层、基础、回填土等，直至工程完工。

4）按照图纸顺序列项计算。根据图纸排列的先后顺序，按照建施—结施—水施—电施的顺序，分专业先基本图、再详图的顺序列项计算。

（2）单个分部分项工程计算顺序

1）按"先横后竖、先上后下、先左后右"的顺序计算工程量。

该方法是从平面图的左上角开始计算，按照此顺序计算单个分项工程的工程量。门窗过梁可采用此方法计算工程量。

2）按"顺时针方向"计算工程量。

即先从平面图的左上角开始，按顺时针方向，从左往右，再从上往下，再从右往左，再从下往上，按顺时针顺序计算一圈后回到原来计算的位置，完成单个分项工程的计算。如外墙、楼地面等分项工程可采用这种方法进行计算。

3）按图纸上的轴线编号计算工程量。

此方法适用于图纸复杂、造型奇特的工程，为方便造价人员计算与审核，按图纸上轴线编号的先后顺序计算工程量。

4）按图纸上构件编号计算工程量。

此方法适用于图纸上标有编号的构件，如木结构、门窗工程等构件。

2. 统筹法计算工程量

运用统筹法计算工程量，就是分析工程量计算中各分项工程量计算之间的固有规律和相互之间的依赖关系，运用统筹法原理合理安排工程量的计算程序，可以节约时间、简化计算、提高工效，为达到及时准确地计算工程量提供科学数据的目的。

（1）统筹法算量的常用方法

运用统筹法计算工程量的基本要点是："统筹程序、合理安排；利用基数，连续计算；一次算出，多次使用；结合实际，灵活机动。"

1）统筹程序，合理安排

按常规的计算方法（施工顺序或定额顺序）计算工程量，往往不能充分利用数据间的内在联系而造成重复计算，有时还易出现计算差错。用统筹法计算工程量，可以合理安排计算顺序，找出各数据之间的内在联系，充分利用各数据之间的关系，不仅可以提高工程量计算的效率，还可以避免不必要的错误，节省时间和精力。

2）利用基数，连续计算

利用基数，连续计算，就是以"线"或"面"为基数，利用连乘或加减，算出与它有关的分项工程量。统筹法常用的基数就是"三线、一面"。

①"三线"指的是外墙外边线、外墙中心线、内墙净长线。

外墙外边线：用 $L_外$ 表示，$L_外$＝建筑物平面图中外墙所围周长之和。

外墙中心线：用 $L_中$ 表示，$L_中$＝建筑物平面图中外墙中心线长度之和。

内墙净长线：用 $L_内$ 表示，$L_内$＝建筑物平面图中所有的内墙净长度之和。

与"线"有关的项目有：

利用 $L_外$，可以连续计算：平整场地、勒脚、腰线、外墙勾缝、外墙抹灰、散水等分项工程工程量。

利用 $L_中$，可以连续计算：外墙基沟槽开挖、外墙基础垫层、外墙基础、外墙墙基防潮层、外墙圈梁、外墙墙身砌筑等分项工程工程量。

利用 $L_内$，可以连续计算：内墙基沟槽开挖、内墙基础垫层、内墙基础、内墙基础防潮层、内墙圈梁、内墙墙身砌筑、内墙抹灰等分项工程工程量。

②"一面"是指建筑物的底层建筑面积，用 $S_底$ 表示。

$$S_底＝建筑物底层平面图勒脚以上外围水平投影面积$$

利用 $S_底$，可以连续计算：平整场地、天棚抹灰、楼地面及屋面等分项工程工程量。

一般工业与民用建筑工程，都可在这"三线、一面"的基础上，连续计算出它的工程量。

例如，计算图 3.1.3-1 中所示工程平面图中"三线、一面"的工程量。

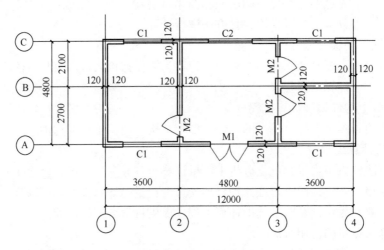

图 3.1.3-1　首层平面图

解："三线、一面"工程量计算结果如下：

$$L_外 ＝ (12 ＋ 0.12 \times 2 ＋ 4.8 ＋ 0.12 \times 2) \times 2 ＝ 34.56m$$

$$L_中 ＝ (12 ＋ 4.8) \times 2 ＝ 33.6m$$

$$L_内 ＝ (4.8 - 0.12 \times 2) \times 2 ＋ 3.6 - 0.12 \times 2 ＝ 12.48m$$

$$S_底 ＝ (12 ＋ 0.12 \times 2) \times (4.8 ＋ 0.12 \times 2) ＝ 61.69m^2$$

3）一次算出，多次使用

在工程量计算过程中，门、窗、过梁、预制构件及其他一些不能用"线""面"基数进行连续计算的单独构件，可以事先将它们一次性算出，汇编入土建工程量计算手册（即"册"）。当需计算有关的工程量时，只要查看手册就可很快算出所需要的工程量。这样可以减少按图逐项地进行繁琐而重复的计算，亦能保证计算的及时与准确性。如计算砌筑墙工程量，可以通过计算手册，快速找到需扣减的门、窗、过梁等构件的体积，提高计算效率，也可避免由于繁琐、重复的计算产生的差错。

4）结合实际，灵活机动

一般的工业与民用建筑工程，采用"线""面""册"计算工程量，完全可以适用。但在别墅工程及一些结构比较复杂或造型比较奇特的特殊工程上，由于各楼层的面积及分项工程断面、墙厚、混凝土和砂浆强度等级不同，就不能完全用"线"或"面"作为基数，而必须结合实际灵活地计算。

一般常遇到的几种情况及采用的方法如下：

① 分层计算法

如遇多层建筑物，各楼层的建筑面积、墙身厚度或装饰材料不同时，应分层计算。

② 以分段计算法

当分项工程断面不同，在计算该分项工程工程量时，就应分段计算。如基础断面不同，不仅基础工程量应分段计算，与基础断面相关的土石方开挖、回填工程量也应分段计算。

③ 补加（补减）计算法

在计算分项工程工程量中，如遇到局部外形尺寸或结构不同时，为便于利用基数进行计算，可先将其看做相同条件计算，然后算出局部不同的工程量，最后再加上（减去）多出（局部不同）部分的工程量。如基础深度不同的内外墙基础、宽度不同的散水、楼地面装修采用不同的材料等工程，均可采用此方法进行计算。

（2）利用统筹图计算工程量

工程量计算统筹图是根据统筹法原理、工程量计算规范和工程量计算规则，以"三线一面"作为基数，连续计算与之有共性关系的分项工程量，而与基数无共性关系的分项工程量则用"册"或图示尺寸进行计算。

统筹图是由箭线和节点把"线""面""册"组合在一起，指示工程量计算顺序的程序图，如图 3.1.3-2 所示。

这一程序图贯穿了三条基本原则：

1）先主后次，统筹安排

用统筹法计算各分项工程工程量的计算顺序要先算主要项目，后算次要项目。从"线""面"基数开始计算，以达到一次计算、多次使用、连续计算的目的。如楼地面工程，先算面层，而相应的找平层等可照抄数据，其垫层工程量则就用面层乘以垫层厚度。又如，计算砖墙体工程量，要扣除门窗洞口面积和混凝土梁、柱等体积，所以，应先计算构件，为后算的项目创造条件，后算的项目就可以利用先算项目的数据，避免重复计算工程量。

2）个性分别处理，共性合在一起

个性分别处理，就是把与其他分项工程量计算无关的构件单独放在一起，如楼梯、阳台、台阶等构件。共性合在一起，就是将凡有关联的项目合在一起，归于同一系统中。如

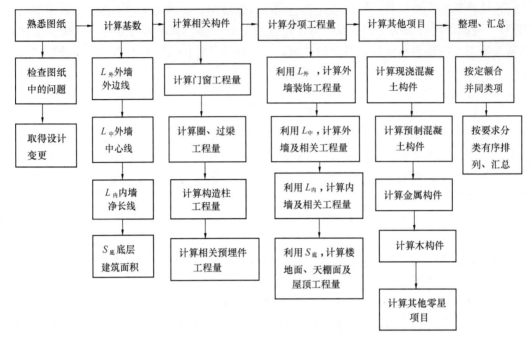

图 3.1.3-2　工程量计算统筹图

把外墙外边线、外墙中心线、内墙净长线、门、窗分别纳入计算与墙身相关的系统中；把楼地面、天棚面及屋面等与面积有关的计算项目，分别归于建筑物底层面积和分层面积系统中。

3）独立项目单独处理

木结构、金属结构构件、预制构件、楼梯、台阶以及零星砌体、零星抹灰等与"线"和"面"无关项目的工程量计算，可以单独计算，编入"手册"，用时只要查阅手册即可。

3. 信息技术在工程计量中的应用

随着计算机技术与计量软件的普及，工程量计算从开始的手工算量，到后来的办公软件（如 Excel）及软件算量，工程量计算的速度得到了很大的提高。但无论是手工算量，还是普通的软件算量，都存在信息不能共享，在建设项目实施的各个阶段都需要单独计算工程量，致使建设项目从实施到结束，需要多次重复计算工程量，造成人力、物力和资源的严重浪费。进入信息时代后，通过资源共享，避免了工程量的重复计算，大大提高了工作效率。目前国家大力推行的 BIM 技术，可以很好地实现资源共享。

BIM 是以建筑工程项目的各项相关信息数据作为基础，建立起三维的建筑模型，通过数字信息仿真，模拟出建筑物所具有的真实信息。其不仅信息完备，而且在建设项目的各个阶段信息还具有一致性和关联性。具有可视化、协调性、模拟性、优化性和可出图性等优点。在项目的不同阶段，将建设单位、设计单位、施工单位、监理单位、工程造价咨询单位等项目参与方放在同一平台上，共享同一建筑信息模型。不同利益相关方只需要在BIM 中插入、提取、更新和修改信息，就可以完成各自职责并协同作业。

BIM 思想是基于建设项目的全生命周期进行管理，这与工程造价是不谋而合的。工程造价前期有投资估算、可行性研究阶段及初步设计阶段有概算、招投标阶段有预算、工程施工中及工程完工后有结算，工程计量计价工作也贯穿于建设项目的各个阶段。BIM以三维数字技术为基础，以三维模型所形成的数据库为核心，不仅包含了各个专业设计师们的专业设计理念，而且还容纳了从设计到施工乃至建成使用和最终拆除的全过程信息，集成了工程图形模型、工程数据模型以及和管理有关的行为模型；支持建设工程中的各种运算。基于 BIM 数据库的创建，通过建立 5D 关联数据库，可以准确快速计算工程量，提升工程量计算的精度与效率。

工程量的计算方法千变万化，为方便计量，工程造价人员可根据工程实际情况和自己的计算习惯，选择以上一种或几种方法计算工程量。

3.2 BIM 土建计量

为进一步适应建设市场计量、计价的需要，为规范房屋建筑与装饰工程造价计量行为，统一房屋建筑与装饰工程工程量计算规则、工程量清单的编制方法，国家于 2012 年 12 月颁布了《房屋建筑与装饰工程工程量计算规范》（GB 50854—2013），并于 2013 年 7 月 1 日正式实施。

该规范由正文、附录和条文说明三部分组成。正文包括总则、术语、工程计量、工程量清单编制。

该规范适用于房屋建筑与装饰工程发承包及实施阶段计价活动中的工程量清单编制和工程量计算。房屋建筑与装饰工程计量，必须按本规范进行。

由于《房屋建筑与装饰工程工程量计算规范》（GB 50854—2013）为强制性条文，明确规定房屋建筑与装饰工程发承包计价活动中的工程量清单编制和工程计量，无论是国有资金投资还是非国有资金投资的工程建设项目，其工程计量必须执行本规范，所以该规范是土建计量的首要依据。本节的工程计量均以该规范为范本进行讲解。

3.2.1 土建计量的含义

1. 土建计量概述

本节土建计量指的是房屋建筑与装饰工程工程量的计算，是以约定好的工程量计算规则、约定好的计算单位，计算建设工程各分部分项工程、措施项目工程或其他构件的数量。

常用的物理计量单位有："m、m²、m³、t"等。如装饰线条工程量以"m"为计量单位，木地板工程量以"m²"为计量单位，混凝土工程量以"m³"为计量单位，钢筋工程量以"t"为计量单位。

常用的自然计量单位有：个、套、樘、根、块、榀等。如桩基工程量以"根"为计量单位，钢筋机械连接工程量以"个"为计量单位，钢屋架工程量以"榀"为计量单位，门窗工程量以"樘"为计量单位。

2. 土建计量的依据

房屋建筑与装饰工程计量的首要依据是《房屋建筑与装饰工程工程量计算规范》（GB 50854—2013）。除应遵守本规范外，尚应符合国家现行有关标准的规定。

（1）经审定的施工设计图纸及其说明，是工程量计算数据和信息的直接来源。

（2）经审定的施工组织设计或施工技术措施方案。

（3）经审定的其他有关技术经济文件。如施工合同、招标文件等文件里有关计量的条款都是工程量计算的依据。

3. 土建计量的内容

《房屋建筑与装饰工程工程量计算规范》（GB 50854—2013）以附录的形式，明确了房屋建筑与装饰工程主要包括：附录 A　土石方工程、附录 B　地基处理与边坡支护工程、附录 C　桩基工程、附录 D　砌筑工程、附录 E　混凝土及钢筋混凝土工程、附录 F　金属结构工程、附录 G　木结构工程、附录 H　门窗工程、附录 J 屋面及防水工程、附录 K　保温、隔热、防腐工程、附录 L　楼地面装饰工程、附录 M　墙、柱面装饰与隔断、幕墙工程、附录 N　天棚工程、附录 P　油漆、涂料、裱糊工程、附录 Q　其他装饰工程、附录 R　拆除工程、附录 S　措施项目共十七项内容。

房屋建筑与装饰工程涉及电气、给水排水、消防等安装工程的项目，按照国家标准《通用安装工程工程量计算规范》的相应项目执行；涉及小区道路、室外给水排水等工程的项目，按国家标准《市政工程工程量计算规范》的相应项目执行。采用爆破法施工的石方工程按照国家标准《爆破工程工程量计算规范》的相应项目执行。

3.2.2　土建分部分项工程的计量

1. 土石方工程

土石方工程（计算规范附录 A）共计 3 个小节 13 个项目，包括土方工程、石方工程、回填，适用于建筑物及构筑物的土石方开挖及回填工程。

挖土应按自然地面测量标高至设计地坪标高的平均厚度确定。竖向土方、山坡切土开挖深度应按基础垫层底表面标高至交付施工现场地标高确定，无交付施工场地标高时，应按自然地面标高确定。

（1）土方工程（表 3.2.2-1）

土 方 工 程　　　　　　　　　　　　　　　　　表 3.2.2-1

	项目名称	适用范围	计算方法
土方工程	平整场地	建筑物场地厚度≤±300mm 的挖、填、运、找平，应按计算规范附录 A 中平整场地项目列项	按设计图示尺寸以建筑物首层建筑面积计算
	挖一般土方	挖土厚度>±300mm 的竖向布置挖土或山坡切土应按本表中挖一般土方项目列项	按设计图示尺寸以体积计算。计量单位 m³
	挖一般土方	底宽≤7m 且底长>3 倍底宽为沟槽，主要有带形基础的土方开挖，并包括指定范围内的土方运输	按设计图示尺寸以基础垫层底面积乘以挖土深度计算
	挖基坑土方	底长≤3 倍底宽且底面积≤150m² 为基坑，主要有独立基础等的土方开挖，并包括指定范围内的土方运输	工程量按设计图示尺寸以基础垫层底面积乘以挖土深度计算，计量单位 m³。即：$V=$ 基础垫层长×基础垫层宽×挖土深度

项目名称	适用范围	计算方法
冻土开挖	冻土是指 0℃ 以下，并含有冰的各种岩石和土壤。一般可分为短时冻土（数小时/数日以至半月）、季节冻土（半月至数月）以及多年冻土（数年至数万年以上）。冻土开挖就是将冻土和岩石进行松动、破碎、挖掘并运出的工程	按设计图示尺寸开挖面积乘以厚度以体积计算。计量单位 m³
挖淤泥、流砂	淤泥是一种稀软状，不易盛开的灰黑色、有臭味，含有半腐朽的植物遗体（占 60% 以上），置于水中有动植物残体渣滓浮于水面，并常有气泡由水中冒出的泥土。流砂是指在坑内抽水时，坑底的土会成流动状态，随地下水涌出，这种土无承载力边挖边冒，无法挖深，强挖会掏空邻近地基	按设计图示位置、界限以体积计算。计量单位 m³
挖管沟土方	适用于管道（给水排水、工业、电力、通信）、光（电）缆沟（包括：人孔桩、接口坑）及连接井（检查井）等	a. 以 m 计量，按设计图示以管道中心线长度计算；b. 以 m³ 计量，按设计图示管底垫层面积乘以挖土深度计算；无管底垫层按管外径的水平投影面积乘以挖土深度计算

（项目名称栏左侧合并单元格：土方工程）

【案例 3-1】某建筑物底层平面示意图如图 3.2.2-1 所示，请计算该工程人工平整场地的工程量并进行清单列项。

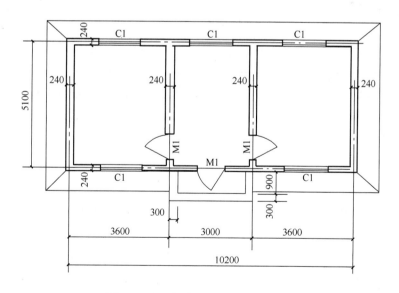

图 3.2.2-1　某建筑物底层平面示意图

解：工程量计算

$$S_{平整场地} = a \times b = (10.2 + 0.24) \times (5.1 + 0.24) = 55.75\text{m}^2 \text{（表 3.2.2-2）}$$

平整场地　　　　　　　　　表 3.2.2-2

序号	清单编码	项目名称	特征描述	单位	工程量	合价（元）		
						综合单价	合价	其中
								暂估价
1	010101001001	平整场地		m²	55.75			

【案例 3-2】 如图 3.2.2-2 所示，基础为 C25 混凝土带形基础，C15 混凝土垫层，室外地坪标高 −0.3m，槽底标高 −1.9m，土质为坚土。试计算人工挖机槽土方工程量。

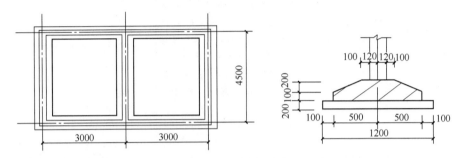

图 3.2.2-2　基础平面及剖面图

解： 清单工程量计算

已知，基底宽 $a=1.2m$，挖土深度 $H=1.9−0.3=1.6m$

外墙基槽长 $L_{中}=(6+4.5)×2=21m$

内墙基槽长 $L_{内基}=4.5−2×0.6=3.3m$

人工挖基槽工程量 $V=a×H×L=1.2×1.6×(21+3.3)=46.66m^3$（表 3.2.2-3）

清单列项：

挖沟槽土方（1）　　　　　　　　表 3.2.2-3

序号	清单编码	项目名称	项目特征描述	单位	工程量	合价（元）		
						综合单价	合价	其中
								暂估价
1	010101003001	挖沟槽土方	挖土深度：6m，坚土，投标人根据施工现场实际情况自行考虑运土距离	m³	46.66			

【案例 3-3】 已知某工程基础采用混凝土独立基础，基础垫层底长度 1.8m，宽度 1.2m，室外地坪标高 −0.3m，槽底标高 −2.1m，土质为坚土。试计算人工挖基坑土方工程量。

解： 工程量计算

已知，基底宽 $a=1.8m$，$b=1.2m$，挖土深度 $H=2.1−0.3=1.8m$

$$V=a×b×H=1.8×1.2×1.8=3.89m^3 \text{（表 3.2.2-4）}$$

清单列项：

挖沟槽土方（2） 表 3.2.2-4

序号	清单编码	项目名称	项目特征描述	单位	工程量	合价（元）		其中
						综合单价	合价	暂估价
1	010101003001	挖沟槽土方	挖土深度：8m，坚土，投标人根据施工现场实际情况自行考虑运土距离	m³	3.89			

（2）石方工程（表 3.2.2-5）

石 方 工 程 表 3.2.2-5

	项目名称	适用范围	计算方法
石方工程	挖一般石方	厚度>±300mm 的竖向布置挖石或山坡凿石应按挖一般石方项目编码、清单列项	按设计图示尺寸以体积计算，计量单位 m³。石方开挖的超挖量，应包括在报价内
	挖沟槽石方	底宽≤7m，底长>3 倍底宽为沟槽	按设计图示尺寸沟槽底面积乘以挖石深度以体积计算
	挖基坑石方	底长≤3 倍底宽、底面积≤150m 为基坑	按设计图示尺寸基坑底面积乘以挖石深度以体积计算
	挖管沟石方	管沟石方项目适用于管道（给水排水、工业、电力、通信）、电缆沟及连接井（检查井）等	a. 以"m"计量，按设计图示以管道中心线长度计算；b. 以"m³"计量，按设计图示截面积乘以长度计算

（3）回填（表 3.2.2-6）

回 填 表 3.2.2-6

	项目名称	适用范围	计算方法
回填	回填方	适用于场地回填、室内回填和基础回填	a. 密实度要求；b. 填方材料品种；c. 填方粒径要求；d. 填方来源、运距
	余方弃置	适用于多余土方外运或者场地土方不足时的借土回填	按挖方清单项目工程量减利用回填方体积计算

【案例 3-4】某房屋工程基础平面如图 3.2.2-3 所示，已知：基础垫层为非原槽浇筑，垫层支模，混凝土强度等级 C10，普通土，室外地坪设计标高−0.3m，设计室外地坪以下垫层体积 6.87m³，独立基础体积 5.09m³，混凝土带形基础 7.22m³，混凝土柱 0.03m³，室内地坪厚 120mm，要求挖出土方堆于现场 5m 内，回填后的余土人工外运 100m，问题：根据以上背景资料及现行国家标准《建设工程工程量清单计价规范》（GB 50500—2013）、《房屋建筑与装饰工程工程量计算规范》（GB 50854—2013），试列出该工程平整场地、挖地槽、挖地坑、弃土外运、土方回填等项目的分部分项工程量清单。

解：

（1）清单工程量计算见表 3.2.2-7。

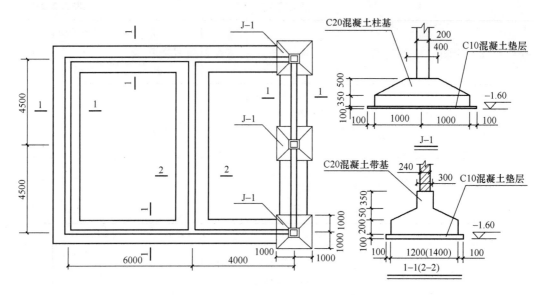

图 3.2.2-3 某工程基础平面、断面图

清单工程量计算表

表 3.2.2-7

工程名称：某工程

序号	清单项目编码	清单项目名称	计算式	计量单位	工程量
1	010101001001	平整场地	$S=(6+4+0.24)\times(4.5+4.5+0.24)=94.62$	m²	94.62
2	010101004001	挖基坑土方	$V_{J-1}=(2.0+0.2)^2\times1.3\times3=18.88m^3$	m³	18.88
3	010101003001	挖基槽土方	$L_{1-1}=(10-1.1)\times2+9\times2-2.2\times2=31.40m$ $V_{1-1}=(1.2+0.2)\times1.3\times31.4=57.15m^3$ $L_{2-2}=9-0.7\times2=7.60m^3$ $V_{2-2}=(1.4+0.2)\times1.3\times7.6=15.81m^3$ $\Sigma V=57.15+15.81=72.96m^3$	m³	72.96
4	010103001001	回填方	$V_{基础回填}=18.88+72.96-(6.87+5.09+7.22$ $+0.03)=72.63m^3$ $V_{房心回填}=(10-0.48)\times(9-0.24)\times(0.3$ $-0.12)=15.01m^3$ $\Sigma V_{回填}=72.63+15.01=87.64m^3$	m³	87.64
5	010103002001	余方弃置	$V_{外运}=18.88+72.96-87.64=4.2$	m³	4.2

（2）分部分项工程量清单表见表 3.2.2-8。

分部分项工程量清单与计价表

表 3.2.2-8

序号	清单编码	项目名称	项目特征	单位	工程量	综合单价 （元）	合价 （元）
1	010101001001	平整场地	1. 土壤类别：普通土 2. 弃土运距：5m 3. 取土运距：5m	m²	94.62		

续表

序号	清单编码	项目名称	项目特征	单位	工程量	综合单价（元）	合价（元）
2	010101004001	挖基坑土方	1. 土壤类别：普通土 2. 挖土深度：5m 3. 弃土运距：5m	m³	18.88		
3	010101003001	挖基槽土方	1. 土壤类别：普通土 2. 挖土深度：1.3m 3. 弃土运距：100m	m³	72.96		
4	010103001001	回填方	1. 密实度要求：夯填 2. 填方材料品种：满足规范及设计 3. 填方粒径要求：满足规范及设计 4. 填方来源、运距：100m	m³	87.64		
5	010103002001	余方弃置	1. 废弃料品种 2. 运距：100m	m³	4.2		

2. 地基处理和基坑支护工程

地基处理与边坡支护工程共分为 2 小节 28 个项目，包括地基处理工程、基坑与边坡支护工程。

地层情况按清单附录的规定，并根据岩土工程勘察报告按单位工程各地层所占比例（包括范围值）进行描述。对无法准确描述的地层情况，可注明由投标人根据岩土工程勘察报告自行决定报价。

项目特征中的桩长应包括桩尖，空桩长度＝孔深－桩长，孔深为自然地面至设计桩底的深度。

（1）地基处理（表 3.2.2-9）

地 基 处 理   表 3.2.2-9

	项目名称	项目特征	计算方法
地基处理	换填垫层	a. 材料种类及配比；b. 压实系数；c. 掺加剂品种	按设计图示尺寸以体积计算
	铺设土工合成材料	a. 部位；b. 品种；c. 规格	按设计图示尺寸以面积计算
	强夯地基	a. 夯击能量；b. 夯击遍数；c. 夯击点布置形式、间距；d. 地耐力要求；e. 夯填材料种类	按设计图示处理范围以面积计算

（2）基坑与边坡支护（表 3.2.2-10）

73

基坑与边坡支护 　　　　　　　　　　　　　　　表 3.2.2-10

	项目名称	项目特征	计算方法
基坑与边坡支护	地下连续墙	a. 地层情况；b. 导墙类型、截面；c. 墙体厚度；d. 成槽深度；e. 混凝土类别、强度等级；f. 接头形式	按设计图示墙中心线长乘以厚度乘以槽深以体积计算
	锚杆、锚索	a. 地层情况；b. 锚杆（索）类型、部位；c. 钻孔深度；d. 钻孔直径；e. 杆体材料品种、规格、数量；f. 预应力；g. 浆液种类、强度等级	a. 以"m"计量，按设计图示尺寸以钻孔深度计算；b. 以"根"计量，按设计图示数量计算
	土钉	a. 地层情况；b. 钻孔深度；c. 钻孔直径；d. 置入方法；e. 杆体材料品种、规格、数量；f. 浆液种类、强度等级	a. 以"m"计量，按设计图示尺寸以钻孔深度计算；b. 以"根"计量，按设计图示数量计算
	喷射混凝土	a. 部位；b. 厚度；c. 材料种类；d. 混凝土（砂浆）类别、强度等级	按设计图示尺寸以面积计算
	混凝土支撑	a. 部位；b. 混凝土种类；c. 混凝土强度等级	按设计图示尺寸以体积计算
	钢支撑	a. 部位；b. 钢材品种、规格；c. 探伤要求	按设计图示尺寸以质量计算。不扣除孔眼质量，焊条、铆钉、螺栓等不另增加质量

【案例 3-5】 如图 3.2.2-4 所示，某边坡采用土钉支护，根据岩土工程勘察报告，地层为带块石的碎石土，土钉成孔直径为 90mm，采用 1 根 HRB335，直径 25mm 的钢筋作为杆体，成孔深度均为 10.0m，土钉入射倾角为 15°，杆筋送入钻孔一，灌注 M30 水泥砂浆，混凝土面板采用 C20 喷射混凝土，厚度为 120mm。问题：根据以上背景资料及现行国家标准《建设工程工程量清单计价规范》（GB 50500—2013）、《房屋建筑与装饰工程工程量计算规范》（GB 50854—2013），试列出该边坡分部分项工程量清单（不考虑挂网及锚杆、喷射混凝土平台等内容）。

解：

清单工程量计算见表 3.2.2-11。

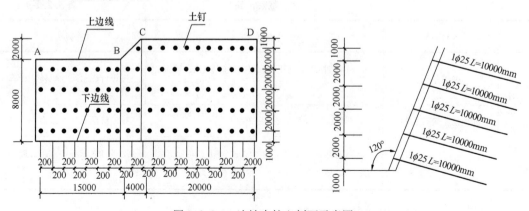

图 3.2.2-4　边坡支护立剖面示意图

清单工程量计算表   表3.2.2-11

工程名称：某边坡支护工程

序号	清单项目编码	清单项目名称	计算式	计量单位	工程量
1	010202008001	土钉	$N=91$ 根	根	91
2	010202009001	喷射混凝土	(1)AB段 $S_1=8/(\sin\pi/3)\times15=138.56\text{m}^2$ （2）BC段 $S_2=(10+8)/2/(\sin\pi/3)\times4=41.57\text{m}^2$ （3）CD段 $S_3=10/(\sin\pi/3)\times20=230.94\text{m}^2$ $S=138.56+41.57+230.94=411.07\text{m}^2$	m^2	411.07

分部分项工程量清单见表3.2.2-12。

分部分项工程量清单与计价表   表3.2.2-12

序号	清单编码	项目名称	项目特征	单位	工程量	综合单价（元）	合价（元）
1	010202008001	土钉	1. 地层情况：四类土 2. 钻孔深度：10m 3. 钻孔直径：90mm 4. 置入方法：钻孔置入 5. 杆体材料品种、规格、数量：1根 HRB335，直径25mm的钢筋 6. 浆液种类、强度等级：M30水泥砂浆	根	91		
2	010202009001	喷射混凝土	1. 部位：AD段边坡 2. 厚度：120mm 3. 材料种类：喷射混凝土 4. 混凝土（砂浆）类别、强度等级：C20	m^2	411.07		

3. 桩基工程

桩基工程共分为2小节11个项目。包括打桩、灌注桩工程。

项目特征中的桩截面、混凝土强度等级、桩类型等可直接用标准图代号或设计桩类型进行描述。

（1）打桩（表3.2.2-13）

打　桩   表3.2.2-13

项目名称		适用范围	计算方法
打桩	预制钢筋混凝土方桩	适用于预制钢筋混凝土方桩	a. 以"m"计量，按设计图示尺寸以桩长（包括桩尖）计算；b. 以"m³"计量，按设计图示截面积乘以桩长（包括桩尖）以实体体积计算；c. 以"根"计量，按设计图示数量计算

续表

打桩	项目名称	适用范围	计算方法
	预制钢筋混凝土管桩	适用于预制钢筋混凝土管桩	a. 以"m"计量，按设计图示尺寸以桩长（包括桩尖）计算；b. 以"m³"计量，按设计图示截面乘以桩长（包括桩尖）以实体体积计算；c. 以"根"计量，按设计图示数量计算
	钢管桩	a. 地层情况；b. 送桩深度、桩长；c. 材质；d. 管径、壁厚；e. 桩倾斜度；f. 沉桩方法；g. 填充材料种类；h. 防护材料种类	a. 以"t"计量，按设计图示尺寸以质量计算；b. 以"根"计量，按设计图示数量计算
	截（凿）桩头	桩基施工的时候为了保证桩头质量一般都要高出桩顶标高。基础施工前需对这部分桩头进行截或凿处理	按设计桩截面乘以桩头长度以体积计算或按设计数量以"根"计算

（2）灌注桩（表 3.2.2-14）

灌 注 桩　　　　　　　　　　　　　　表 3.2.2-14

灌注桩	项目名称	适用范围	计算方法
	泥浆护壁成孔灌注桩	适用于在泥浆护壁条件下成孔，采用水下灌注混凝土的桩。其成孔方法包括冲击钻成孔、冲抓锥成孔、回旋钻成孔、潜水钻成孔、泥浆护壁的旋挖成孔等	a. 以"m"计量，按设计图示尺寸以桩长（包括桩尖）计算；b. 以"m³"计量，按不同截面在桩上范围内以体积计算；c. 以"根"计量，按设计图示数量计算
	沉管灌注桩	适用于沉管方法包括捶击沉管法、振动沉管法、振动冲击沉管法、内夯沉管法等的沉管灌注桩	a. 以"m"计量，按设计图示尺寸以桩长（包括桩尖）计算；b. 以"m³"计量，按不同截面在桩上范围内以体积计算；c. 以"根"计量，按设计图示数量计算
	干作业成孔灌注桩	干作业成孔灌注桩是指不用泥浆护壁和套管护壁的情况下，用钻机成孔后，下钢筋笼，灌注混凝土的桩，适用于地下水位以上的土层使用。其成孔方法包括螺旋钻成孔、螺旋钻成孔扩底、干作业的旋挖成孔等	a. 以"m"计量，按设计图示尺寸以桩长（包括桩尖）计算；b. 以"m³"计量，按不同截面在桩上范围内以体积计算；c. 以"根"计量，按设计图示数量计算
	挖孔桩土（石）方	人工挖孔桩的土石方工程	按设计图示尺寸（含护壁）截面积乘以挖孔深度（含空桩部分）以"m³"计算
	人工挖孔桩土灌注桩	人工挖孔桩是用人力挖土、现场浇筑的钢筋混凝土桩	有两种计算方法：a. 按桩芯混凝土体积以"m³"计量；注意这里只有桩芯体积，不含护壁体积，但在计价套定额时，护壁体积需另行考虑报价；b. 按设计图示数量以"根"计算

【案例 3-6】某工程桩基为柴油打桩机打现场预制混凝土方桩，如图 3.2.2-5 所示，C30 砾 40 混凝土，室外地标高－0.3m，土壤为普通土，桩顶标高－1.80m，共有桩 150

根，问题：根据以上背景资料及现行国家标准《建设工程工程量清单计价规范》（GB 50500—2013）、《房屋建筑与装饰工程工程量计算规范》（GB 50854—2013），试列出该工程打桩工程的分部分项工程量清单。

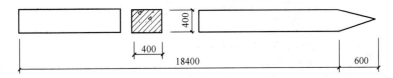

图 3.2.2-5　预制桩示意图

解：

清单工程量：$L = (18.4 + 0.6) \times 150 = 2850m$

工程量清单表，见表 3.2.2-15。

分部分项工程量清单与计价表

表 3.2.2-15

序号	清单编码	项目名称	项目特征	单位	工程量	综合单价（元）	合价（元）
1	010301001001	预制钢筋混凝土方桩	1. 地层情况：普通土 2. 送桩深度：1.5m 桩长：19m 3. 桩截面：400mm×400mm 4. 沉桩方法：柴油打桩机 5. 混凝土强度等级：C30 砾 40	m	2850		

4. 砌筑工程

砌筑工程共分 6 个小节 28 个项目，包括砖基础、砖砌体、砖构筑物砌块砌体、石砌体、砖散水、地坪、地沟，适用于建筑物、构筑物的砌筑工程。

基础与墙（柱）身使用同一种材料时，以设计室内地面为界（有地下室者，以地下室室内设计地面为界），以下为基础，以上为墙（柱）身。基础与墙身使用不同材料时，位于设计室内地面高度≤±300mm 时，以不同材料为分界线，高度＞±300mm 时，以设计室内地面为分界线。

砖围墙以设计室外地坪为界，以下为基础，以上为墙身。

（1）砖基础（表 3.2.2-16）

砖　基　础

表 3.2.2-16

	项目名称	适用范围	计算方法
砖基础	砖基础	适用于各种类型砖基础，包括柱基础、墙基础、管道基础	按设计图示尺寸以体积计算。包括附墙垛基础宽出部分体积，扣除地梁（圈梁）、构造柱所占体积，不扣除基础大放脚 T 形接头处的重叠部分及嵌入基础内的钢筋、铁件、管道、基础砂浆防潮层和单个面积≤0.3m² 的孔洞所占体积，靠墙暖气沟的挑檐不增加

续表

项目名称		适用范围	计算方法
砖基础	砖砌挖孔桩护壁	适用于各类挖孔桩的砖砌护壁	按设计图示尺寸以"m³"计算
	实心砖墙	适用于各种类型的实心砖墙,包括外墙、内墙、围墙	按设计图示尺寸以体积计算,计量单位 m³
	多孔砖墙	适用于各种类型的多孔砖墙,包括外墙、内墙、围墙	按设计图示尺寸以体积计算,计量单位 m³
	空心砖墙	适用于各种类型的空心砖墙,包括外墙、内墙、围墙	按设计图示尺寸以体积计算,计量单位 m³
	空斗墙	适用于各种砌法(如一斗一眠、无眠空斗)的空斗墙	按设计图示尺寸以空斗墙外形体积计算,墙角、内外墙交接处、门窗洞口立边、窗台砖、屋檐处的实砌部分体积并入空斗墙体积内。空斗墙的窗间墙、窗台下、楼板下、梁头下的实砌部分,应另行计算。按零星砌砖项目编码列项
	空花墙	适用于各种类型的空花墙	按设计图示尺寸以空花部分外形体积计算,不扣除空洞部分体积。使用混凝土花格砌筑的空花墙,实砌墙体与混凝土花格应分别计算,混凝土花格按混凝土及钢筋混凝土中预制构件相关项目编码、清单列项
	填充墙	适用于以实心砖砌筑,墙体中形成空腔、填充轻质材料的墙体	按设计图示尺寸以填充墙外形体积计算
	实心砖柱	适用于各种类型的砖柱、矩形柱、异形柱、圆柱、包柱等	按设计图示尺寸以体积计算。扣除混凝土及钢筋混凝土梁垫、梁头、板头所占体积
	多孔砖柱	适用于各种类型的多孔砖柱、矩形柱、异形柱、圆柱、包柱等	按设计图示尺寸以体积计算。扣除混凝土及钢筋混凝土梁垫、梁头、板头所占体积
	砖检查井	适用于各种类型的砖砌检查井	按图示数量以座计
	零星砌砖	台阶、台阶挡墙、梯带、锅台、炉灶、蹲台、池槽、池槽腿、砖胎模、花台、花池、楼梯栏板、阳台栏板、地垄墙、≤0.3m² 的孔洞填塞等,应按零星砌砖项目编码、清单列项。空斗墙的窗间墙、窗台下、楼板下、梁头下等的实砌部分,按零星砌砖项目编码、清单列项。框架外表面的镶贴砖部分,按零星项目编码、清单列项	a. 以"m³"计量,按设计图示尺寸截面积乘以长度计算。b. 以"m²"计量,按设计图示尺寸水平投影面积计算。c. 以"m"计量,按设计图示尺寸长度计算。d. 以"个"计量,按设计图示数量计算
	砖散水、地坪		按设计图示尺寸以面积计算
	砖地沟、明沟		以"m"计量,按设计图示以中心线长度计算

（2）砌块砌体（表 3.2.2-17）

砌 块 砌 体　　　　　　　　　表 3.2.2-17

	项目名称	项目特征	计算方法
砌块砌体	砌块墙	a. 砌块品种、规格、强度等级；b. 墙体类型；c. 砂浆强度等级	按设计图示尺寸以体积计算
	砌块柱	a. 砌块品种、规格、强度等级；b. 墙体类型；c. 砂浆强度等级	按设计图示尺寸以体积计算。扣除混凝土及钢筋混凝土梁垫、梁头、板头所占体积

（3）石砌体（表 3.2.2-18）

石 砌 体　　　　　　　　　表 3.2.2-18

	项目名称	项目特征	计算方法
石砌体	石基础	a. 石料种类、规格；b. 基础类型；c. 砂浆强度等级	按设计图示尺寸以体积计算。包括附墙垛基础宽出部分体积，不扣除基础砂浆防潮层及单个面积≤0.3m² 的孔洞所占体积，靠墙暖气沟的挑檐不增加体积。基础长度：外墙按中心线，内墙按净长计算
	石勒脚	a. 石料种类、规格；b. 石表面加工要求；c. 勾缝要求；d. 砂浆强度等级、配合比	按设计图示尺寸以体积计算，扣除单个面积＞0.3m² 的孔洞所占的体积
	石墙	a. 石料种类、规格；b. 石表面加工要求；c. 勾缝要求；d. 砂浆强度等级、配合比	按设计图示尺寸以体积计算
	石挡土墙、石柱	a. 石料种类、规格；b. 石表面加工要求；c. 勾缝要求；d. 砂浆强度等级、配合比	按设计图示尺寸以体积计算
	石护坡、石台阶	a. 垫层材料种类、厚度；b. 石料种类、规格；c. 护坡厚度、高度；d. 石表面加工要求；e. 勾缝要求；f. 砂浆强度等级、配合比	按设计图示尺寸以体积计算
	石地沟、石明沟	a. 沟截面尺寸；b. 土壤类别按设计图示尺寸以体积计算、运距；c. 垫层材料种类、厚度；d. 石料种类、规格；e. 石表面加工要求；f. 勾缝要求；g. 砂浆强度等级、配合比	按设计图示尺寸以中心线长度计算

（4）垫层（表 3.2.2-19）

垫 层　　　　　　　　　表 3.2.2-19

	项目名称	项目特征	计算方法
垫层	垫层	垫层材料种类、配合比、厚度	按设计图示尺寸以"m³"计算

【案例 3-7】 某单层建筑物平面图如图 3.2.2-6 所示，已知层高 3.6m，内、外墙墙厚均为 240mm 厚，所有墙身均设置圈梁 240mm×240mm，且圈梁与现浇板顶平，板厚 100mm。M1 的尺寸为 900mm×2100mm，C1 的尺寸为 1500mm×1800mm，构造柱体积 0.81m³，圈梁体积 2.53m³，过梁体积 0.52m³，试计算 M5 混合砂浆砖墙工程量并编制工程量清单。

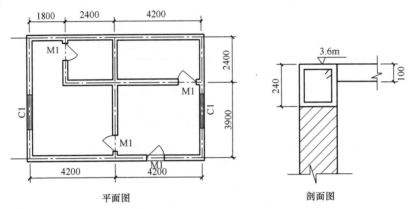

平面图　　　　　　　　剖面图

图 3.2.2-6　单层建筑物平面及剖面图

解： 工程量计算

外墙长：$L_中 = [(4.2+4.2)+(3.9+2.4)] \times 2 = 29.4\text{m}$

内墙长：$L_内 = (3.9+2.4-0.24)+(2.4-0.12)+(2.4-0.12)+(4.2-0.24)$
$\qquad\quad = 14.58\text{m}$

门窗洞口面积：$S_{MC} = 0.9 \times 2.1 \times 4 + 1.5 \times 1.8 \times 2 = 12.96\text{m}^2$

$$墙体高度 = 3.6 - 0.24 = 3.36\text{m}$$

$$V_{砌体} = (L_{墙体长度} \times H_{墙体高度} - S_{门窗洞口所占面积}) \times B_{墙体厚度} - V_{扣除}$$
$$= [(29.4+14.58) \times 3.36 - 12.96] \times 0.24$$
$$- (0.81+0.52) = 31.03\text{m}^3 \quad (表 3.2.2-20)$$

实 心 砖 墙　　　　　　　　　　　　　　表 3.2.2-20

序号	清单编码	项目名称	项目特征描述	单位	工程量	综合单价	合价	其中 暂估价
1	010401003001	实心砖墙	1. 标准红青砖 2. 砖混墙，墙厚 240mm 3. M5 混合砂浆砌筑	m³	31.03			

【案例 3-8】 有一单层砖混结构房屋，平面图及基础剖面图如图 3.2.2-7 所示，其墙顶标高为 3.0m，墙厚均为 240mm，三七灰土垫层，MU10 红青砖，±0.000 以下 M10 水泥砂浆，±0.000 以上 M5 混合砂浆砌筑，已知过梁体积共 0.90m³，门窗面积 15.90m²。问题：根据以上背景资料及现行国家标准《建设工程工程量清单计价规范》（GB 50500—2013）、《房屋建筑与装饰工程工程量计算规范》（GB 50854—2013），试列出该工程砖基础、基础垫层、砖墙的分部分项工程量清单。

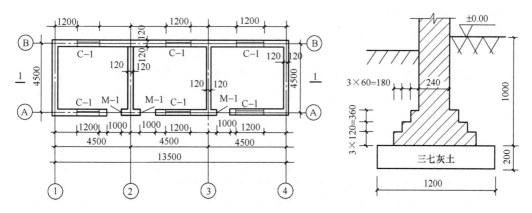

图 3.2.2-7 某工程一层平面图、基础剖面图

解：清单工程量计算见表 3.2.2-21。

清单工程量计算表　　　　　　　　　　　　　　　　　　　表 3.2.2-21

工程名称：某工程

序号	清单项目编码	清单项目名称	计算式	计量单位	工程量
1	010401001001	砖基础	$L_{砖墙长}=(13.5+4.5)\times 2+(4.5-0.12\times 2)\times 2$ $=44.52m$ $V_{砖基础}=0.24\times[(1.0-0.36)+0.12\times(0.6+0.48+0.36)]\times 44.52=14.53m^3$	m³	14.53
2	010401003001	实心砖墙	$V_{砖墙}=(44.52\times 3-15.90)\times 0.24-0.90$ $=27.34m^3$	m³	27.34
3	010404001001	垫层	$L_{垫层长}=(13.5+4.5)\times 2+(4.5-1.2)\times 2$ $=42.6m$ $V_{垫层}=1.2\times 0.2\times 42.6=10.22m^3$	m³	10.22

分部分项工程量清单表见表 3.2.2-22。

分部分项工程量清单表　　　　　　　　　　　　　　　　　表 3.2.2-22

序号	清单编码	项目名称	项目特征	单位	工程量	综合单价（元）	合价（元）
1	010401001001	砖基础	1. 砖品种、规格、强度等级：MU10 红青砖 2. 基础类型：条形基础 3 砂浆强度等级：M10 水泥砂浆 4. 防潮层材料种类：	m³	14.53		
2	010401003001	实心砖墙	1. 砖品种、规格、强度等级：MU10 红青砖 2. 墙体类型：实心墙 3. 砂浆强度等级、配合比：M5 混合砂浆	m³	27.34		
3	010404001001	垫层	垫层材料种类、配合比、厚度：200mm 厚三七灰土	m³	10.22		

5. 混凝土及钢筋混凝土工程

混凝土及钢筋混凝土工程共分16个小节76个项目，包括现浇混凝土基础、现浇混凝土柱、现浇混凝土梁、现浇混凝土墙、现浇混凝土板、现浇混凝土楼梯、现浇混凝土其他构件、后浇带、预制混凝土柱、预制混凝土梁、预制混凝土屋架、预制混凝土板、预制混凝土楼梯、其他预制构件、钢筋工程、螺栓铁件，适用于建筑物的混凝土及钢筋混凝土工程。

（1）现浇混凝土基础（表3.2.2-23）

现浇混凝土基础　　　　　　　　　　　　表3.2.2-23

	项目名称	适用范围	计算方法
现浇混凝土基础	垫层	适用于混凝土垫层	按设计图示尺寸以体积计算。不扣除伸入承台基础的桩头所占体积
	带形基础	适用于各种带形基础，包括有肋式、无肋式及浇筑在一字排桩上面的带形基础	按设计图示尺寸以体积计算。不扣除伸入承台基础的桩头所占体积
	独立基础	适用于块体柱基、标基、柱下的板式基础、无筋倒圆台基础、壳体基础、电梯井基础等	按设计图示尺寸以体积计算。不扣除伸入承台基础的桩头所占体积
	满堂基础	适用于地下室的箱式、筏式基础等	按设计图示尺寸以体积计算。不扣除伸入承台基础的桩头所占体积
	承台基础	适用于浇筑在组桩（如梅花桩）上的承台	按设计图示尺寸以体积计算。不扣除伸入承台基础的桩头所占体积
	设备基础	适用于设备的块体基础、框架基础等	按设计图示尺寸以体积计算。不扣除伸入承台基础的桩头所占体积

（2）现浇混凝土柱（表3.2.2-24）

现浇混凝土柱　　　　　　　　　　　　表3.2.2-24

	项目名称	适用范围	计算方法
现浇混凝土柱	矩形柱	适用于各种类型矩形柱，除无梁板柱的高度计算至柱帽下表面，其他柱都计算全高	按设计图示尺寸以体积计算
	柱构造	适用于各种类型构造柱	按设计图示尺寸以体积计算
	异形柱	适用于各种类型异形柱，除无梁板柱的高度计算至柱帽下表面，其他柱都计算全高。单独的薄壁柱以异形柱、清单列项	按设计图示尺寸以体积计算。柱高的确定同矩形柱

（3）现浇混凝土梁（表3.2.2-25）

现浇混凝土梁 表 3.2.2-25

	项目名称	适用范围	计算方法
现浇混凝土梁	基础梁	适用于独立基础间架设的，承受上部墙体传来的荷载的梁	按设计图示尺寸以体积计算。伸入墙内的梁头、梁垫并入梁体积内
	矩形梁	适用于除基础梁、圈梁与过梁外，截面为矩形、异形及形式为弧形的梁。与板一起浇筑的框架梁按有梁板列项，不包括在此范围内	按设计图示尺寸以体积计算。伸入墙内的梁头、梁垫并入梁体积内
	圈梁	为了加强结构整体性，构造上要求设置的封闭型水平的梁	按设计图示尺寸以体积计算。伸入墙内的梁头、梁垫并入梁体积内
	过梁	适用于建筑物门窗洞口上所设置的梁	按设计图示尺寸以体积计算。伸入墙内的梁头、梁垫并入梁体积内
	弧形梁、拱形梁		按设计图示尺寸以体积计算。伸入墙内的梁头、梁垫并入梁体积内

（4）现浇混凝土墙（表 3.2.2-26）

现浇混凝土墙 表 3.2.2-26

	项目名称	适用范围	计算方法
现浇混凝土墙	直形墙 弧形墙 短肢剪力墙 挡土墙	适用于各种现浇混凝土墙项目，也适用于电梯井。与墙连接的薄壁柱按墙项目、清单列项。单独的薄壁柱，按柱项目列项	按设计图示尺寸以体积计算。扣除门窗洞口及单个面积＞0.3m² 的孔洞所占体积，墙垛及突出墙面部分并入墙体积计算内
	短肢剪力墙	截面厚度不大于 300mm，各肢截面高度与厚度之比最大值大于 4 但不大于 8 的剪力墙按短肢剪力墙清单列项，各肢截面高度与厚度之比的最大值不大于 4 的剪力墙按柱项目编码清单列项。L、Y、T、十字、Z形、一字形等短肢剪力墙的单肢中心线长≤0.4m，按柱项目、清单列项	按设计图示尺寸以体积计算。扣除门窗洞口及单个面积＞0.3m² 的孔洞所占体积，墙垛及突出墙面部分并入墙体积计算内

（5）现浇混凝土板（表 3.2.2-27）

现浇混凝土板 表 3.2.2-27

	项目名称	适用范围	计算方法
现浇混凝土板	有梁板	适用于密肋板，井字梁板等	按设计图示尺寸以体积计算。不扣除单个面积≤0.3m² 的柱、垛及孔洞所占体积。有梁板包括主、次梁与板，按梁、板体积之和计算。各类板伸入墙内的板头并入板体积内
	无梁板	适用于直接支撑在柱（或柱帽）上的板	按设计图示尺寸以体积计算。不扣除单个面积≤0.3m² 的柱、垛及孔洞所占体积。无梁板按板（包括其边梁）和柱帽体积之和计算。各类板伸入墙内的板头并入板体积内

项目名称		适用范围	计算方法
现浇混凝土板	平板	适用于直接支撑在墙（或圈梁）上的板	按设计图示尺寸以体积计算。不扣除单个面积≤0.3m² 的柱、垛及孔洞所占体积
	薄壳板	a. 混凝土种类；b. 混凝土强度等级	按设计图示尺寸以体积计算。不扣除单个面积≤0.3m² 的柱、垛及孔洞所占体积。薄壳板的肋、基梁并入薄壳体积内计算
	空心板	适用于各种类型的现浇空心板	按设计图示尺寸以体积计算。空心板（GBF 高强度薄壁蜂巢芯板等）应扣除空心部分体积
	其他板	适用于以上各种板之外的其他板	按设计图示尺寸以体积计算

（6）现浇混凝土楼梯（表 3.2.2-28）

现浇混凝土楼梯　　　　　　　　　　　　　表 3.2.2-28

项目名称		适用范围	计算方法
现浇混凝土楼梯	直形楼梯	适用于房屋建筑各种类型的直形楼梯	a. 混凝土种类；b. 混凝土强度等级

（7）现浇混凝土其他构件（表 3.2.2-29）

现浇混凝土其他构件　　　　　　　　　　　表 3.2.2-29

项目名称		适用范围	计算方法
现浇混凝土其他构件	散水、坡道	适用于结构层为混凝土的散水、坡道	按设计图示尺寸以水平投影面积计算。不扣除单个≤0.3m² 的孔洞所占面积
	室外地坪		按设计图示尺寸以水平投影面积计算。不扣除单个≤0.3m² 的孔洞所占面积
	电缆沟、地沟	适用于沟壁为混凝土的地沟项目	按设计图示以中心线长计算
	台阶	适用于混凝土台阶，架空式混凝土台阶，按现浇楼梯、清单列项	a. 以"m²"计量，按设计图示尺寸水平投影面积计算。b. 以"m³"计量，按设计图示尺寸以体积计算
	其他构件	适用于小型池槽、垫块、门框等	按设计图示尺寸以体积计算

（8）后浇带（表 3.2.2-30）

后　浇　带　　　　　　　　　　　　　　　表 3.2.2-30

项目名称		适用范围	计算方法
后浇带	后浇带	适用于基础（满堂式）、梁、墙、板后浇的混凝土带，一般宽度在 700～1000mm 之间。后浇带是一种刚性变形缝，适用于不允许留设柔性变形缝的部位，后浇带的浇筑应待两侧结构主体混凝土干缩变形稳定后进行	按设计图示尺寸以体积计算

（9）预制混凝土柱（表 3.2.2-31）

预制混凝土柱

表 3.2.2-31

	项目名称	适用范围	计算方法
预制混凝土柱	矩形柱 异形柱	用于预制钢筋混凝土柱	a. 以"m³"计量，按设计图示尺寸以体积计算；b. 以"根"计量，按设计图示尺寸以数量计算

（10）预制混凝土梁（表 3.2.2-32）

预制混凝土梁

表 3.2.2-32

	项目名称	项目特征	计算方法
预制混凝土梁	预制混凝土梁 异形梁 过梁 拱形梁 鱼腹式 吊车梁 其他梁	a. 图代号；b. 单件体积；c. 安装高度；d. 混凝土强度等级；e. 砂浆（细石混凝土）强度等级、配合比	a. 以"m³"计量，按设计图示尺寸以体积计算；b. 以"根"计量，按设计图示尺寸以数量计算

（11）预制混凝土屋架（表 3.2.2-33）

预制混凝土屋架

表 3.2.2-33

	项目特征	项目特征	计算方法
预制混凝土屋架	折线型 组合 薄腹 门式钢架 天窗架	a. 图代号；b. 单件体积；c. 安装高度；d. 混凝土强度等级；e. 砂浆（细石混凝土）强度等级、配合比	a. 以"m³"计量，按设计图示尺寸以体积计算；b. 以"根"计量，按设计图示尺寸以数量计算

（12）预制混凝土板（表 3.2.2-34）

预制混凝土板

表 3.2.2-34

	项目名称	项目特征	计算方法
预制混凝土板	平板 空心板 槽形板 网架板 折线板 带肋板 大型板	a. 图代号；b. 单件体积；c. 安装高度；d. 混凝土强度等级；e. 砂浆（细石混凝土）强度等级、配合比	a. 以"m³"计量，按设计图示尺寸以体积计算。不扣除单个尺寸≤300mm×300mm 的孔洞所占体积，扣除空心板空洞体积；b. 以"块"计量，按设计图示尺寸以数量计算
	沟盖板、井盖板、井圈	a. 单件体积；b. 安装高度；c. 混凝土强度等级；d. 砂浆强度等级、配合比	a. 以"m³"计量，按设计图示尺寸以体积计算；b. 以"块"计量，按设计图示尺寸以数量计算

（13）预制混凝土楼梯（表 3.2.2-35）

预制混凝土楼梯 表 3.2.2-35

	项目名称	项目特征	计算方法
预制混凝土楼梯	楼梯	a. 楼梯类型；b. 单件体积；c. 混凝土强度等级；d. 砂浆（细石混凝土）强度等级	a. 以"m³"计量，按设计图示尺寸以体积计算。扣除空心踏步板空洞体积；b. 以"块"计量，按设计图示数量计算

（14）其他预制构件（表 3.2.2-36）

其他预制构件 表 3.2.2-36

	项目名称	项目特征	计算方法
其他预制构件	垃圾道、通风道、烟道	a. 单件体积；b. 混凝土强度等级；c. 砂浆强度等级	a. 以"m³"计量，按设计图示尺寸以体积计算。不扣除单个面积≤300mm×300mm 的孔洞所占体积，扣除烟道、垃圾道、通风道的孔洞所占体积；b. 以"m²"计量，按设计图示尺寸以面积计算。不扣除单个面积≤300mm×300mm 的孔洞所占面积；c. 以"根"计量，按设计图示尺寸以数量计算
	其他构件	a. 单件体积；b. 构件的类型；c. 混凝土强度等级；d. 砂浆强度等级	a. 以"m³"计量，按设计图示尺寸以体积计算。不扣除单个面积≤300mm×300mm 的孔洞所占体积，扣除烟道、垃圾道、通风道的孔洞所占体积；b. 以"m²"计量，按设计图示尺寸以面积计算。不扣除单个面积≤300mm×300mm 的孔洞所占面积；c. 以"根"计量，按设计图示尺寸以数量计算

（15）钢筋工程（表 3.2.2-37）

钢　筋　工　程 表 3.2.2-37

	项目名称	项目特征	计算方法
钢筋工程	现浇混凝土钢筋 预制构件钢筋 钢筋网片 钢筋笼	钢筋种类、规格	按设计图示钢筋（网）长度（面积）乘以单位理论质量计算
	先张法预应力钢筋	a. 钢筋种类、规格；b. 锚具种类	按设计图示钢筋长度乘以单位理论质量计算
	后张法预应力钢筋 预应力钢丝 预应力钢绞线	a. 钢筋种类、规格；b. 钢丝束种类、规格；c. 钢绞线种类、规格；d. 锚具种类；e. 砂浆强度等级	按设计图示钢筋（丝束、绞线）长度乘单位理论质量计算
	支撑钢筋（铁马）	钢筋种类、规格	按设计图示钢筋长度乘以单位理论质量计算

（16）螺栓、铁件（表 3.2.2-38）

螺栓、铁件　　　　　　　　　　　　　　表 3.2.2-38

	项目名称	项目特征	计算方法
螺栓、铁件	螺栓	a. 螺栓种类；b. 规格	按设计图示尺寸以质量计算
	预埋铁件	a. 钢材种类；b 规格；c. 铁件尺寸	按设计图示尺寸以质量计算
	机械连接	a. 连接方式；b. 螺纹套筒种类；c. 规格	按数量计算

【**案例 3-9**】计算如图 3.2.2-8 所示，C25 现浇钢筋混凝土条形基础混凝土工程量，并编制工程量清单。

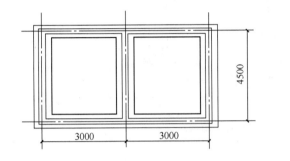 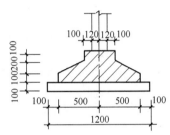

图 3.2.2-8　混凝土基础示意图

解：

1. 外墙条基工程量

$$L_{\text{中}} = (6 + 4.5) \times 2 = 21\text{m}$$

$$V_{\text{外墙条基}} = S_{\text{基础断面}} \times L_{\text{中}} = [0.1 \times 1.0 + (1.0 + 0.44)/2 \times 0.2 + 0.1 \times 0.44] \times 21$$
$$= 6.048\text{m}^3$$

2. 内墙条基工程量

由图可知，内墙条基长度有三部分，即梁部分、梯形部分及底板部分，它们与外墙基础的相应位置衔接，所以这三部分的计算长度各不相同，应按图示长度分别取值，即：梁部分取梁间净长度，梯形部分取斜坡中心线长度，底板部分取基底净长度。

$$L_{\text{梁间净长}} = 4.5 - 0.22 \times 2 = 4.06\text{m}$$

$$L_{\text{基底净长}} = 4.5 - 0.50 \times 2 = 3.5\text{m}$$

$$L_{\text{斜坡中心长}} = (4.06 + 3.5)/2 = 3.78\text{m}$$

$$V_{\text{内墙基础}} = \Sigma\text{内墙基础各部分断面积} \times \text{相应计算长度}$$

$$= 0.1 \times 0.44 \times 4.06 + (0.44 + 1.0)/2 \times 0.2 \times 3.78 + 0.1 \times 1.0 \times 3.5$$

$$= 1.073\text{m}^3$$

3. 带形基础工程量

$$V = V_{\text{外墙基础}} + V_{\text{内墙基础}} = 6.048 + 1.073 = 7.121\text{m}^3 \quad (\text{表 } 3.2.2\text{-}39)$$

4. 清单列项

带形基础 表3.2.2-39

序号	清单编码	项目名称	项目特征描述	单位	工程量	合价（元）		
						综合单价	合价	其中
								暂估价
1	010501002001	带形基础	1. 现浇混凝土 2. 混凝土强度C25	m³	7.121			

【案例3-10】计算如图3.2.2-9所示现浇混凝土独立柱基础混凝土工程量并编制工程量清单。混凝土为C20现场搅拌。柱截面尺寸400mm×500mm。

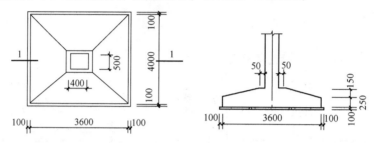

图3.2.2-9 独立基础示意图

解：

1. 现浇混凝土独立基础工程量

$$V = 3.6 \times 4 \times 0.25 + 1/6 \times 0.15 \times (3.6 \times 4 + 4.1 \times 4.6 + 0.5 \times 0.6)$$
$$= 4.44\text{m}^3 \text{（表3.2.2-40）}$$

2. 清单列项

独 立 基 础 表3.2.2-40

序号	清单编码	项目名称	项目特征描述	单位	工程量	合价（元）		
						综合单价	合价	其中
								暂估价
1	010501003001	独立基础	1. 现浇混凝土 2. 混凝土强度C20	m³	4.44			

【案例3-11】根据下列数据计算构造柱C20体积并编制工程量清单。（1）L转角型：墙厚240mm，柱高12.0m。（2）T形接头：墙厚365mm，柱高18.0m。（3）十字形接头：墙厚240mm，柱高9.5m。（4）一字形接头：墙厚240mm，柱高9.5m。

解： 1. 工程量计算

L形转角：$V = 12.0 \times (0.24 \times 0.24 + 0.03 \times 0.24 \times 2 \text{边}) = 0.864\text{m}^3$

T形：$V = 18.0 \times (0.365 \times 0.365 + 0.03 \times 0.365 \times 3 \text{边}) = 2.99\text{m}^3$

十字形：$V = 9.5 \times (0.24 \times 0.24 + 0.03 \times 0.24 \times 4 \text{边}) = 0.82\text{m}^3$

一字形：$V = 9.5 \times (0.24 \times 0.24 + 0.03 \times 0.24 \times 2 \text{边}) = 0.684\text{m}^3$

小计：$V = 0.864 + 2.99 + 0.82 + 0.684 = 5.36\text{m}^3$（表3.2.2-41）

2. 清单列项

						合价（元）		
序号	清单编码	项目名称	项目特征描述	单位	工程量	综合单价	合价	其中
								暂估价
1	010502002001	构造柱	1. 现浇混凝土 2. 混凝土强度 C20	m³	5.36			

构 造 柱 　表 3.2.2-41

【案例 3-12】某工程如图 3.2.2-10 所示，设计采用 C20 混凝土，碎石 40mm，现场搅拌。问题：根据以上背景资料及现行国家标准《建设工程工程量清单计价规范》（GB 50500—2013）、《房屋建筑与装饰工程工程量计算规范》（GB 50854—2013），试列出该工程混凝土柱及有梁板项目的分部分项工程量清单。

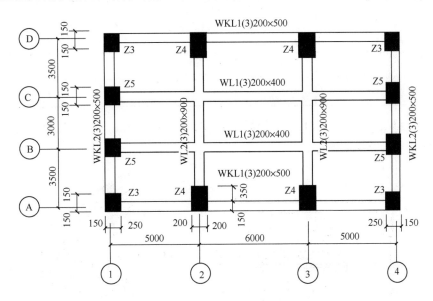

图 3.2.2-10　梁板柱结构图

解：

1. 工程量计算

（1）现浇柱

Z3：$0.3 \times 0.4 \times 5.5 \times 4 = 2.64 \text{m}^3$

Z4：$0.4 \times 0.5 \times 5.5 \times 4 = 4.40 \text{m}^3$

Z5：$0.3 \times 0.4 \times 5.5 \times 4 = 2.64 \text{m}^3$

小计：$V_{柱} = 9.68 \text{m}^3$

（2）现浇有梁板

梁：

WKL1：$(16 - 0.25 \times 2 - 0.4 \times 2) \times 0.2 \times (0.5 - 0.1) \times 2 = 2.35 \text{m}^3$

WKL2：$(10 - 0.15 \times 2 - 0.3 \times 2) \times 0.2 \times (0.5 - 0.1) \times 2 = 1.46 \text{m}^3$

WL2：$(10 - 0.35 \times 2) \times 0.2 \times (0.9 - 0.1) \times 2 = 2.98 \text{m}^3$

WL1：$(16-0.25\times2-0.2\times2)\times0.2\times(0.4-0.1)\times2=1.81m^3$

小计：$V_{梁}=8.67m^3$

板：

$V_{板}=(10+0.15\times2)\times(16+0.15\times2)\times0.1=16.77m^3$

合计：$V_{有梁板}=25.39m^3$

2. 分部分项工程量清单表

见表3.2.2-42。

分部分项工程量清单与计价表　　　　　　　表3.2.2-42

序号	清单编码	项目名称	项目特征描述	单位	工程量	综合单价（元）	合价（元）
1	010502001001	矩形柱	1. 混凝土类别：现浇混凝土 2. 混凝土强度等级：C20混凝土，碎石40mm	m³	9.68		
2	010505001001	有梁板	1. 混凝土类别：现浇混凝土 2. 混凝土强度等级：C20混凝土，碎石40mm	m³	25.39		

【案例3-13】如图3.2.2-11所示楼梯平面图，墙厚240mm，轴线居中，试计算C20混凝土楼梯工程量并编制清单。

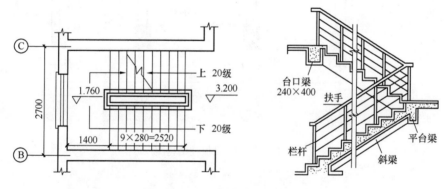

图3.2.2-11　楼梯平面、剖面图

解：1. 楼梯工程量

$$S=(2.7-0.24)\times(1.4+2.52+0.24)=10.23m^2（表3.2.2-43）$$

2. 清单列项

工程量清单项目表　　　　　　　表3.2.2-43

序号	清单编码	项目名称	项目特征描述	单位	工程量	合价（元）		
						综合单价	合价	其中 暂估价
1	010506001001	直形楼梯	1. 现浇混凝土 2. 混凝土强度C20	m²	10.23			

6. 金属结构工程

金属结构工程共分 7 个小节 29 个项目，包括钢网架、钢屋架、钢托架、钢桁架、钢架桥、钢柱、钢梁、钢板楼梯、墙板、钢构件、金属制品。

（1）钢网架工程（表 3.2.2-44）

钢网架工程　　　　　　　　　　　　　　表 3.2.2-44

项目名称		项目特征	计算方法
钢网架工程	钢网架	a. 钢材品种、规格；b. 网架节点形式、连接方式；c. 网架跨度、安装高度；d. 探伤要求；e. 防火要求	按设计图示尺寸以质量计算。不扣除孔眼的质量，焊条、铆钉、螺栓等不另增加质量

（2）钢屋架、钢托架、钢桁架、钢架桥工程（表 3.2.2-45）

钢屋架、钢托架、钢桁架、钢架桥工程　　　表 3.2.2-45

项目名称		项目特征	计算方法
钢屋架、钢托架、钢桁架、钢架桥工程	钢屋架	a. 钢材品种、规格；b. 单榀质量；c. 屋架跨度、安装高度；d. 螺栓种类；e. 探伤要求；f. 防火要求	a. 以"榀"计量，按设计图示数量计算；b. 以"t"计量，按设计图示尺寸以质量计算。不扣除孔眼的质量，焊条、铆钉、螺栓等不另增加质量

（3）钢柱工程（表 3.2.2-46）

钢柱工程　　　　　　　　　　　　　　表 3.2.2-46

项目名称		适用范围	计算方法
钢柱工程	实腹钢柱	实腹钢柱类型指十字、T、L、H 形等，适用于实腹钢柱和实腹式型钢混凝土柱	按设计图示尺寸以质量计算。不扣除孔眼的质量，焊条、铆钉、螺栓等不另增加质量，依附在钢柱上的牛腿及悬臂梁等并入钢柱工程量内
	空腹钢柱	空腹钢柱类型指箱形、格构等，适用于空腹钢柱和空腹式型钢混凝土柱	按设计图示尺寸以质量计算。不扣除孔眼的质量，焊条、铆钉、螺栓等不另增加质量，依附在钢柱上的牛腿及悬臂梁等并入钢柱工程量内
	钢管柱	适用于钢管柱和钢管混凝土柱	按设计图示尺寸以质量计算。不扣除孔眼的质量，焊条、铆钉、螺栓等不另增加质量，钢管柱上的节点板、加强环、内衬管、牛腿等并入钢管柱工程量内

（4）钢梁工程（表 3.2.2-47）

钢 梁 工 程

表 3.2.2-47

	项目名称	适用范围	计算方法
钢梁工程	钢梁	适用于钢梁和实腹式型钢混凝土梁、空腹式型钢混凝土梁	按设计图示尺寸以质量计算。不扣除孔眼的质量，焊条、铆钉、螺栓等不另增加质量，制动梁、制动板、制动桁架、车挡并入钢吊车梁工程量内
	钢吊车梁	适用于钢吊车梁及吊车梁的制动梁、制动板、制动桁架、车挡也应包括在报价内	按设计图示尺寸以质量计算。不扣除孔眼的质量，焊条、铆钉、螺栓等不另增加质量，制动梁、制动板、制动桁架、车挡并入钢吊车梁工程量内

（5）压型钢板楼板、墙板（表 3.2.2-48）

压型钢板楼板、墙板

表 3.2.2-48

	项目名称	适用范围	计算方法
压型钢板楼板、墙板	钢板楼板	适用于现浇混凝土楼板使用钢板作永久性模板，并与混凝土叠合后组成共同受力的构件。压型钢楼板按钢楼板项目编码列项	按设计图示尺寸以铺设水平投影面积计算。不扣除单个面积≤0.3m² 柱、垛及孔洞所占面积

（6）钢构件（表 3.2.2-49）

钢 构 件

表 3.2.2-49

	项目名称	项目特征	计算方法
钢构件	钢支撑、钢拉条	a. 钢材品种、规格；b. 构件类型；c. 安装高度；d. 螺栓种类；e. 探伤要求；f. 防火要求	按设计图示尺寸以质量计算。不扣除孔眼的质量，焊条、铆钉、螺栓等不另增加质量
	钢檩条	a. 钢材品种、规格；b. 构件类型；c. 单根质量；d. 安装高度；e. 螺栓种类；f. 探伤要求；g. 防火要求	按设计图示尺寸以质量计算。不扣除孔眼的质量，焊条、铆钉、螺栓等不另增加质量
	钢天窗架	a. 钢材品种、规格；b. 单榀质量；c. 安装高度；d. 螺栓种类；e. 探伤要求；f. 防火要求	按设计图示尺寸以质量计算。不扣除孔眼的质量，焊条、铆钉、螺栓等不另增加质量
	钢挡风架钢墙架	a. 钢材品种、规格；b. 单榀质量；c. 螺栓种类；d. 探伤要求；e. 防火要求	按设计图示尺寸以质量计算。不扣除孔眼的质量，焊条、铆钉、螺栓等不另增加质量
	钢平台 钢走道	a. 钢材品种、规格；b. 螺栓种类；c. 防火要求	按设计图示尺寸以质量计算。不扣除孔眼的质量，焊条、铆钉、螺栓等不另增加质量
	钢梯	a. 钢材品种、规格；b. 钢梯形式；c. 螺栓种类；d. 防火要求	按设计图示尺寸以质量计算。不扣除孔眼的质量，焊条、铆钉、螺栓等不另增加质量
	钢护栏	a. 钢材品种、规格；b. 防火要求	按设计图示尺寸以质量计算。不扣除孔眼的质量，焊条、铆钉、螺栓等不另增加质量

	项目名称	项目特征	计算方法
钢构件	钢漏斗 钢天沟板	a. 钢材品种、规格；b. 漏斗、天沟形式；c. 安装高度；d. 探伤要求	按设计图示尺寸以质量计算，不扣除孔眼的质量，焊条、铆钉、螺栓等不另增加质量，依附漏斗或天沟的型钢并入漏斗或天沟工程量内
	钢支架	a. 钢材品种、规格；b. 单付重量；c. 防火要求	按设计图示尺寸以质量计算，不扣除孔眼的质量，焊条、铆钉、螺栓等不另增加质量
	零星钢构件	a. 构件名称；b. 钢材品种、规格	按设计图示尺寸以质量计算，不扣除孔眼的质量，焊条、铆钉、螺栓等不另增加质量

（7）金属制品（表3.2.2-50）

金 属 制 品   表3.2.2-50

	项目名称	项目特征	计算方法
金属制品	成品空调百页护栏	a. 材料品种、规格；b. 边框材质	按设计图示尺寸以框外围展开面积计算
	砌块墙钢丝网加固 后浇带金属网	a. 材料品种、规格；b. 加固方式	按设计图示尺寸以面积计算
	成品栅栏	a. 材料品种、规格；b. 边框及立柱型钢品种、规格	按设计图示尺寸以框外围展开面积计算
	成品雨篷	a. 材料品种、规格；b. 雨篷宽度；c. 晾衣杆品种、规格	a. 以"m"计量，按设计图示接触边以"m"计量；b. 以"m²"计量，按设计图示尺寸以展开面积计算
	金属网栏	a. 材料品种、规格；b. 边框及立柱型钢品种、规格	按设计图示尺寸以框外围展开面积计算

【**案例3-14**】计算如图3.2.2-12多边形钢板制作的工程量并编制工程量清单，已知M1和M2各80块，钢板$\delta=10mm$，理论重量78.50kg/m²。

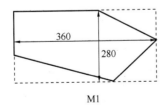 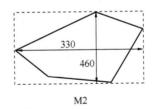

图3.2.2-12 多边形钢板示意图

解：1. 工程量计算

钢板面积：按互相垂直最大长度与其最大宽度之积求得。

M1 钢板面积$=0.36\times0.28\times80=8.06m^2$

M2 钢板面积$=0.46\times0.33\times80=12.14m^2$

钢板制作工程量$=(8.06+12.14)\times78.50=1585.7kg=1.586t$（表3.2.2-51）

2. 清单列项

工程量清单项目表　　　　表 3.2.2-51

序号	清单编码	项目名称	项目特征描述	单位	工程量	合价（元）		
						综合单价	合价	其中
								暂估价
1	010606013001	零星钢构件	钢板 M1、M2	t	1.586			

7. 木结构工程

木结构工程共分 3 个小节 8 个项目，包括木屋架、木构件、屋面木基层，适用于建筑物、构筑物的木结构工程。

木屋架见表 3.2.2-52。

木　屋　架　　　　表 3.2.2-52

	项目名称	适用范围	计算方法
木屋架	木屋架	适用于各种方木、圆木屋架。带气楼的屋架和马尾、折角以及正交部分的半屋架，按相关屋架相目编码、清单列项	可按设计图示数量榀计算，或按设计图示的规格尺寸以体积计算。与屋架相连接的挑檐木应包括在木屋架报价内、钢夹板构件、连接件螺栓应包括在报价内
	钢木屋架	适用于各种方木、圆木的钢木组合屋架	以榀计量，按设计图示数量计算

【案例 3-15】某临时仓库，设计方木屋架如图 3.2.2-13 所示，共 6 榀，现场制作，不刨光，铁件刷防锈漆 1 遍，轮胎式起重机安装，安装高度为 6m，试对该屋架工程编制清单。

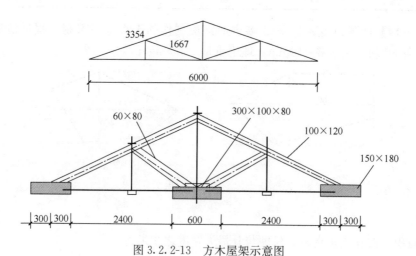

图 3.2.2-13　方木屋架示意图

解：

清单工程量计算见表 3.2.2-53。

清单工程量计算表　　　　　　　　　　表 3.2.2-53

工程名称：某工程

序号	清单项目编码	清单项目名称	计算式	计量单位	工程量
1	010701001001	木屋架	$V_1 = 0.15 \times 0.18 \times 0.60 \times 3 \times 6 = 0.292 \mathrm{m}^3$ $V_2 = 0.10 \times 0.12 \times 3.354 \times 2 \times 6 = 0.483 \mathrm{m}^3$ $V_3 = 0.06 \times 0.08 \times 1.667 \times 2 \times 6 = 0.096 \mathrm{m}^3$ $V_4 = 0.30 \times 0.10 \times 0.08 \times 6 = 0.014 \mathrm{m}^3$ $V = 0.292 + 0.483 + 0.096 + 0.014 = 0.885 \mathrm{m}^3$	m^3	0.787

8. 门窗工程

门窗工程共分 10 个小节 55 个项目，包括木门、金属门、金属卷帘（闸）门、厂库房大门、特种门、其他门、木窗、金属窗、门窗套、窗台板、窗帘、窗帘盒、轨工程。

（1）木门（表 3.2.2-54）

木　门　　　　　　　　　　表 3.2.2-54

	项目名称	适用范围	计算方法
木门	木质门、木质门带套、木质连窗门、木质防火门		a. 以"樘"计量，按设计图示数量计算；b. 以"m^2"计量，按设计图示洞口尺寸以面积计算
	木门框		a. 以"樘"计量，按设计图示数量计算；b. 以"m"计量，按设计图示框的中心线以延长米计算
	木锁安装		按设计图示数量计算

（2）金属门（表 3.2.2-55）

金　属　门　　　　　　　　　　表 3.2.2-55

	项目名称	适用范围	计算方法
金属门	金属（塑钢）门		a. 以"樘"计量，按设计图示数量计算；b. 以"m^2"计量，按设计图示洞口尺寸以面积计算
	彩板门		a. 以"樘"计量，按设计图示数量计算；b. 以"m^2"计量，按设计图示洞口尺寸以面积计算
	钢质防火门		a. 以"樘"计量，按设计图示数量计算；b. 以"m^2"计量，按设计图示洞口尺寸以面积计算

（3）金属卷帘门（表 3.2.2-56）

金属卷帘门　　　　　　　　　　表 3.2.2-56

	项目名称	适用范围	计算方法
金属卷帘门	金属卷帘（闸）门、防火卷帘（闸）门		a. 以"樘"计量，按设计图示数量计算；b. 以"m^2"计量，按设计图示洞口尺寸以面积计算

（4）厂库房大门、特种门（表 3.2.2-57）

厂库房大门、特种门　　　　　　　　　　　　表 3.2.2-57

	项目名称	适用范围	计算方法
厂库房大门、特种门	木板大门、钢板大门		a. 以"樘"计量，按设计图示数量计算；b. 以"m²"计量，按设计图示洞口尺寸以面积计算
	防护钢丝门、全钢板大门		a. 以"樘"计量，按设计图示数量计算；b. 以"m²"计量，按设计图示门框或扇以面积计算
	金属格栅门		a. 以"樘"计量，按设计图示数量计算；b. 以"m²"计量，按设计图示洞口尺寸以面积计算
	钢质花饰大门		a. 以"樘"计量，按设计图示数量计算；b. 以"m²"计量，按设计图示门框或扇以面积计算
	特种门		a. 以"樘"计量，按设计图示数量计算；b. 以"m²"计量，按设计图示洞口尺寸以面积计算

（5）其他门（表 3.2.2-58）

其　他　门　　　　　　　　　　　　表 3.2.2-58

	项目名称	适用范围	计算方法
其他门	平开电子感应门、旋转门		a. 以"樘"计量，按设计图示数量计算；b. 以"m²"计量，按设计图示洞口尺寸以面积计算
	电子对讲门、电动伸缩门		a. 以"樘"计量，按设计图示数量计算；b. 以"m²"计量，按设计图示洞口尺寸以面积计算
	全玻自由门		a. 以"樘"计量，按设计图示数量计算；b. 以"m²"计量，按设计图示洞口尺寸以面积计算
	镜面不锈钢饰面门、复合材料门		a. 以"樘"计量，按设计图示数量计算；b. 以"m²"计量，按设计图示洞口尺寸以面积计算

（6）木窗（表 3.2.2-59）

木　窗　　　　　　　　　　　　表 3.2.2-59

	项目名称	适用范围	计算方法
木窗	木质窗		a. 以"樘"计量，按设计图示数量计算；b. 以"m²"计量，按设计图示洞口尺寸以面积计算
	木飘（凸）窗		a. 以"樘"计量，按设计图示数量计算；b. 以"m²"计量，按设计图示尺寸以框外围展开面积计算
	木橱窗		a. 以"樘"计量，按设计图示数量计算；b. 以"m²"计量，按设计图示尺寸以框外围展开面积计算
	木纱窗		a. 以"樘"计量，按设计图示数量计算；b. 以"m²"计量，按设计图示洞口尺寸以面积计算

（7）金属窗（表 3.2.2-60）

金　属　窗　　　　　　　　　　　　　　　　　　表 3.2.2-60

	项目名称	适用范围	计算方法
金属窗	金属（塑钢、断桥）窗		a. 以"樘"计量，按设计图示数量计算；b. 以"m²"计量，按设计图示洞口尺寸以面积计算
	金属百叶窗		a. 以"樘"计量，按设计图示数量计算；b. 以"m²"计量，按设计图示洞口尺寸以面积计算
	金属纱窗		a. 以"樘"计量，按设计图示数量计算；b. 以"m²"计量，按框的外围尺寸以面积计算
	金属格栅窗		a. 以"樘"计量，按设计图示数量计算；b. 以"m²"计量，按设计图示洞口尺寸以面积计算
	金属（塑钢、断桥）橱窗		a. 以"樘"计量，按设计图示数量计算；b. 以"m²"计量，按设计图示尺寸以框外围展开面积计算
	金属（塑钢、断桥）飘（凸）窗		a. 以"樘"计量，按设计图示数量计算；b. 以"m²"计量，按设计图示尺寸以框外围展开面积计算
	彩板窗、复合材料窗		a. 以"樘"计量，按设计图示数量计算；b. 以"m²"计量，按设计图示洞口尺寸或框外围以面积计算

（8）门窗套（表 3.2.2-61）

门　窗　套　　　　　　　　　　　　　　　　　　表 3.2.2-61

	项目名称	适用范围	计算方法
门窗套	木门窗套		a. 以"樘"计量，按设计图示数量计算；b. 以"m²"计量，按设计图示尺寸以展开面积计算；c. 以"m"计量，按设计图示中心以延长米计算
	木筒子板		a. 以"樘"计量，按设计图示数量计算；b. 以"m²"计量，按设计图示尺寸以展开面积计算；c. 以"m"计量，按设计图示中心以延长米计算
	金属门窗套		a. 以"樘"计量，按设计图示数量计算；b. 以"m²"计量，按设计图示尺寸以展开面积计算；c. 以"m"计量，按设计图示中心以延长米计算
	石材门窗套		a. 以"樘"计量，按设计图示数量计算；b. 以"m²"计量，按设计图示尺寸以展开面积计算；c. 以"m"计量，按设计图示中心以延长米计算
	门窗木贴脸		a. 以"樘"计量，按设计图示数量计算；b. 以"m"计量，按设计图示尺寸以延长米计算
	成品木门窗套		a. 以"樘"计量，按设计图示数量计算；b. 以"m²"计量，按设计图示尺寸以展开面积计算；c. 以"m"计量，按设计图示中心以延长米计算

（9）窗台板（表 3.2.2-62）

窗 台 板 表 3.2.2-62

	项目名称	适用范围	计算方法
木窗	木窗台板、铝塑窗台板、金属窗台板		按设计图示尺寸以展开面积计算
	石材窗台板		按设计图示尺寸以展开面积计算

【案例 3-16】已知某建筑的四层平面图如图 3.2.2-14 所示，墙厚为 200mm，轴线居中，门窗见表 3.2.2-63。试计算门窗工程量并编制工程量清单。

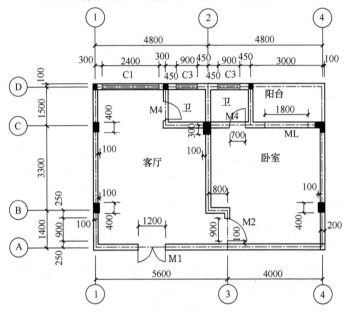

图 3.2.2-14 某建筑四层平面图

门 窗 表 表 3.2.2-63

门窗编号	洞口尺寸 (mm)	数 量	备 注
M1	1200×2100	1	钢质防盗门
M2	900×2100	1	镶板木门、不带纱、不带亮
C1	2400×1500	1	铝合金推拉窗、三扇、带亮

解：

清单工程量计算见表 3.2.2-64 所示。

清单工程量计算表 表 3.2.2-64

工程名称：某工程

序号	清单项目编码	清单项目名称	计算式	计量单位	工程量
1	010802004001	钢质防盗门 M1	$S=1.2\times2.1=2.52m^2$	m^2	2.52
2	010801001001	镶板木门 M2	$S=0.9\times2.1=1.89m^2$	m^2	1.89
3	010807001001	铝合金推拉窗 C1	$S=2.4\times1.5=3.6m^2$	m^2	3.6

9. 屋面及防水工程

屋面及防水工程共分 4 个小节 21 个项目，包括瓦、型材及其他屋面、屋面防水及其他、墙面防水、防潮、楼（地）面防水、防潮。

（1）瓦、型材及其他屋面（表 3.2.2-65）

瓦、型材及其他屋面　　　　　　表 3.2.2-65

	项目名称	适用范围	计算方法
瓦、型材及其他屋面	瓦屋面	适用于小青瓦、平瓦、筒瓦、石棉水泥瓦、玻璃钢波形瓦等	按设计图示尺寸以斜面积计算。不扣除房上烟囱、风帽底座、风道、小气窗、斜沟等所占面积。小气窗的出檐部分不增加面积
	型材屋面	适用于压型钢板、金属压型夹心板、阳光板、玻璃钢等屋面	按设计图示尺寸以斜面积计算。不扣除房上烟囱、风帽底座、风道、小气窗、斜沟等所占面积。小气窗的出檐部分不增加面积
	膜结构屋面	适用于膜布结构屋面。膜布结构也称索膜结构，是一种以膜布与支撑（柱、网架等）和拉结结构（拉杆、钢丝绳等）组成的屋盖、篷顶结构	工程量的计算按设计图示尺寸以需要覆盖的水平投影面积计算

（2）屋面防水及其他（表 3.2.2-66）

屋面防水及其他　　　　　　表 3.2.2-66

	项目名称	适用范围	计算方法
屋面防水及其他	屋面卷材防水	适用于利用胶结材料粘贴卷材进行防水的屋面	按设计图示尺寸以面积计算；a. 斜屋顶（不包括平屋顶找坡）按斜面积计算，平屋顶按水平投影面积计算；b. 不扣除房上烟囱、风帽底座、风道、屋面小气窗和斜沟所占面积；c. 屋面的女儿墙、伸缩缝和天窗等处的弯起部分，并入屋面工程量内
	屋面涂膜防水	适用于厚质涂料、薄质涂料和有加增强材料或未加增强材料的涂膜防水屋面	按设计图示尺寸以面积计算；a. 斜屋顶（不包括平屋顶找坡）按斜面积计算，平屋顶按水平投影面积计算；b. 不扣除房上烟囱、风帽底座、风道、屋面小气窗和斜沟所占面积；c. 屋面的女儿墙、伸缩缝和天窗等处的弯起部分，并入屋面工程量内
	屋面刚性层	适用于细石混凝土、补偿收缩混凝土、块体混凝土、预应力混凝土和钢纤维刚性混凝土刚性防水屋面	按设计图示尺寸以面积计算。不扣除房上烟囱、风帽底座、风道等所占面积
	屋面排水管	适用于各种排水管材（如PVC管、玻璃钢管、铸铁管）等	按设计图示尺寸以长度计算。如设计未标注尺寸，以檐口至设计室外散水上表面垂直距离计算

【案例 3-17】 某房屋工程平面及地面防潮做法如图 3.2.2-15 所示,墙厚 240mm,门窗尺寸详图,窗台高 900mm,地面采用二毡三油卷材防潮层,试编制地面防潮层工程量清单项目。

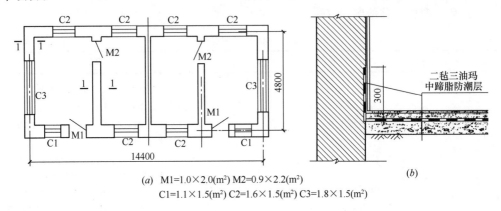

(a)　M1=1.0×2.0(m²)　M2=0.9×2.2(m²)
C1=1.1×1.5(m²)　C2=1.6×1.5(m²)　C3=1.8×1.5(m²)

图 3.2.2-15　某工程地面防潮示意图
(a) 平面图;(b) 地面防潮做法图

解:

清单工程量计算见表 3.2.2-67。

清单工程量计算表　　　　　　　　　　　　表 3.2.2-67

工程名称:某工程

序号	清单项目编码	清单项目名称	计算式	计量单位	工程量
1	010904003001	楼地面防水防潮	面防潮层工程量＝主墙间净空面积＋立面上卷部分面积(上卷高度≤300mm)＝(14.4－0.24×4)×(4.8－0.24)＋[(14.4－0.24×4)×2＋(4.8－0.24)×8－(1×2＋0.9×4)]×0.3＝61.29＋57.76×0.3＝78.62m²	m²	78.62

10. 保温、隔热、防腐工程

保温、隔热、防腐工程共分 3 个小节 16 个项目,包括隔热、保温、防腐面层、其他防腐工程,适用于工业与民用建筑的基础、地、墙面防腐、楼地面、墙体、屋盖的保温隔热工程。

(1) 隔热、保温(表 3.2.2-68)

隔热、保温　　　　　　　　　　　　表 3.2.2-68

	项目名称	适用范围	计算方法
隔热、保温	保温隔热屋面		按设计图示尺寸以面积计算。扣除面积＞0.3m² 孔洞及占位面积
	保温隔热天棚		按设计图示尺寸以面积计算。扣除面积＞0.3m² 上柱、垛、孔洞所占面积。与天棚相连的梁按展开面积,计算并入天棚工程量内
	保温隔热墙面		按设计图示尺寸以面积计算。扣除门窗洞口以及面积＞0.3m² 梁、孔洞所占面积;门窗洞口侧壁以及与墙相连的柱,并入保温墙体工程量内

（2）防腐面层（表 3.2.2-69）

防 腐 面 层

表 3.2.2-69

	项目名称	适用范围	计算方法
防腐面层	防腐混凝土面层	适用于平面或立面的水玻璃混凝土、沥青混凝土、树脂混凝土等防腐工程	按设计图示尺寸以面积计算。a. 平面防腐：扣除凸出地面的构筑物、设备基础等以及面积＞0.3m² 孔洞、柱、垛所占面积，门洞、空圈、暖气包槽、壁龛的开口部分不增加面积；b. 立面防腐：扣除门、窗、洞口以及面积＞0.3m² 孔洞、梁所占面积，门、窗、洞口侧壁、垛突出部分按展开面积并入墙面积内
	防腐砂浆面层	适用于平面或立面的水玻璃砂浆、沥青砂浆、树脂砂浆及聚合物水泥砂浆等防腐工程	同防腐混凝面层
	防腐胶泥面层	适用于平面或立面的水玻璃胶泥、沥青胶、树脂胶等防腐工程	同防腐混凝面层
	玻璃钢防腐面层	适用于树脂胶料与增强材料（如玻璃纤维丝、布、玻璃纤维表面毡、玻璃纤维短切毡或涤纶布、涤纶毡、丙纶布、丙纶毡等）复合塑制而成的玻璃钢防腐	同防腐混凝面层
	块料防腐面层	适用地面、基础的各类块料防腐工程	同防腐混凝面层

（3）其他防腐（表 3.2.2-70）

其 他 防 腐

表 3.2.2-70

	项目名称	适用范围	计算方法
其他防腐	隔离层	适用于楼地面的沥青类、树脂玻璃钢类防腐工程隔离层	按设计图示尺寸以面积计算。a. 平面防腐：扣除凸出地面的构筑物、设备基础等以及面积＞0.3m² 孔洞、柱、垛所占面积，门洞、空圈、暖气包槽、壁龛的开口部分不增加面积；b. 立面防腐：扣除门、窗、洞口以及面积＞0.3m² 孔洞、梁所占面积，门、窗、洞口侧壁、垛突出部分按展开面积并入墙面积内
	砌筑沥青浸渍砖	适用于浸渍沥青浸渍标准砖	按设计图示尺寸以体积计算
	防腐涂料	适用于建筑物、构筑物以及钢结构的防腐	按设计图示尺寸以面积计算。a. 平面防腐：扣除凸出地面的构筑物、设备基础等以及面积＞0.3m² 孔洞、柱、垛所占面积，门洞、空圈、暖气包槽、壁龛的开口部分不增加面积；b. 立面防腐：扣除门、窗、洞口以及面积＞0.3m² 孔洞、梁所占面积，门、窗、洞口侧壁、垛突出部分按展开面积并入墙面积内

3.2.3 土建措施项目的计量

措施项目是指为了完成工程施工，发生于该工程施工准备和施工过程中主要技术、生活、安全、环境保护等方面的项目，也就是为施工实体而采取的措施消耗项目。

国家计价规范将措施项目分为两类：一类是不能计算工程量的项目，如文明施工和安全防护、临时设施等；另一类是可以计算工程量的项目，如脚手架、钢筋混凝土模板及支架等。

1. 脚手架工程（表 3.2.3-1）

脚手架工程　　　　　　　　　　　　　　　　　　　　　　　表 3.2.3-1

	项目名称	适用范围	计算方法
脚手架工程	综合脚手架	综合脚手架适用于能够按"建筑面积计算规则"计算建筑面积的建筑工程脚手架，不适用于房屋加层、构筑物及附属工程脚手架。使用综合脚手架时，不再使用外脚手架、里脚手架等单项脚手架	按建筑面积计算；建筑面积计算按《建筑面积计算规范》

【案例 3-18】

某工程平立面图如图 3.2.3-1 所示，试编制该工程综合脚手架工程量清单。

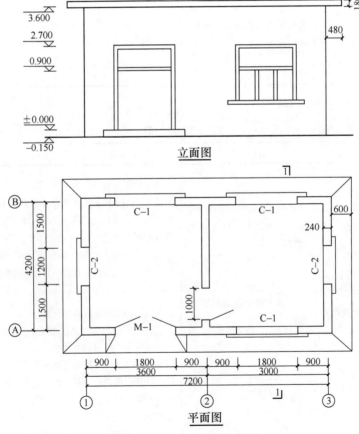

图 3.2.3-1 某工程平立面图

解：

清单工程量计算见表3.2.3-2。

清单工程量计算表

表3.2.3-2

工程名称：某工程

序号	清单项目编码	清单项目名称	计算式	计量单位	工程量
1	011701001001	综合脚手架	$S_{综合}=S_{建}=7.44\times4.44=33.03m^2$	m^2	33.03

2. 混凝土模板及支架（撑）工程（表3.2.3-3）

混凝土模板及支架（撑）工程

表3.2.3-3

	项目名称	适用范围	计算方法
混凝土模板及支架（撑）工程	基础		按模板与现浇混凝土构件的接触面积计算
	柱		按模板与现浇混凝土构件的接触面积计算。现浇框架分别按梁、板、柱有关规定计算；附墙柱、暗梁、暗柱并入墙内工程量内计算
	构造柱		构造柱按图示外露部分计算模板面积 构造柱与砖墙咬口模板工程量＝（柱宽＋马牙槎宽度）×柱高 ＝混凝土外露面的最大宽度×柱高
	有梁板		按模板与现浇混凝土构件的接触面积计算。现浇框架分别按梁、板、柱有关规定计算；附墙柱、暗梁、暗柱并入墙内工程量内计算。柱、梁、墙、板相互连接的重叠部分，均不计算模板面积
	檐沟，天沟		按模板与现浇混凝土构件的接触面积计算

3. 垂直运输（表3.2.3-4）

垂 直 运 输

表3.2.3-4

	项目名称	适用范围	计算方法
垂直运输	综合脚手架		a. 按建筑面积计算；b. 按施工工期日历天数计算。二者选其一

4. 超高施工增加（表3.2.3-5）

超高施工增加

表3.2.3-5

	项目名称	适用范围	计算方法
超高施工增加	超高施工增加		按建筑物超高部分的建筑面积计算

5. 大型机械设备进出场及安拆（表3.2.3-6）

大型机械设备进出场及安拆

表3.2.3-6

	项目名称	适用范围	计算方法
大型机械设备进出场及安拆	大型机械设备进出场及安拆		按使用机械设备的数量计算

6. 施工排水、降水（表 3.2.3-7）

表 3.2.3-7

施工排水、降水

项目名称		适用范围	计算方法
施工排水、降水安拆	成井		按设计图示尺寸以钻孔深度计算
	排水、降水		按排、降水日历天数计算 临时排水沟、排水设施安砌、维修、拆除，已包含在安全文明施工中，不包括在施工排水降水措施项目中

7. 安全文明施工及其他措施项目（表 3.2.3-8）

安全文明施工及其他措施项目

表 3.2.3-8

项目名称		工作内容及包含范围
安全文明施工及其他措施项目	安全文明施工	a. 环境保护；b. 文明施工；c. 安全施工；d. 临时设施
	夜间施工	a. 夜间固定照明灯具和临时可移动照明灯具的设置、拆除； b. 夜间施工时，施工现场交通标志、安全标牌、警示灯等的设置、移动、拆除； c. 包括夜间照明设备及照明用电、施工人员夜间补助、夜间施工劳动效率低等
	非夜间施工照明	为保证工程施工正常进行，在地下室等待特殊施工部位时所采用的照明设备的安拆、维护及照明用电等
	二次搬运	由于施工场地条件限制而发生的材料、成品、半成品等一次运输不能到达堆放地点，必须进行二次或多次搬运
	冬雨期施工	a. 冬雨（风）期施工时增加的临时设施（防寒保温、防雨、防风设施）的搭设、拆除； b. 冬雨（风）期施工时，对砌体、混凝土等采用的特殊加温、保温和养护措施； c. 冬雨（风）期施工时，施工现场的防滑处理、对影响施工的雨雪清除； d. 包括冬雨（风）期施工时增加的临时设施、施工人员的劳动保护用品、冬雨（风）期施工劳动效率低等
	地上、地下设施、建筑物的临时保护措施	在施工过程中，对已建成的地上、地下设施和建筑物进行的遮盖、封闭、隔离等必要保护措施
	已完工程及设备保护	对已完工程及设备采取的覆盖、包裹、封闭、隔离等必要保护措施

3.2.4 土建装饰装修工程的计量

1. 楼地面装饰工程

楼地面装饰工程共计 8 个小节 43 个项目，包括整体面层及找平层、块料面层、橡塑面层、其他材料面层、踢脚线、楼梯面层、台阶装饰、零星装饰项目，适用于楼地面、楼梯、台阶等装饰工程。

（1）整体面层及找平层（表 3.2.4-1）

整体面层及找平层

表 3.2.4-1

	项目名称	适用范围	计算方法
整体面层及找平层	水泥砂浆楼地面		按设计图示尺寸以面积计算。扣除凸出地面构筑物、设备基础、室内管道、地沟等所占面积，不扣除间壁墙及≤0.3m² 柱、垛、附墙烟囱及孔洞所占面积。门洞、空圈、暖气包槽、壁龛的开口部分不增加面积
	现浇水磨石楼地面		按设计图示尺寸以面积计算。扣除凸出地面构筑物、设备基础、室内管道、地沟等所占面积，不扣除间壁墙及≤0.3m² 柱、垛、附墙烟囱及孔洞所占面积。门洞、空圈、暖气包槽、壁龛的开口部分不增加面积
	细石混凝土楼地面		按设计图示尺寸以面积计算。扣除凸出地面构筑物、设备基础、室内管道、地沟等所占面积，不扣除间壁墙及≤0.3m² 柱、垛、附墙烟囱及孔洞所占面积。门洞、空圈、暖气包槽、壁龛的开口部分不增加面积
	自流平楼地面	管沟石方项目适用于管道（给水排水、工业、电力、通信）、电缆沟及连接井（检查井）等	按设计图示尺寸以面积计算。扣除凸出地面构筑物、设备基础、室内管道、地沟等所占面积，不扣除间壁墙及≤0.3m² 柱、垛、附墙烟囱及孔洞所占面积。门洞、空圈、暖气包槽、壁龛的开口部分不增加面积
	平面砂浆找平层	本条适用于仅做找平层的平面抹灰。与整体面层及块料面层中的找平层要区别开来，整体面层与块料面层中的找平层无需单列清单	按设计图示尺寸以面积计算

（2）块料面层（表 3.2.4-2）

块　料　面　层

表 3.2.4-2

	项目名称	适用范围	计算方法
块料面层	石材楼地面	石材楼地面包括大理石、花岗石面层的楼地面	按设计图示尺寸以面积计算。门洞、空圈、暖气包槽、壁龛的开口部分并入相应的工程量内
	碎石材楼地面		按设计图示尺寸以面积计算。门洞、空圈、暖气包槽、壁龛的开口部分并入相应的工程量内
	块料楼地面	块料楼地面包括陶瓷地面砖、玻璃地砖、缸砖、陶瓷锦砖、水泥花砖、广场砖等	按设计图示尺寸以面积计算。门洞、空圈、暖气包槽、壁龛的开口部分并入相应的工程量内

【**案例 3-19**】已知某建筑的四层平面图如图 3.2.4-1 所示，墙厚为 200mm，轴线居中，客厅地面做法：20mm 厚 1∶3 水泥砂浆找平，20mm 厚现浇普通水磨石面层；卧室地面做法：20mm 厚 1∶3 水泥砂浆找平，10mm 厚 400mm×400mm 优质瓷砖面层，门洞 M1 为现浇水磨石地面，门洞 M2、M4、ML 内贴瓷砖。试求该建筑客厅及卧室地面的清单工程量并列项。

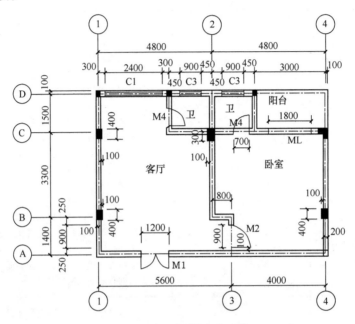

图 3.2.4-1　某建筑平面图

解：

清单工程量计算见表 3.2.4-3。

清单工程量计算表　　　　　　　　　　　　　　　　表 3.2.4-3

工程名称：某工程

序号	清单项目编码	清单项目名称	计算式	计量单位	工程量
1	011101002001	现浇水磨石楼面	$S=(1.5+3.3+1.4-0.1\times2)\times(4.8-0.1\times2)+(0.8+0.1-0.1)\times(1.4-0.1\times2)-(0.9+0.45\times2)\times1.5=27.6+0.96-2.7=25.86\ m^2$	m^2	25.86
2	0111102003001	瓷砖地面砖	$S=(4.8-0.1\times2)\times(3.3+1.4-0.1\times2)-(0.8-0.1+0.1)\times(1.4-0.1+0.1)+(1.8+0.7+0.9)\times0.2$（M2、M4、ML 门洞口）$=20.7-1.12+0.68=20.26 m^2$	m^2	20.26

（3）橡塑面层（表 3.2.4-4）

橡 塑 面 层   表 3.2.4-4

	项目名称	适用范围	计算方法
橡塑面层	橡胶板楼地面层	清单项目适用于用胶粘剂粘贴橡塑楼面、地面面层的工程	按设计图示尺寸以面积计算。门洞、空圈、暖气包槽、壁龛的开口部分并入相应的工程量内
	橡胶板楼地面层、橡胶板卷材楼地面塑料板楼地面、塑料卷材楼地面		按设计图示尺寸以面积计算。门洞、空圈、暖气包槽、壁龛的开口部分并入相应的工程量内

（4）其他材料面层（表 3.2.4-5）

其他材料面层   表 3.2.4-5

	项目名称	适用范围	计算方法
其他材料面层	地毯楼地面		按设计图示尺寸以面积计算。门洞、空圈、暖气包槽、壁龛的开口部分并入相应的工程量内
	竹木（复合）地板		按设计图示尺寸以面积计算。门洞、空圈、暖气包槽、壁龛的开口部分并入相应的工程量内
	金属复合地板		按设计图示尺寸以面积计算。门洞、空圈、暖气包槽、壁龛的开口部分并入相应的工程量内
	防静电活动地板		按设计图示尺寸以面积计算。门洞、空圈、暖气包槽、壁龛的开口部分并入相应的工程量内

（5）踢脚线（表 3.2.4-6）

踢 脚 线   表 3.2.4-6

	项目名称	适用范围	计算方法
踢脚线	水泥砂浆踢脚线		a. 以"m^2"计量，按设计图示长度乘高度以面积计算；b. 以"m"计量，按延长米计算
	水磨石踢脚线		a. 以"m^2"计量，按设计图示长度乘高度以面积计算；b. 以"m"计量，按延长米计算
	块料踢脚线		a. 以"m^2"计量，按设计图示长度乘高度以面积计算；b. 以"m"计量，按延长米计算

【案例 3-20】如图 3.2.4-2 所示，已知客厅踢脚线采用陶瓷地面砖踢脚线，高度为

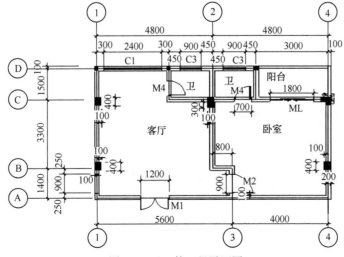

图 3.2.4-2 某工程平面图

150mm，试确定客厅踢脚线的工程量并编制工程量清单。

解：

清单工程量计算见表 3.2.4-7。

清单工程量计算表

表 3. 2. 4-7

工程名称：某工程

序号	清单项目编码	清单项目名称	计算式	计量单位	工程量
1	011105003001	块料踢脚线	S＝踢脚线实贴长度×踢脚线高度 ＝[(5.6－0.1×2)×2＋(1.4＋3.3＋1.5－0.1×2)×2－(1.2＋0.9＋0.7)(门宽)＋0.1×4(柱侧)]×0.15＝3.06m²	m²	3.06

（6）楼梯面层（表 3.2.4-8）

楼梯面层

表 3. 2. 4-8

项目名称		适用范围	计算方法
楼梯面层	石材楼梯面层、块料楼梯面层、拼碎块料面层		按设计图示尺寸以楼梯（包括踏步、休息平台及≤500mm 的楼梯井）水平投影面积计算。楼梯与楼地面相连时，算至梯口梁内侧边沿；无梯口梁者，算至最上一层踏步沿加 300mm
	水泥砂浆楼梯面层		按设计图示尺寸以楼梯（包括踏步、休息平台及≤500mm 的楼梯井）水平投影面积计算。楼梯与楼地面相连时，算至梯口梁内侧边沿；无梯口梁者，算至最上一层踏步边沿加 300mm
	现浇水磨石楼梯面层		按设计图示尺寸以楼梯（包括踏步、休息平台及≤500mm 的楼梯井）水平投影面积计算。楼梯与楼地面相连时，算至梯口梁内侧边沿；无梯口梁者，算至最上一层踏步边沿加 300mm
	地毯楼梯面层		按设计图示尺寸以楼梯（包括踏步、休息平台及≤500mm 的楼梯井）水平投影面积计算。楼梯与楼地面相连时，算至梯口梁内侧边沿；无梯口梁者，算至最上一层踏步边沿加 300mm

【案例 3-21】 已知某工程一层楼梯的平面图如图 3.2.4-3 所示，已知梯梁（TL）宽 200mm，楼梯的装饰做法为 20mm 厚 1：3 水泥砂浆找平，20mm 厚彩色水磨石面层。试求该建筑楼梯面层工程量。

解：

清单工程量计算见表 3.2.4-9。

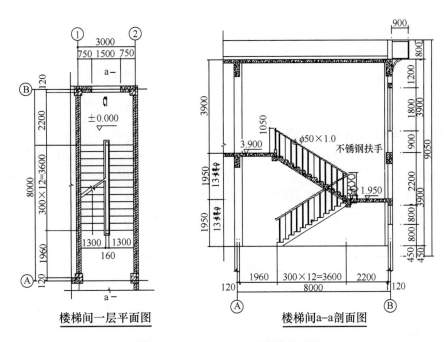

楼梯间一层平面图　　　　楼梯间a-a剖面图

图 3.2.4-3　某工程一层楼梯平面图

清单工程量计算表　　　　表 3.2.4-9

工程名称：某工程

序号	清单项目编码	清单项目名称	计算式	计量单位	工程量
1	011106005001	现浇水磨石楼梯面层	$S=(3-0.12\times2)(3.6+2.2+0.2)=17.28m^2$	m^2	17.28

（7）台阶装饰（表 3.2.4-10）

台 阶 装 饰　　　　表 3.2.4-10

	项目名称	适用范围	计算方法
台阶装饰	石材台阶面、块料台阶面、拼碎块料台阶面		按设计图示尺寸以台阶（包括最上层踏步边沿加300mm）水平投影面积计算
	水泥砂浆台阶面		按设计图示尺寸以台阶（包括最上层踏步边沿加300mm）水平投影面积计算
	现浇水磨石台阶面		按设计图示尺寸以台阶（包括最上层踏步边沿加300mm）水平投影面积计算
	剁假石台阶面		按设计图示尺寸以台阶（包括最上层踏步边沿加300mm）水平投影面积计算

（8）零星装饰项目（表 3.2.4-11）

	零星装饰项目		表 3.2.4-11
	项目名称	适用范围	计算方法
零星装饰项目	石材零星项目、拼碎石材零星项目、块料零星项目		按设计图示尺寸以面积计算
	水泥砂浆零星项目		按设计图示尺寸以面积计算

2. 墙、柱面装饰与隔断、幕墙工程

墙、柱面工程共计 10 个小节 35 个项目，包括墙面抹灰、柱（梁）面抹灰、零星抹灰、墙面块料面层、柱（梁）面镶贴块料、镶贴零星块料、墙饰面、柱（梁）饰面、幕墙工程、隔断，适用于建筑物及构造物的墙柱面装饰工程。

（1）墙面抹灰（表 3.2.4-12）

	墙 面 抹 灰		表 3.2.4-12
	项目名称	适用范围	计算方法
墙面抹灰	墙面一般抹灰、墙面装饰抹灰		按设计图示尺寸以面积计算。扣除墙裙、门窗洞口及单个＞0.3m² 的孔洞面积，不扣除踢脚线、挂镜线和墙与构件交接处的面积，门窗洞口和孔洞的侧壁及顶面不增加面积。附墙柱、梁、垛、烟囱侧壁并入相应的墙面面积内

【案例 3-22】 某建筑二层平面图如图 3.2.4-4 所示，已知层高为 3.6m，板厚为 120mm，KZ1 的截面尺寸为 400mm×400mm，混凝土空心砌块墙厚 200mm，轴线居中，塑钢窗 C1 宽高尺寸为 1500mm×2100mm，木门 M1 的宽高尺寸为 1000mm×2100mm，内墙面装饰做法为：20mm 厚 1：3 水泥砂浆找平，试计算内墙抹灰的工程量并编制工程量清单。

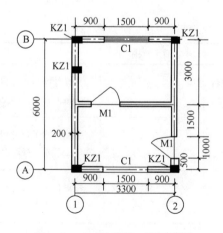

图 3.2.4-4 某建筑二层平面图

解：

清单工程量计算见表 3.2.4-13。

清单工程量计算表　　　　　　　　　　　表 3.2.4-13

工程名称：某工程

序号	清单项目编码	清单项目名称	计算式	计量单位	工程量
1	011201001001	墙面一般抹灰	内墙净长 $L=(3.3-0.1\times2+3-0.1\times2)\times2\times2+(0.4-0.2)\times2=24$m 内墙净高 $H=3.6-0.12=3.48$m 墙上门窗面积 $S_{MC}=1.5\times2.1\times2$(C1)$+1\times2.1\times3$(M1，在内墙上的 M1 计算 2 次)$=12.6$m^2 内墙抹灰的工程量 $S=L\times H-S_{MC}=24\times3.48-12.6=70.92$m^2	m^2	70.92

（2）柱（梁）面抹灰（表 3.2.4-14）

柱（梁）面抹灰　　　　　　　　　　　表 3.2.4-14

	项目名称	适用范围	计算方法
柱、梁面抹灰	柱、梁面一般抹灰、柱、梁面装饰抹灰		柱面抹灰：按设计图示柱断面周长乘高度以面积计算。 梁面抹灰：按设计图示梁断面周长乘长度以面积计算
	柱、梁面找平		柱面抹灰：按设计图示柱断面周长乘高度以面积计算 梁面抹灰：按设计图示梁断面周长乘长度以面积计算
	柱面勾缝		按设计图示柱断面周长乘高度以面积计算

（3）零星抹灰（表 3.2.4-15）

零 星 抹 灰　　　　　　　　　　　表 3.2.4-15

	项目名称	适用范围	计算方法
零星抹灰	零星项目一般抹灰、零星项目装饰抹灰	零星抹灰指面积在 0.5m^2 以内少量分散的抹灰	按设计图示尺寸以面积计算
	零星项目砂浆找平	零星抹灰指面积在 0.5m^2 以内少量分散的抹灰	按设计图示尺寸以面积计算

（4）墙面块料面层（表 3.2.4-16）

墙面块料面层　　　　　　　　　　　表 3.2.4-16

	项目名称	适用范围	计算方法
墙面块料面层	石材墙面、拼碎石材墙面、块料墙面		按镶贴表面积计算
	干挂石材干骨架		按设计图示以质量计算

（5）柱（梁）面镶贴块料（表3.2.4-17）

柱（梁）面镶贴块料   表3.2.4-17

	项目名称	适用范围	计算方法
柱、梁面镶贴块料	石材柱面、块料柱面、拼碎块柱面		按镶贴表面积计算
	石材梁面、块料梁面		按镶贴表面积计算

【案例3-23】 已知某独立柱如图3.2.4-5所示，柱的结构断面尺寸为400mm×500mm，柱高5m，柱面装饰的做法为：50mm厚1：2mm水泥砂浆灌浆，面贴20mm厚芝麻白拼碎大理石，试计算柱面装饰工程量。

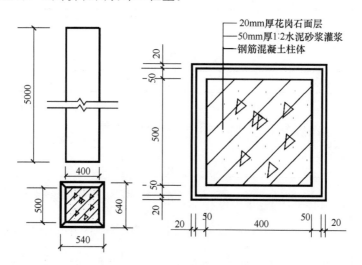

图3.2.4-5 柱面装饰示意图

解：

清单工程量计算见表3.2.4-18。

清单工程量计算表   表3.2.4-18

工程名称：某工程

序号	清单项目编码	清单项目名称	计算式	计量单位	工程量
1	011205001001	石材柱面	$S=(0.54+0.64)\times2\times5=11.8m^2$	m^2	11.8

（6）镶贴零星块料（表3.2.4-19）

镶贴零星块料   表3.2.4-19

	项目名称	适用范围	计算方法
镶贴零星块料	石材零星项目、块料零星项目、拼碎石材零星项目		按镶贴表面积计算

（7）墙饰面（表3.2.4-20）

墙 饰 面   表 3.2.4-20

	项目名称	适用范围	计算方法
墙饰面	墙面装饰板		按设计图示墙净长乘以净高以面积计算。扣除门窗洞口及单个>0.3m² 孔洞所占面积
	墙面装饰浮雕		按设计图示尺寸以面积计算

（8）柱（梁）饰面（表 3.2.4-21）

柱（梁）饰面   表 3.2.4-21

	项目名称	适用范围	计算方法
柱、梁饰面	柱（梁）面装饰		按设计图示饰面外围尺寸以面积计算。柱帽、柱墩并入相应柱饰面工程量内
	成品装饰柱		a. 以"根"计量，按设计数量计算；b. 以"m"计量，按设计长度计算

（9）幕墙工程（表 3.2.4-22）

幕 墙 工 程   表 3.2.4-22

	项目名称	适用范围	计算方法
幕墙工程	带骨架幕墙		按设计图示框外围尺寸以面积计算。与幕墙同种材质的窗所占面积不扣除
	全玻（无框玻璃）幕墙		按设计图示尺寸以面积计算。带肋全玻幕墙按展开面积计算

（10）隔断（表 3.2.4-23）

隔 断   表 3.2.4-23

	项目名称	适用范围	计算方法
隔断	隔断		按设计图示框外围尺寸以面积计算。不扣除单个≤0.3m² 的孔洞所占面积；浴厕门的材质与隔断相同时，门的面积并入隔断面积内
	金属隔断		设计图示框外围尺寸以面积计算。不扣除单个≤0.3m² 的孔洞所占面积
	玻璃隔断		按设计图示框外围尺寸以面积计算。不扣除单个≤0.3m² 的孔洞所占面积
	成品隔断		a. 以"m²"计量，按设计图示框外围尺寸以面积计算；b. 以"间"计量，按设计间的数量计算
	其他隔断		按设计图示框外围尺寸以面积计算。不扣除单个≤0.3m² 的孔洞所占面积

【案例 3-24】试计算图 3.2.4-6 所示浴厕木隔断的工程量并编制工程量清单。

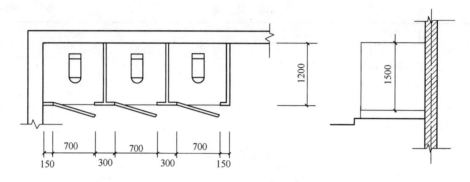

图 3.2.4-6　浴厕木隔断示意图

解：

清单工程量计算见表 3.2.4-24。

清单工程量计算表

表 3. 2. 4-24

工程名称：某工程

序号	清单项目编码	清单项目名称	计算式	计量单位	工程量
1	011210001001	木隔断	$S=(0.7\times3+0.15\times2+0.3\times2+1.2\times3)\times1.5$ $=9.9m^2$	m²	5.9

3. 天棚工程

天棚工程共计 4 节 10 个项目。包括天棚抹灰、天棚吊顶、采光天棚、天棚其他装饰，适用于天棚装饰工程。

（1）天棚抹灰（表 3.2.4-25）

天棚抹灰

表 3. 2. 4-25

	项目名称	适用范围	计算方法
天棚抹灰	天棚抹灰	适应于平面天棚以及斜面、楼梯面天棚的抹灰项目	按设计图示尺寸以水平投影面积计算。不扣除间壁墙、垛、柱、附墙烟囱、检查口和管道所占的面积，带梁天棚的梁两侧抹灰面积并入天棚面积内，板式楼梯底面抹灰按斜面积计算，锯齿形楼梯底板抹灰按展开面积计算

【案例 3-25】某建筑二层平面图如图 3.2.4-7 所示，墙厚 240mm，轴线居中，KZ1 截面尺寸为 400mm×400mm，层高 3.6m，在房屋中间有一根现浇框架梁（KL1），截面尺寸如图 3.2.4-7 所示，顶棚做法：100mm 厚现浇钢筋混凝土板，20mm 厚水泥砂浆找平。试列项计算顶棚的工程量并编制工程量清单。

解：

清单工程量计算见表 3.2.4-26 所示。

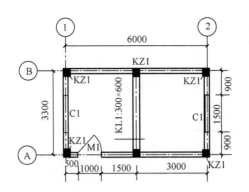

图 3.2.4-7 某建筑二层平面图

清单工程量计算表

表 3.2.4-26

工程名称：某工程

序号	清单项目编码	清单项目名称	计算式	计量单位	工程量
1	011301001001	天棚抹灰	$S=(6-0.12\times2)\times(3.3-0.12\times2)+[3.3-(0.4-0.12)\times2]\times(0.6-0.1)\times2($梁侧$)=17.63+2.74=20.37\text{m}^2$	m^2	20.37

（2）天棚吊顶（表3.2.4-27）

天 棚 吊 顶

表 3.2.4-27

项目名称		适用范围	计算方法
天棚吊顶	吊顶天棚		按设计图示尺寸以水平投影面积计算。天棚面中的灯槽及跌级、锯齿形、吊挂式、藻井式天棚面积不展开计算。不扣除间壁墙、检查口、附墙烟囱、柱垛和管道所占面积，扣除单个>0.3m²的孔洞、独立柱及与天棚相连的窗帘盒所占的面积
	格栅吊顶	格栅吊顶适用于木格栅、金属格栅、塑料格栅等	按设计图示尺寸以水平投影面积计算
	吊筒吊顶	吊筒吊顶适用于木（竹）质吊筒、金属吊筒，不论塑料吊筒以及吊筒形式是圆形矩形、扁钟形等	按设计图示尺寸以水平投影面积计算

【案例3-26】某客房间天棚尺寸，如图3.2.4-8所示，为不上人型轻钢龙骨石膏板吊顶，试计算天棚工程量并编制工程量清单。

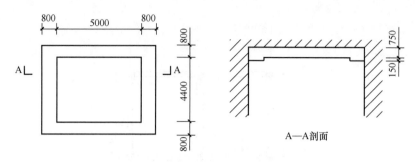

图 3.2.4-8　天棚吊顶平面及剖面图

解：

清单工程量计算见表 3.2.4-28。

清单工程量计算表　　　　　　　　　　　表 3.2.4-28

工程名称：某工程

序号	清单项目编码	清单项目名称	计算式	计量单位	工程量
1	011302001001	吊顶天棚	$S=(5+0.8\times2)\times(4.4+0.8\times2)=39.6m^2$	m²	39.6

（3）采光天棚（表 3.2.4-29）

采　光　天　棚　　　　　　　　　　　表 3.2.4-29

	项目名称	适用范围	计算方法
采光天棚	采光天棚		按框外围展开面积计算

（4）天棚其他装饰（表 3.2.4-30）

天棚其他装饰　　　　　　　　　　　　表 3.2.4-30

	项目名称	适用范围	计算方法
天棚其他装饰	灯带		按设计图示尺寸以框外围面积计算
	送风口		按设计图示数量计算

4. 油漆、涂料、裱糊工程

油漆、涂料、裱糊工程共计 8 节 36 个项目。包括门油漆、窗油漆、木扶手及其他板条、线条油漆、木材面油漆、金属面油漆、抹灰面油漆、喷刷涂料、裱糊。

（1）门油漆（表 3.2.4-31）

门　油　漆　　　　　　　　　　　　表 3.2.4-31

	项目名称	适用范围	计算方法
门油漆	木门油漆、金属门油漆		a. 以"樘"计量，按设计图示数量计量；b. 以"m²"计量，按设计图示洞口尺寸以面积计算

（2）窗油漆（表 3.2.4-32）

窗 油 漆　　　　　　　表 3.2.4-32

	项目名称	适用范围	计算方法
窗油漆	木窗油漆、金属窗油漆		a. 以"樘"计量，按设计图示数量计量；b. 以"m²"计量，按设计图示洞口尺寸以面积计算

（3）木扶手及其他板条、线条油漆（表 3.2.4-33）

木扶手及其他板条、线条油漆　　　　　　　表 3.2.4-33

	项目名称	适用范围	计算方法
木扶手及其他板条、线条油漆	木扶手油漆、封檐板顺水板油、挂衣板黑板框油漆、挂镜线、窗帘棍、单独木线油漆		按设计图示尺寸以长度计算

（4）木材面油漆（表 3.2.4-34）

木材面油漆　　　　　　　表 3.2.4-34

	项目名称	适用范围	计算方法
木材面油漆	木护墙、木墙裙油漆、窗台板、筒子板、盖板、门窗套、踢脚线油漆、清水板条天棚、檐口油漆、木方格吊顶、天棚油漆、吸声板墙面、天棚面油漆、暖气罩油漆、其他木材面		按设计图示尺寸以面积计算
	木间壁、木隔断油漆、玻璃间壁露明墙筋油漆、木栅栏、木栏杆油漆		按设计图示尺寸以单面外围面积计算
	衣柜、壁柜油漆、梁柱饰面油漆、零星木装修油漆梁柱饰面油漆、木地板油漆		按设计图示尺寸以油漆部分展开面积计算

（5）金属面油漆（表 3.2.4-35）

金属面油漆　　　　　　　表 3.2.4-35

	项目名称	适用范围	计算方法
金属面油漆	金属面油漆		a. 以"t"计量，按设计图示尺寸以质量计算；b. 以"m²"计量，按设计展开面积计算

（6）抹灰面油漆（表 3.2.4-36）

抹灰面油漆　　　　　　　表 3.2.4-36

	项目名称	适用范围	计算方法
抹灰面油漆	抹灰面油漆		按设计图示尺寸以面积计算
	抹灰线条油漆		按设计图示尺寸以长度计算
	满刮腻子	满刮腻子项目只适用于"满刮腻子"的项目，不得将抹灰面油漆和刷涂料中"刮腻子"内容单独分出执行该项目	按设计图示尺寸以面积计算

（7）喷刷涂料（表 3.2.4-37）

喷 刷 涂 料   表 3.2.4-37

	项目名称	适用范围	计算方法
喷刷涂料	墙面刷喷涂料、天棚刷喷涂料		按设计图示尺寸以长度计算
	空花格、栏杆刷涂料		按设计图示尺寸以单面外围面积计算
	线条刷涂料		按设计图示尺寸以面积计算

（8）裱糊（表 3.2.4-38）

裱 糊   表 3.2.4-38

	项目名称	适用范围	计算方法
裱糊	墙纸裱糊、织锦缎裱糊		按设计图示尺寸以面积计算

【**案例 3-27**】已知某建筑二层平面图如图 3.2.4-9 所示，墙厚 240mm，轴线居中，窗台高 1.2m，KZ1 截面尺寸为 400mm×400mm，室内采用高 1.2m 杉木墙裙，墙裙刷防火漆两遍，刷调合漆两遍，试计算油漆工程量并编制工程量清单。

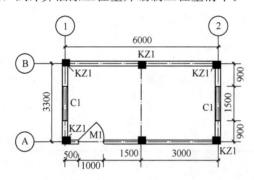

图 3.2.4-9 二层平面图

解：

清单工程量计算见表 3.2.4-39。

清单工程量计算表   表 3.2.4-39

工程名称：某工程

序号	清单项目编码	清单项目名称	计算式	计量单位	工程量
1	011404002001	木材面油漆	$S=[(6-0.12\times2+3.3-0.12\times2)\times2-1+(0.4-0.24)\times2\times2]\times1.2=20.736\text{m}^2$	m²	20.736
2	011404002002	木材面油漆	$S=[(6-0.12\times2+3.3-0.12\times2)\times2-1+(0.4-0.24)\times2\times2]\times1.2=20.736\text{m}^2$	m²	20.736

5. 其他装饰工程

（1）柜类、货架（表 3.2.4-40）

柜类、货架   表 3.2.4-40

	项目名称	适用范围	计算方法
柜类、货架	柜类、货架		a. 以"个"计量，按设计图示数量计量；b. 以"m"计量，按设计图示尺寸以延长米计算；c. 以"m³"计量，按设计图示尺寸以体积计算

（2）压条、装饰线（表 3.2.4-41）

压条、装饰线   表 3.2.4-41

	项目名称	适用范围	计算方法
压条、装饰线	压条、装饰线		按设计图示尺寸以长度计算

（3）扶手、栏杆、栏板装饰（表 3.2.4-42）

扶手、栏杆、栏板装饰   表 3.2.4-42

	项目名称	适用范围	计算方法
扶手、栏杆、栏板装饰	金属扶手、栏杆、栏板、硬木扶手、栏杆、栏板、塑料扶手、栏杆、栏板		按设计图示以扶手中心线长度（包括弯头长度）计算
	GRC 栏杆、扶手		按设计图示以扶手中心线长度（包括弯头长度）计算
	金属靠墙扶手、硬木靠墙扶手、塑料靠墙扶手		按设计图示以扶手中心线长度（包括弯头长度）计算
	玻璃栏板		按设计图示以扶手中心线长度（包括弯头长度）计算

（4）暖气罩（表 3.2.4-43）

暖 气 罩   表 3.2.4-43

	项目名称	适用范围	计算方法
暖气罩	暖气罩		按设计图示尺寸以垂直投影面积（不展开）计算

（5）浴厕配件（表 3.2.4-44）

浴 厕 配 件   表 3.2.4-44

	项目名称	适用范围	计算方法
浴厕配件	洗漱台		a. 按设计图示尺寸以台面外接矩形面积计算，不扣除孔洞、挖弯削角所占面积，挡板、吊沿板面积并入台面面积内；b. 按设计图示数量计算
	晒衣架、帘子杆、浴缸拉手、卫生间扶手、毛巾杆（架）、毛巾环、卫生纸盒、肥皂盒		按设计图示数量计算
	镜面玻璃		按设计图示尺寸以边框外围面积计算
	镜箱		按设计图示数量计算

（6）雨篷、旗杆（表 3.2.4-45）

雨篷、旗杆　　　　　　　　　　　　　　表 3.2.4-45

	项目名称	适用范围	计算方法
雨篷、旗杆	雨篷吊挂饰面		按设计图示尺寸以水平投影面积计算
	金属旗杆		按设计图示数量计算
	玻璃雨篷		按设计图示尺寸以水平投影面积计算

（7）招牌、灯箱（表 3.2.4-46）

招牌、灯箱　　　　　　　　　　　　　　表 3.2.4-46

	项目名称	适用范围	计算方法
招牌、灯箱	平面、箱式招牌		按设计图示尺寸以正立面边框外围面积计算。复杂形的凸凹造型部分不增加面积
	竖式标箱、灯箱		按设计图示数量计算
	信报箱		按设计图示数量计算

（8）美术字（表 3.2.4-47）

美　术　字　　　　　　　　　　　　　　表 3.2.4-47

	项目名称	适用范围	计算方法
美术字	美术字		按设计图示数量计算

3.2.5　拆除工程

拆除工程共计 15 个小节，37 个项目，包括砖砌体拆除、混凝土及钢筋混凝土拆除、木构件拆除、抹灰层拆除、块料面层拆除、龙骨及饰面拆除、屋面拆除、铲除油漆涂料裱糊面、栏杆栏板、轻质隔断隔墙拆除、门窗拆除、金属构件拆除、管道及卫生洁具拆除、灯具、玻璃拆除、其他构件拆除、开孔（打洞）。

1. 砖砌体拆除（表 3.2.5-1）

砖砌体拆除　　　　　　　　　　　　　　表 3.2.5-1

	项目名称	适用范围	计算方法
砖砌体拆除	砖砌体拆除		a. 以"m³"计量，按拆除的体积计算；b. 以"m"计量，按拆除的延长米计算

2. 混凝土及钢筋混凝土构件拆除（表 3.2.5-2）

混凝土及钢筋混凝土构件拆除　　　　　　　　表 3.2.5-2

	项目名称	适用范围	计算方法
混凝土及钢筋混凝土构件拆除	混凝土构件拆除、钢筋混凝土构件拆除		a. 以"m³"计量，按拆除构件的混凝土体积计算；b. 以"m²"计量，按拆除部位的面积计算；c. 以"m"计量，按拆除部位的延长米计算

3. 木构件拆除（表 3. 2. 5-3）

木构件拆除　　　　　　　　　　　　　　　表 3. 2. 5-3

	项目名称	适用范围	计算方法
木构件拆除	木构件拆除		a. 以"m^3"计量，按拆除构件的混凝土体积计算；b. 以"m^2"计量，按拆除部位的面积计算；c. 以"m"计量，按拆除部位的延长米计算

4. 抹灰层拆除（表 3. 2. 5-4）

抹灰层拆除　　　　　　　　　　　　　　　表 3. 2. 5-4

	项目名称	适用范围	计算方法
抹灰层拆除	平面抹灰拆除、立面抹灰拆除、天棚抹灰拆除		按拆除部位的面积计算

5. 块料面层拆除（表 3. 2. 5-5）

块料面层拆除　　　　　　　　　　　　　　表 3. 2. 5-5

	项目名称	适用范围	计算方法
块料面层拆除	平面块料拆除、立面块料拆除		按拆除面积计

6. 龙骨及饰面拆除（表 3. 2. 5-6）

龙骨及饰面拆除　　　　　　　　　　　　　表 3. 2. 5-6

	项目名称	适用范围	计算方法
龙骨及饰面拆除	楼地面龙骨及饰面拆除、墙柱面龙骨及饰面拆除、天棚面龙骨及饰面拆除		按拆除面积计算

7. 屋面拆除（表 3. 2. 5-7）

屋 面 拆 除　　　　　　　　　　　　　　　表 3. 2. 5-7

	项目名称	适用范围	计算方法
屋面拆除	刚性层拆除		按铲除部位的面积计算
	防水层拆除		按铲除部位的面积计算

8. 铲除油漆涂料裱糊面（表 3. 2. 5-8）

铲除油漆涂料裱糊面　　　　　　　　　　　表 3. 2. 5-8

	项目名称	适用范围	计算方法
铲除油漆涂料裱糊面	铲除油漆面、铲除涂料面、铲除裱糊面		a. 以"m^2"计量，按铲除部位的面积计算；b. 以"m"计量，按铲除部位的延长米计算

9. 栏杆栏板、隔断隔墙拆除（表 3.2.5-9）

栏杆栏板、隔断隔墙拆除　　　　　　　　　　表 3.2.5-9

	项目名称	适用范围	计算方法
栏杆栏板、隔断隔墙拆除	栏杆栏板拆除		a. 以"m²"计量，按拆除部位的面积计算；b. 以"m"计量，按拆除的延长米计算
	隔断隔墙拆除		按拆除部位的面积计算

10. 门窗拆除（表 3.2.5-10）

门　窗　拆　除　　　　　　　　　　表 3.2.5-10

	项目名称	适用范围	计算方法
门窗拆除	木门窗拆除、金属门窗拆除		a. 以"m²"计量，按拆除面积计算；b. 以"樘"计量，按拆除樘数计算

11. 金属构件拆除（表 3.2.5-11）

金属构件拆除　　　　　　　　　　表 3.2.5-11

	项目名称	适用范围	计算方法
金属构件拆除	钢梁拆除、钢柱拆除		a. 以"t"计量，按拆除构件的质量计算；b. 以"m"计量，按拆除延长米计算
	钢网架拆除		按拆除构件的质量计算
	钢支撑、钢墙架拆除、其他金属构件拆除		a. 以"t"计量，按拆除构件的质量计算；b. 以"m"计量，按拆除延长米计算

12. 管道及卫生洁具拆除（表 3.2.5-12）

管道及卫生洁具拆除　　　　　　　　　　表 3.2.5-12

	项目名称	适用范围	计算方法
管道及卫生洁具拆除	管道拆除		按拆除管道的延长米计算
	卫生洁具拆除		按拆除的数量计算

13. 灯具、玻璃拆除（表 3.2.5-13）

灯具、玻璃拆除　　　　　　　　　　表 3.2.5-13

	项目名称	适用范围	计算方法
灯具、玻璃拆除	灯具拆除		按拆除的数量计算
	玻璃拆除		按拆除的面积计算

14. 其他构件拆除（表 3.2.5-14）

其他构件拆除　　　　　　　　　　表 3.2.5-14

	项目名称	适用范围	计算方法
其他构件拆除	暖气罩拆除		a. 以"个"为单位计量，按拆除个数计算；b. 以"m"为单位计量，按拆除延长米计算

续表

项目名称		适用范围	计算方法
其他构件拆除	柜体拆除		a. 以"个"为单位计量，按拆除个数计算； b. 以"m"为单位计量，按拆除延长米计算
	窗台板拆除		a. 以"块"计量，按拆除数量计算；b. 以"m"计量，按拆除的延长米计算
	筒子板拆除		a. 以"块"计量，按拆除数量计算；b. 以"m"计量，按拆除的延长米计算
	窗帘盒拆除		按拆除的延长米计算
	窗帘轨拆除		按拆除的延长米计算

15. 开孔（打洞）（表 3.2.5-15）

开孔（打洞）　　　　　　　　　　　　　　　　　表 3.2.5-15

项目名称	适用范围	计算方法
开孔、打洞		按数量计算

3.3　安装计量

《通用安装工程工程量计算规范》（GB 50856—2013）包涵机械设备安装工程（编码：0301）、热力设备安装工程（编码：0302）、静置设备与工艺金属结构制作安装工程（编码：0303）、电气设备安装工程（编码：0304）、建筑智能化工程（编码：0305）、自动化控制仪表安装工程（编码：0306）、通风空调工程（编码：0307）、工业管道工程（编码：0308）、消防工程（编码：0309）、给排水、采暖、燃气工程（编码：0310）、通信设备及线路工程（编码：0311）、刷油、防腐蚀、绝热工程（编码：0312）、措施项目（编码：0313）

机械设备安装工程包括新建、扩建、改建及技术改造的切削、锻压、铸造、起重设备、轨道、风机、泵、压缩机、工业炉、煤气发生设备及其他机械设备。

电气设备安装工程包括工业与民用建筑新建、扩建、改建中 10kV 以下的变配电设备以及线路安装工程、动力电气设备、电气照明器具、防雷接地装置安装、配管配线、电气调整试验等。

管道工程包括新建、扩建、改建项目中给水排水、采暖、煤气输送管道、管件、低压器具、水表组成和卫生器具等的安装。消防设备安装工程包括火灾自动报警系统、水灭火系统、气体灭火系统、泡沫灭火系统的安装和消防系统的调试。

其他安装工程包括通风空调工程、建筑智能化工程、刷油、防腐蚀、绝热工程等的安装。

3.3.1　安装计量含义

安装工程是指按照工程建设施工图纸和施工规范的规定，把各种设备放置并固定在一定地方，或将工程原材料经过加工并安置、装配而形成具有功能价值产品的工作过程。

安装工程所包括的内容广泛，涉及各种不同的工程专业。在建筑行业常见的安装工程有：电气设备安装工程、给排水、采暖、燃气工程、消防及安全防范设备安装、通风空调工程、工业管道工程、刷油、防腐蚀及绝热工程等。这些安装工程按建设项目的划分原则，均属单位工程，它们具有单独的施工设计文件，并有独立的施工条件，是工程造价计算的完整对象。

安装工程计量与计价，过去一般称为安装工程预算，是反映拟建工程经济效果的一种技术经济文件。它一般从两个方面计算工程经济效果：一方面为"计量"，也就是计算消耗在工程中的人工、材料、机械台班数量；另一方面为"计价"，也就是用货币形式反映工程成本。目前，我国现行的计价方法有定额计价方法和清单计价方法。目前，我国建设工程造价这两种计价模式并存，但定额计价方法与工程量清单计价方法是存在区别的。

从图 3.3.1-1 工程造价定额计价程序示意图中可以看出，工程量计算和工程计价是编制建设工程造价最基本的两个过程。工程量的计算均按照统一的项目划分和工程量计算规则计算。工程量确定以后，就可以按照一定的方法确定出工程的成本及盈利，最终就可以确定出工程预算造价（或投标报价）。

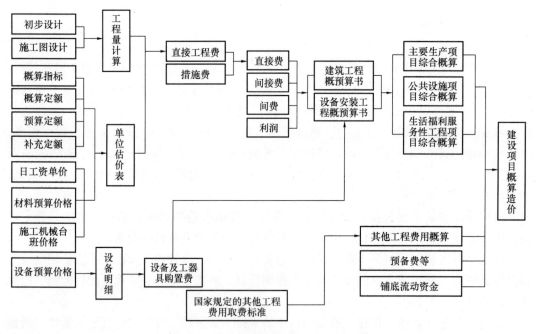

图 3.3.1-1 工程造价定额计价程序示意图

1. 工程量计算依据的文件

（1）《通用安装工程工程量计算规范》（GB 50856—2013）；

（2）经审定通过的施工设计图纸及其说明；

（3）经的施工组织审定通过施工组织设计或施工方案；

（4）经审定通过的其他有关技术经济文件。

2. 工程量计算的原则

(1) 口径必须一致

计算工程量时，根据设计图纸列出的分项工程的计算口径，必须与《全国统一安装工程预算定额》或《通用安装工程工程量计算规范》中相应分项工程的计量口径相一致，才能准确地套用预算定额中的预算单价（基价）。例如，预算定额中的室内管道安装分项工程中已经包括了管道及接头零件安装、水压试验或灌水试验；DN32mm 以下钢管还包括了管卡及托钩的制作安装等，在计算工程量列工程项目时，也应包括这些内容，不应另列项目单独计算。反之，如果预算定额中某些工程项目，没有包括在定额中，则应另列项目单独计算，否则就会遗漏。

(2) 计量单位必须一致

计算工程量时，根据设计图纸列出的分项工程的计算单位，必须与《全国统一安装工程预算定额》或《通用安装工程工程量计算规范》中相应分项工程的计量单位相一致，才能准确地套用预算定额中的预算单价（基价）。例如，有些项目用"10m"，而另一些项目又用"100m"；那个有些项目"个"、"10 个"、"系统"、"100kg"等，所有这些，都应该注意分清，以免由于搞错计量单位而影响工程量计算的准确性。

(3) 与工程量计算规则必须一致

计算工程量时，必须与《全国统一安装工程预算定额》和《通用安装工程工程量计算规范》的方法相一致，这样才符合相关编制要求。

3. 工程量计算的步骤

计算工程量是一项极为复杂而细致的工作。为了计算准确，防止错算、重算和漏算，应按一定的步骤和方法进行。计算公式力求扼要明了，便于校审，为此应按如下步骤进行计算。

(1) 列出计算公式

例如，计算水暖工程量，应按先主干、后分支，先进入，后排出的顺序，以设计图纸所示尺寸，列出计算公式，分层、分段、分系统的逐项进行计算，但不能将不同系统或同一系统中材质、规格不同的工程量，混合在同一公司中计算。这样不仅给校审造成了困难，更重要的事难以套用定额。

(2) 进行计算

分项工程计算式全部列出后，就可以按照顺序逐式进行计算，并把计算结果填入"数量"栏。依次直到把所有分项工程量计算完为止。

(3) 汇总工程量

工程量计算完毕并经自我复查无误后，应按照预算定额的排列顺序，分部分项汇总，为套用预算单价做好准备。汇总工程量时，其准确度取值：m^3、m^2、m 以下取两位；t 以下取三位；台（"套"或"件"等）取整数，两位或三位小数后的位数按四舍五入法取舍。

(4) 调整计量单位

例如，给排水部分的计算的工程量都是以"m"、"个"、"组"、"套"等为计量单位，但在《全国统一安装工程预算定额》"给排水、采暖、燃气工程"分册中，绝大部分工程项目都是以"10m"、"10 个"、"10 组"、"10 套"等为计量单位。这时还要把汇总出来的工程量，按照预算定额相应分项工程规定的计量单位，进行一次数值调整，即把小数点向左移至定额所要求的计量单位。例如，室内镀锌钢管工程量计算为 110.88m，大便器 8 组，则计量单位调后应分别为 11.088 和 0.8，也就是说小数点应向前移动二位和一位。总之，一定要使计算出来的工程量的计量单位与预算定额中相应分项工程的计量单位相一致。

3.3.2　电气工程的计量

1. 变压器安装（编码 030401）

变压器安装见表 3.3.2-1。

变压器安装　　　　　　　　　　　　　　　　　　　表 3.3.2-1

具体项目	适用范围	计算方法
干式变压器		以"台"为计量单位，带有保护罩时，其项目人工和机械乘以系数 1.2
条变压器	绝缘受潮时	"台"为计量单位
消弧线圈的干燥		按同容量电力变压器干燥项目执行，以"台"为计量单位
变压器油	a. 变压器安装未包括绝缘油的过滤，b. 油断路器及其他充油设备的绝缘油过滤	需要过滤时，可按制造厂提供的油量计算，"t"为计量单位

【案例 3-28】

某工程需要 2 台干式变压器 SCB10-1250kVA/10/0.4/0.23kV，试编制变压器的工程量清单（表 3.3.2-2）。

变压器工程量清单　　　　　　　　　　　　　　　表 3.3.2-2

项目编码	项目名称	项目特征描述	计量单位	工程量
030401002001	干式变压器	SCB10-1250kVA/10/0.4/0.23kV 包括基础型钢制作、安装	台	2

2. 配电装置安装（编码 030402）

配电装置安装见表 3.3.2-3。

配电装置安装　　　　　　　　　　　　　　　　　表 3.3.2-3

具体项目	适用范围	计算方法
断路器、电流互感器、电压互感器、油浸电抗器、电力电容器及电容器柜		以"台（个）"为计量单位
支架、抱箍及延长轴、轴套、间隔板等		按施工图设计的需要量计算，执行第 2 册第四章铁构件制作安装
绝缘油、六氟化硫气体、液压油等		按设备带有考虑；电气设备以外的加压设备和附属管道的安装应按相应项目另行计算

【案例 3-29】

某变配电所有 7 台高压成套配电柜，型号为 GZS1-12 型中置式真空开关柜，其中 1 台进线隔离柜、1 台电压互感器柜、1 台专用计量柜、2 台出线柜（表 3.3.2-4）。试编制高压开关柜的工程量清单。

高压开关柜工程量清单   表 3.3.2-4

项目编码	项目名称	项目特征描述	计量单位	工程量
030402017001	高压成套配电柜	GZS1-12 型中置式真空开关柜，进线隔离柜，单母线，配置详见系统图，包括基础型钢制作、安装	台	1
030402017002	高压成套配电柜	GZS1-12 型中置式真空开关柜，电压互感器柜，单母线，配置详见系统图，包括基础型钢制作、安装	台	1
030402017003	高压成套配电柜	GZS1-12 型中置式真空开关柜，计量柜，单母线，配置详见系统图，包括基础型钢制作、安装	台	1
030402017004	高压成套配电柜	GZS1-12 型中置式真空开关柜，计量柜，单母线，配置详见系统图，包括基础型钢制作、安装	台	2

3. 母线、绝缘子安装（编码 030403）

母线、绝缘子安装见表 3.3.2-5～表 3.3.2-7。

母线、绝缘子安装   表 3.3.2-5

具体项目	适用范围	计算方法
悬垂绝缘子串	指垂直或 V 型安装的提挂导线、跳线、引下线、设备连接线或设备等所用的绝缘子串安装	按单串以"串"为计量单位。耐张绝缘子串的安装，已包括在软母线安装内
支持绝缘子	户内、户外、单孔、双孔、四孔固定	以"个"为计量单位
软母线	指直接由耐张绝缘子串悬挂部分	按软母线截面大小分别以"跨/三相"为计量单位
软母线引下线	指由 T 型线夹或并沟线夹从软母线引向设备的连接线	以"组"为计量单位，每三相为一组
两跨软母线间的跳引线	两端的耐张线夹是螺栓式或压接式	以"组"为计量单位，每三相为一组，均执行软母线跳线子目
组合软母线	跨距以 45m 以内考虑，跨度的长与短不得调整	按三相为一组计算，导线、绝缘子、线夹、金具按施工图设计用量加损耗率计算
带型母线及带型母线引下线	包括铜排、铝排，不包括支持瓷瓶安装和钢构件配置安装	分别以不同截面和片数以"m/相"为计量单位。母线和固定母线的金具均按设计量加损耗率计算
钢带型母线		按同规格的铜母线执行
槽型母线	不包括支持瓷瓶安装和钢构件配置安装	槽型母线与设备连接分不同的设备，以"台"为计量单位。槽型母线及固定槽型母线的金具按设计用量加损耗率计算。壳的大小尺寸以"m"为计量单位，长度按设计共箱母线的轴线长度计算
重型母线	铜母线、铝母线	按截面大小以母线的成品质量以"t"为计量单位

硬母线安装预留表　　　　　　　　　　　表 3.3.2-6

序号	项 目	预留长度	说 明
1	带型、槽型母线终端	0.3	从最后一个支持点算起
2	带型、槽型母线与分支线连接	0.5	分支线预留
3	带型母线与设备连接	0.5	从设备段子接口算起
4	多片重型母线与设备连接	1.0	从设备段子接口算起
5	槽型母线与设备连接	0.5	从设备段子接口算起

软母线安装预留表　　　　　　　　　　　表 3.3.2-7

项目	耐张	跳线	引下线、设备连接线
预留长度	2.5	0.8	0.6

【案例 3-30】

某工程需母线 TMY-3(80×8)，两接线点长度为 35m，试编制母线的工程量清单。

解：清单工程量计算：按图示长度以单线长度计：$L=(35+0.6)\times3=106.8m$

清单列项见表 3.3.2-8。

母线工程量　　　　　　　　　　　表 3.3.2-8

项目编码	项目名称	项目特征描述	计量单位	工程量
030403003001	带型母线	铜母线 TMY-(80×8)	m	106.8

4. 控制设备及低压电器安装（编码 030404）

控制设备及低压电器安装见表 3.3.2-9。

控制设备及低压电器安装　　　　　　　　　　　表 3.3.2-9

具体项目	适用范围	计算方法
控制设备及低压电器	包括基础槽钢、角钢制作安装	以"台"为计量单位
铁构件制作		按施工图实际尺寸，以成品质量"kg"为计量单位
网门、保护网		按设计图示的框外围尺寸，以"m"为计量单位
配电板制作安装及包铁皮		按配电板图示外形尺寸，以"m"为计量单位
焊（压）接端子	只适用于导线	
端子板外部接线		按设备盘、箱、柜、台的外部接线图计算

盘、箱、柜的外部进出线预留长度按表 3.3.2-10 计算。

箱、柜、盘、板、盒预留长度　　　　　　　　　　　表 3.3.2-10

1	各种箱、柜、盘、板、盒	高+宽	盘面尺寸
2	单独安装的铁壳开关、自动开关、刀开关、启动器、箱式电阻器、变阻器	0.5	从安装对象中心算起
3	继电器、控制开关、信号灯、按钮、熔断器等小电器	0.3	从安装对象中心算起
4	分支接头	0.2	分支线预留

【案例 3-31】

建筑内某低压配电柜与配电箱之间的水平距离为 50m，配电线路采用电力电缆 YJV-3×25+2×16，在电缆沟内敷设，电缆沟的深度为 1m、宽度为 0.8m，配电柜为落地式（1500×800×800），配电箱为悬挂嵌入式（600×400×160），箱底边距地面为 1.5m（表 3.3.2-11）。试编制配电柜工程量清单。

配电柜工程量

表 3.3.2-11

项目编码	项目名称	项目特征描述	计量单位	工程量
030404004001	低压开关柜	成套，配置详见系统图，落地式安装，1500×800×800，包括基础型钢制作、安装	台	1
030404017001	配电箱	成套，配置详见系统图，悬挂嵌入式安装，600×400×160	台	1

5. 蓄电池安装（编码 030405）

蓄电池安装见表 3.3.2-12。

蓄电池安装

表 3.3.2-12

具体项目	适用方法	计算方法
铅酸蓄电池和碱性蓄电池		"个"为计量单位，区分容量
免维护蓄电池		以"组件"为计量单位
蓄电池充放电		按不同容量以"组"为计量单位

6. 电机安装（编码 030406）

电机安装见表 3.3.2-13。

电 机 安 装

表 3.3.2-13

具体项目	计算方法
发电机、调相机、电动机的电气检查接线	直流发电机组和多台一串的机组，按单台电机分别执行估价表相应项目。小型电机按电机类别和功率大小执行估价表相应项目，大、中型电机不分类别一律按电机重量执行估价表相应项目
电机干燥	a. 低压小型电机 3kW 以下，按 25% 的比例考虑干燥。b. 低压小型电机 3kW 以上至 220kW 按 30%～50% 考虑干燥。c. 大中型电机按 100% 考虑一次干燥

7. 滑触线装置安装（编码 030407）

滑触线装置安装见表 3.3.2-14。

滑触线装置安装

表 3.3.2-14

具体项目	适用范围	计算方法
滑触线装置		区分名称、型号、规格、材质、支架形式、材质
移动软电缆		区分材质规格、安装部位
支架基础铁件		是否浇筑需说明
拉紧装置		按设计图示尺寸以单相长度"m"计算（含预留长度）
伸缩接头		按设计图示尺寸以单相长度"m"计算（含预留长度）

8. 电缆安装（编码 030408）

电缆安装见表 3.3.2-15、表 3.3.2-16。

电　缆　安　装　　　　　　　　　　　　　　　　表 3.3.2-15

具体项目	适用范围	计算方法
电缆保护管		a. 横穿道路，按路基宽度两端各增加 2m。 b. 垂直敷设时，管口距地面增加 2m。 c. 穿过建筑物外墙时，按基础外缘以外增加 1m
电缆敷设		一个沟内（或架上）敷设三根各长 100m 的电缆，应按 300m 计算，以此类推
电缆沟盖板揭、盖		按每揭或每盖一次以延长米计算，如又揭又盖，则按两次计算

电缆预留长度表　　　　　　　　　　　　　　　表 3.3.2-16

序号	项目	预留（附加）长度（m）	说明
1	电缆敷设驰度、波形弯度、交叉	2.5%	按电缆全长计算
2	各种箱、柜、盘、板	高+宽	按盘面尺寸
3	单独安装的铁壳开关、闸刀开关、启动器、变阻器	0.5m	从安装对象中心起算
4	继电器、控制开关、信号灯、按钮、熔断器	0.3m	从安装对象中心起算
5	分支接头	0.2m	分支线预留
6	电缆进入建筑物	2.0m	规范规定最小值
7	电缆进入沟内或吊架时引上（下）预留	1.5m	规范规定最小值
8	变电所进线、出线	1.5m	规范规定最小值
9	电力电缆终端头	1.5m	规范规定最小值
10	电缆中间接头盒	两端各留 2m	规范规定最小值
11	高压开关柜及低压配电盘、箱	2.0m	盘下进出线
12	电缆至电动机	0.5m	从电机接线盒起算
13	厂用变压器	3.0m	从地坪起算
14	电梯电缆与电缆架固定点	每处 0.5m	规范规定最小值
15	电缆绕过梁柱等增加长度	按实计算	按被绕物的断面情况计算增加长度

【案例 3-32】

根据例 3.3-4，试编制电缆工程量清单。

解：1. 清单工程量计算

YJV-3×25+2×16：$L=(50+1+1.5+1)×1.025+(1.5+0.8)+(0.6+0.4)$
$=58.14m$

2. 清单列项

电缆工程量清单见表 3.3.2-17。

电缆工程量清单 表 3.3.2-17

项目编码	项目名称	项目特征描述	计量单位	工程量
030408001001	电力电缆	YJV-3×25+2×16，1kV，电缆沟敷设	m	58.14

9. 防雷接地安装 （编码 030409）

防雷接地安装见表 3.3.2-18。

防雷接地安装 表 3.3.2-18

具体项目	适用范围	计算方法
接地极制作安装		每根长度按 2.5m 计算，若设计有管帽时，管帽量按加工件计算
避雷针的加工制作、安装		以"根"为计量单位，独立避雷针安装以"基"为计量单位
半导体少长针消雷装置安装		以"套"为计量单位
利用建筑物内主筋作接地引下线安装		以"10m"为计量单位，每一柱子内按焊接两根主筋考虑
断接卡子制作安装		以"套"为计量单位，接地检查井内的断接卡子安装按每井一套计算

【案例 3-33】

根据图 3.3.2-1，层高 5.2m，室外标高为 -0.15，试编制接地等工程量清单。

解： 清单工程量计算：

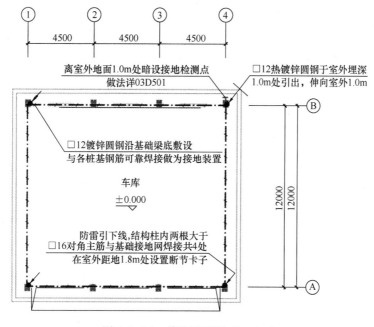

图 3.3.2-1 接地平面图 （1：100）

接地装置 φ12 镀锌圆钢：$L = (4.5 \times 3 + 12) \times 2 \times 1.039 = 52.99\text{m}$

防雷引下线 利用结构柱内 2 根 φ16 对角主筋

$$L = 5.2 \times 4 = 20.8\text{m}$$

室外接地母线 φ12 镀锌圆钢：$L = (1 + 1 + 0.15) \times 1.039 = 2.23\text{m}$

10. 10kV 以下架空线路安装（编码 030410）

10kV 以下架空线路安装见表 3.3.2-19。

10kV 以下架空线路安装 表 3.3.2-19

具体项目	适合范围	计算方法
导线跨越架设	包括越线架的搭、拆和运输以及因跨越（障碍）施工难度增加而增加的工作量	每个跨越间距按 50m 以内考虑，大于 50m 而小于 100m 时按 2 处计算
导线架设		导线类型和不同截面以"1km/单线"为计量单位计算
横担安装	按施工图设计规定，分不同形式和截面	以"根"为计量单位，估价表按单根拉线考虑，若安装 V 型、Y 型或拼型拉线时，按 2 根计算
工地运输	指估价表内未计价材料从集中材料堆放点或工地仓库运至杆位上的工程运输	以"10t·km"为计量单位 工程运输量=施工图用量×（1+损耗率） 预算运输重量=工程运输量+包装物重量

导线预留长度按表 3.3.2-20 规定计算。（单位：m/根）

架空导线预留长度（每一根线） 表 3.3.2-20

项目名称		长　度
高压	转角	2.5
	分支、终端	2.0
低压	分支、终端	0.5
	交叉跳线转角	1.5
与设备连线		0.5
进户线		2.5

导线长度按线路总长度和预留长度之和计算。计算主材费时应另增加规定的损耗率。

11. 电气调整安装（编码 030411）

电气调整安装见表 3.3.2-21。

电气调整安装 表 3.3.2-21

具体项目	适用范围	计算方法
送配电设备系统调试	各种供电回路（包括照明供电回路）的系统调试	按一侧有一台断路器考虑的
变压器系统调试		以每个电压侧有一台断路器为准
干式变压器		执行相应容量变压器调试子目乘以系数 0.8

具体项目	适用范围	计算方法
避雷器、电容器的调试		每三相为一组计算；单个装设的也按一组计算
高压电气除尘系统调试		按一台升压变压器、一台机械整流器及附属设备为一个系统计算
硅整流装置调试		按一套硅整流装置为一个系统计算
普通电动机的调试		按电机的控制方式、功率、电压等级，以"台"为计量单位
可控硅调速直流电动机调试	可控硅整流装置和直流电动机控制回路系统	以"系统"为计量单位
交流变频调速电动机调试	"系统"为计量单位	变频装置系统和交流电动机控制回路系统

① 自动装置及信号系统调试，均包括继电器、仪表等元件本身和二次回路的调整试验，具体规定如下：

a. 备用电源自动投入装置，按连锁机构的个数确定备用电源自投装置系统数。一个备用厂用变压器，作为三段厂用工作母线备用的厂用电源，计算备用电源自动投入装置调试时，应为三个系统。装设自动投入装置的两条互为备用的线路或两台变压器、计算备用电源自动投入装置调试时，应为两个系统。备用电动机自动投入装置也按此计算。

b. 线路自动重合闸调试系统，按采用自动重合闸装置的线路自动断路器的台数计算系统数。

c. 自动调频装置的调试，以一台发电机为一个系统。

d. 同期装置调试，按设计构成一套能完成同期并车行为的装置为一个系统计算。

e. 蓄电池及直流监视系统调试，一组蓄电池按一个系统计算。

f. 周波减负荷装置调试，凡有一个周率继电器，不论带几个回路，均按一个调试系统计算。

g. 变送屏以屏的个数计算。

h. 中央信号装置调试，按每一个变电所或配电室为一个调式系统计算工程量。

i. 事故照明切换装置调试，按设计能完成交直流切换的一套装置为一个调试系统计算

② 接地网的调试规定如下：

a. 接地网接地电阻的测定。一般的发电厂或变电站连为一个体的母网，按一个系统计算；自成母网不与厂区母网相连的独立接地网，另按一个系统计算，虽然最后也将各接地网联在一起，但应按各自的接地网计算，不能作为一个网，具体应按接地网的试验情况而定。

b. 避雷针接地电阻的测定。每一避雷针有单独接地网（包括独立的避雷针、烟囱避雷针等）时，均按一组计算。

c. 独立的接地装置按组计算。如一台柱上变器压有一个独立的接地装置，即按一组计算。

③ 一般的住宅、学校、办公楼、旅馆、商店等民用电气的工程的供电调试按下列规定：

a. 配电室内带有调试元件的盘、箱、柜和带有调试元件的照明主配电箱，应按供电方式执行相应的"配电设备系统调试"子目。

b. 每个用户房间的配电箱（板）上虽装有电磁开关等调试元件，但如果生产厂家已按固定的常规参数调整好，不需要安装单位进行调试就可直接投入使用的，不得计取调试费用。

c. 民用电度表的调整校验属于供电部门的专业管理，一般皆由用户向供电局订购调试完毕的电度表，不得另外计算调试费用。

12. 配管配线安装（编码 030412）

配管安装见表 3.3.2-22～表 3.3.2-24。

配　管　安　装　　　　　　　　　　　　表 3.3.2-22

具体项目	适用范围	计算方法
水平配管计算	水平方向配管	利用建筑物平面图所标注墙、柱等轴线尺寸进行线管长度的计算。如果没有轴线尺寸可以利用，则用比例尺或直尺直接在平面图上量取出线管长度 当线管沿墙暗敷时，按相关墙轴线尺寸计算该配管长度。线管沿墙明敷时，按相关墙面净空长度尺寸计算该线管长度
垂直配管	垂直方向配管	垂直方向敷设的配管长度＝楼层高度－设备（配电箱、灯具、开关、插座等，下同）距楼地面安装高度－设备自身高度
钢索架设		其工程量应另行计算

配　线　安　装　　　　　　　　　　　　表 3.3.2-23

具体项目	适用范围	计算方法
配线算量	所有的电线	管内穿线单线长度＝（配管长度＋规定的导线预留长度）

连接设备导线预留长度（每一根线）　　　　　　表 3.3.2-24

序号	项目	预留长度	说明
1	各种开关箱、柜、板	高＋宽	盘面尺寸
2	单独安装（无箱、盘）的铁壳开关、闸刀开关、启动器、母线槽进出线盒等	0.3m	以安装对象中心算
3	由地平管子出口引至动力接线箱	1m	以管口计算
4	电源与管内导线连接（管内穿线与软、硬母线接头）	1.5m	以管口计算
5	出户线	1.5m	以管口计算

【案例 3-34】 根据图 3.3.2-2，层高 2.8m，配电箱离地 1.4m，尺寸为 $500 \times 350 \times 160$，开关接地 1.4m，试编制配管配线工程量清单。

解： 清单工程量计算：

塑料管 PC20：$L = 1.475 + 2.756 + 1.817(2) + 2.814(4) + 3.233(5) + 2.159(4) + 2.33 + 1.901(2) + (2.8 - 1.4 - 0.35) + (2.8 - 1.4)(4) + (2.8 - 1.4) \times 2(2) = 23.74m$

电线 BYJ—2.5：$(23.74＋0.5＋0.35)×3＋(2.814＋3.233×2＋2.159＋1.4－1.4×2$
$－1.817－1.901)＝82.89m$

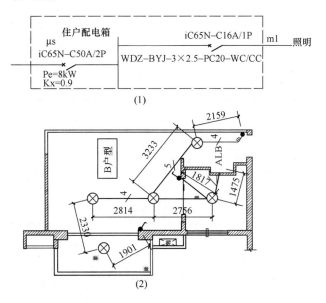

图 3.3.2-2 照明布置大样图

13. 照明器具安装（编码 030413）

照明器具安装见表 3.3.2-25。

照明器具安装 表 3.3.2-25

具体项目	适用范围	计算方法
灯具安装	普通灯具 吊式艺术装饰灯具 吸顶式艺术装饰灯具 荧光艺术装饰灯具等	根据装饰灯具示意图集所示，区别不同安装形式，以"套"为计量单位计算
开关、按钮	关、按钮种类，开关极数以及单控与双控	以"套"为计量单位计算
插座安装		以"套"为计量单位计算
安全变压器		按安全变压器容量，以"台"为计量单位计算
电铃、电铃号码牌箱安装		应按电铃直径、电铃号牌箱规格（号），以"套"为计量单位计算
门铃安装		按门铃安装形式，以"个"为计量单位计算

【案例 3-35】图纸同案例 3-34，试编制照明器具的工程量清单。

解：清单工程量：白炽灯 5 套（表 3.3.2-26）

清单列项：

灯具清单项 表 3.3.2-26

项目编码	项目名称	项目特征描述	计量单位	工程量
030413001001	普通灯具	白炽灯，25W，软线悬吊式	套	5

14. 路灯设备安装（编码030413）

路灯安装工程，应区别不同臂长，不同灯数，以"套"为计量单位计算。工厂厂区内、住宅小区内路灯安装执行本册项目，城市道路的路灯安装执行《市政工程计价定额》。

路灯安装范围见表3.3.2-27。

路灯安装范围表　　　　表3.3.2-27

名　　称	灯具种类
大马路弯灯	臂长1200mm以下、臂长1200mm以上
庭院路灯	三火以下、七火以下

15. 电梯电气装置安装（编码030107）

电梯电气装置安装见表3.3.2-28。

电梯电气装置　　　　表3.3.2-28

具体项目	适用范围	计算方法
电气装置安装	交流手柄操纵或按钮控制 交流信号或集选控制小型杂物电梯电气等	应区别电梯层数、站数，以"部"为计量单位计算

3.3.3　管道工程的计量

3.3.3.1　建筑给水排水工程（编码0310）

依据《通用安装工程工程量计算规范（附录K）》（2013）对给水排水管道、支架及其他、管道附件、卫生器具等内容逐一作介绍。

工程量总的计算顺序：从入口处算起，先主干，后支管；先进入，后排出；先设备，后附件。

工程量计算要领：以管道系统为单元计算，先小系统，后相加为全系统，以建筑平面特点划片计算。用管道平面图的建筑物轴线尺寸和设备位置尺寸为参考计算水平管长度；以管道系统图、剖面图的标高算立管长度；支管按自然层计算。

1. 给水排水管道（编码031001）

给水排水管道见表3.3.3-1。

给水排水管道　　　　表3.3.3-1

具体项目	适用范围	计　算　方　法
管道安装	各种管道	均以施工图所示管道中心线长度，按"m"计量单位。不扣除阀门、管件（包括减压器、疏水器、水表、伸缩器等组成安装项目）所占长度
管道支架制作安装		公称直径32mm以上的，以"kg"为计量单位
管道消毒、冲洗、压力试验		均按管道长度以"m"计算，不扣除阀门、管件所占长度

【案例3-36】如图3.3.3-1所示某住宅楼排水系统中排水干管得一部分（干管为

$DN50$ 铸铁管），试计算其工程量。

解： 承插铸铁排水管 $DN50=1.0$（排水管立管地上部分）$+0.8$（排水管立管地下部分）$+4.0$（排水横管埋地部分）$=5.8m$

【案例 3-37】 如图 3.3.3-2 所示为某厨房给水系统部分管道，采用镀锌钢管，螺纹连接，试计算镀锌钢管的工程量。

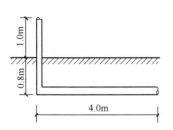

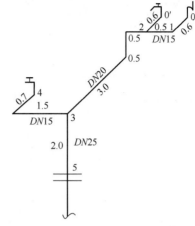

图 3.3.3-1 某住宅排水系统干管（部分）　　　图 3.3.3-2 某厨房给水系统管道（部分）

解： 螺纹连接镀锌钢管：

$DN25$：L$=2.0m$（节点 5 到节点 3）

$DN20$：L$=[3.0+0.5+0.5$（节点 3 到节点 2）$]=4.0m$

$DN15$：L$=[1.5+0.7$（节点 3 到节点 4）$+0.51+0.6$（节点 2 到节点 0′）$+0.6$（节点 2 到节点 0）$]=3.9m$

2. 支架及其他（编码 031002）

支架及其他安装见表 3.3.3-2。

支架及其他安装 　　　　　　　　　　　　　　　　　表 3.3.3-2

具体项目	适用范围	计算方法
管道制作安装	支架的安装	均以"kg"为计量单位 在计算支吊架的重量时，第一步根据管道的规格找出支架的间距 b，第二步根据管道长度 L 和支架间距 b 计算支架的个数 n（$n=L/b$），第三步根据单个支架的重量 m

【案例 3-38】 某学校室外供暖管道（地沟敷设）中有 $\phi133mm\times4.5mm$ 的镀锌钢管管道一段，管沟起止长度为 100mm，管道的供回水管分上下两层安装，中间设置方形伸缩器一个，改段管每 6m 间距安装单管托架一个，其中包括设置固定支架两处，支架采用 $L100\times8$ 角钢制作，管段两端托架，方形伸缩器增设托架一个，每处固定支架可减少托架两个，固定支架单个重 110kg，托架单个重 105kg，试计算支、托架制作、安装工程量。

解： 1）托架工程量（以重量计）：n1$=[(100/6+1+1)\times2-2\times2]$个$\times105kg=15$ 个 $\times105kg=1575kg$

2）固定支架工程量（以重量计）：n2$=2$ 个 $\times110kg=220kg$

3. 管道附件（编码 031003）

管道附件见表 3.3.3-3。

管 道 附 件   表 3.3.3-3

具体项目	适用范围	计算方法
阀门安装	法兰阀、浮球阀、自动排气阀	"个"为计量单位，已包括附件
减压器、疏水器组成安装		以"组"为计量单位，按高压侧的直径计算
法兰水表安装		以"组"为计量单位，定额内包括旁通管及止回阀

【案例 3-39】 如图 3.3.3-3 所示，某疏水器安装示意图，计算其有关项工程量。

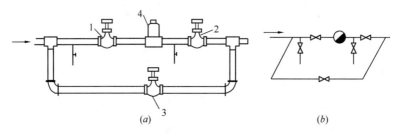

图 3.3.3-3 疏水器安装方式

（a）平面图；（b）简图

1、2、3—阀门；4—疏水器

解： 清单工程量：   DN32 疏水器   单位：组；数量：1

【案例 3-40】 如图 3.3.3-4 所示，某 DN80 法兰连接水表安装示意图，计算其有关项工程量。

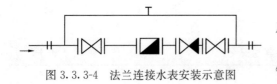

图 3.3.3-4 法兰连接水表安装示意图

解： DN80 法兰连接水表：1 组；DN80 法兰逆止阀：1 组

DN80 法兰截止阀：1 个；DN80 焊接钢管：0.8m

DN50 法兰截止阀：1 个；DN50 焊接钢管：1.5m

4. 卫生器具（编码 031004）

卫生器具见表 3.3.3-4。

卫 生 器 具   表 3.3.3-4

具体项目	适用范围	计算方法
卫生器具组成安装		以"组"为计量单位
浴盆		不包括支座和四周侧面砌砖及贴瓷砖工程量
蹲式大便器		已包括了固定大便器的垫砖，但不包括大便器蹲台砌筑
大便槽、小便槽自动冲洗水箱		以"套"为计量单位，已包括了水箱托架的制作安装
小便槽冲洗管的制作与安装		以"m"为计量单位，不包括阀门安装
脚踏开关安装		已包括了弯管与接头的安装

续表

具体项目	适用范围	计算方法
冷热水混合器安装		以"套"为计量单位，不包括支架制作安装及阀门安装
电热水器、电开水炉安装		以"台"为计量单位，只考虑本体安装
饮水器安装		以"台"为计量单位
容积式水加热器安装		以"台"为计量单位，不包括安全阀安装、温度计

【案例 3-41】 如图 3.3.3-5 所示某淋浴器示意图，采用钢管连接，试计算其工程量。

解：淋浴器　单位：套，数量：1

3.3.3.2　消防工程 （编码 0309）

依据《通用安装工程工程量计算规范（附录 J）》（2013）对水灭火系统、气体灭火系统、泡沫灭火系统、火灾自动报警系统、消防系统调试等内容逐一作介绍。

1. 水灭火系统 （030901）

水灭火系统见表 3.3.3-5。

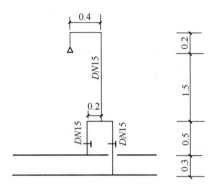

图 3.3.3-5　某淋浴器示意图

水灭火系统　　　　　　　　　　　　　　　　表 3.3.3-5

具体项目	适用范围	计算方法
喷淋管道安装		按设计管道中心线长度，以"m"计算
镀锌钢管安装	镀锌无缝钢管	按设计管道中心线长度，以"m"计算
喷头安装		按有吊顶、无吊顶分别以"个"为计量单位
报警装置安装		以"组"为计量单位。其他报警装置适用于雨淋、干式、干湿两用及预作用报警装置，其安装执行湿式报警装置安装项目，其人工费乘以系数 1.2
温感式水幕装置		以"组"为计量单位。但给水三通至喷头、阀门间管道的主材数量按设计管道中心长度另加损耗计算
水流指示器、减压孔		按不同规格以"个"为计量单位
室内消火栓组合盘		以"套"为计量单位，所带消防按钮的安装另行计算
管道支吊架	已综合支架、吊架及防晃支架	以"kg"为计量单位

【案例 3-42】 如图 3.3.3-6 所示，某建筑物室内消防系统安装工程的底层消防平面图，消防给水由室外消防水池及消防水泵供水，消防管道布置成环状，建筑物每层设置有 3 套消防栓装置，试计算其工作量。

解：（1）管道敷设：

消防管 *DN*100：36.0＋16.2＋3.4＋1.5＝57.1m；

（2）消防器材：

消防栓 $DN65$：3 套；消火栓箱：3 套；试验消火栓：1 套；

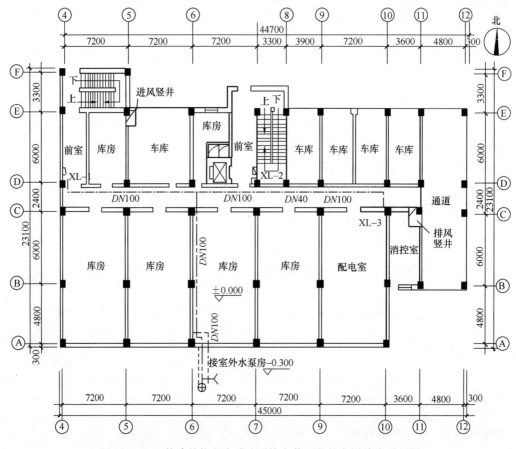

图 3.3.3-6　某建筑物室内消防系统安装工程的底层消防平面图

清单工程量计算见表 3.3.3-6。

解：

清单工程量计算表　　　　　　　　　　　　　　　　　　　　表 3.3.3-6

编号	项目编码	项目名称	项目特征描述	计量单位	工程量
1	030901002001	消防管 $DN100$	1. 安装部位：室内； 2. 材质、规格：消防管 $DN100$； 3. 连接方式：螺纹	m	57.1
2	030901010001	室内消防栓 双栓 $DN65$	1. 安装部位：室内； 2. 类型、规格：室内消防栓 双栓 $DN65$	套	3
3	030901010002	试验消防栓 单栓 $DN65$	1. 安装部位：室内； 2. 类型、规格：试验消防栓 单栓 $DN65$	套	1
4	031003003002	焊接法兰止回阀 $DN50$	1. 安装部位：本体安装； 2. 类型、规格：法兰止回阀 $DN50$； 3. 连接方法：焊接	个	1

续表

编号	项目编码	项目名称	项目特征描述	计量单位	工程量
5	031003003003	焊接法兰安全阀DN50	1. 安装部位：本体安装； 2. 类型、规格：法兰安全阀DN50； 3. 连接方法：焊接	个	1

2. 气体灭火系统（030902）

气体灭火系统见表3.3.3-7。

气体灭火系统   表3.3.3-7

具体项目	适用范围	计算方法
管道安装	包括无缝钢管的螺纹连接、法兰连接、气体驱动装置管道安装及钢制管件的螺纹连接	按设计管道中心线长度，以"m"为计量单位。不扣除阀门、管件及各种组件所占的长度
试验按水压强度试验和气压严密性试验		分别以"个"为计量单位
无缝钢管、钢制管件	适用于卤代烷1211和1301灭火系统	二氧化碳灭火系统，按卤代烷灭火系统相应项目乘以系数1.2

3. 泡沫灭火系统（030903）

泡沫灭火系统见表3.3.3-8。

泡沫灭火系统   表3.3.3-8

具体项目	适用范围	计算方法
泡沫发生器及泡沫比例混合器	包括整体安装、焊法兰、单体调试及配合管道试压时隔离本体所消耗的人工和材料	包括支架的制作安装和二次灌浆的工作内容，其工程量按相应定额另行计算。地脚螺栓按设备带来考虑
泡沫发生器		以"台"为计量单位，法兰和螺栓按设计规定另行计算
泡沫比例混合器		以"台"为计量单位，法兰和螺栓按设计规定另行计算

【案例3-43】 某一泡沫灭火系统，采用PHF管线式负压比例混合器两台，角钢支架安装固定，支架重0.2t，手工除中锈，刷红丹防锈漆两遍。DN100的低压电弧焊碳钢管150m，管道钢支架0.15t，人工除中锈，刷红丹防锈漆两遍，计算工程量。

清单工程量计算见表3.3.3-9。

解：

清单工程量计算表   表3.3.3-9

编号	项目编码	项目名称	项目特征描述	计量单位	工程量
1	030901002001	不锈钢管安装DN100	1. 安装部位：室内； 2. 材质、规格：不锈钢管安装DN100； 3. 连接方式：低压电弧焊，焊接	m	150

续表

编号	项目编码	项目名称	项目特征描述	计量单位	工程量
2	030903007001	PHF 型管线式比例混合器	1. 安装部位：本体安装； 2. 型号、规格：PHF 型管线式比例混合器	台	3
3	031002001001	管道钢支架安装	1. 安装部位：本体安装； 2. 人工除中锈，刷红丹防锈漆两遍	kg	150

4. 火灾自动报警系统（030904）

火灾自动报警系统一般是由火灾探测器、报警控制器、联动控制器、警报装置、远程控制器、火灾事故广播、消防通信、报警备用电源安装等设备组成，见表 3.3.3-10。

火灾自动报警系统 表 3.3.3-10

具体项目	适用范围	计算方法
警报相关装置	远程控制器警报装置报警控制器、联动控制器、报警联动一体机等	不同线制、不同安装方式中按照"点"数的不同划分项目，以"台"为计量单位
线形探测器的安装		以"10m"为计量单位。未包括探测器连接的一只模块和终端，其工程量应按相应项目另行计算
点型探测器		以"只"为计算单位。探测器安装包括了探头和底座的安装及本体调试

【案例 3-44】某商场一层高 4.5m，吊顶高 4m，其火灾报警系统组成如图 3.3.3-7 所示：

（1）区域报警器 AR 支挂式，板面尺寸 $520mm^2 \times 800mm^2$，安装高度 1.5m。

（2）SS 及 ST 和地址解码器，注用四总线制，配 BV-4×1 线，穿 PVC20 管，暗敷设在吊顶内。试计算工程量。

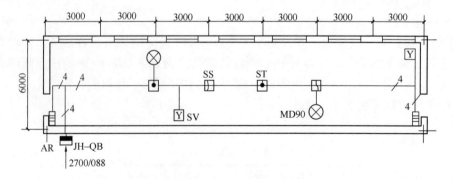

图 3.3.3-7　某火灾报警系统

解：清单工程量计算见表 3.3.3-11。

清单工程量计算表　　　　　　　　　　表 3.3.3-11

编号	项目编码	项目名称	项目特征描述	计量单位	工程量
1	030904009001	火灾区域报警器	1. 安装部位：安装高度 1.5m、AR 支挂式 32 点以下； 2. 类型、规格：火灾区域报警器板面尺寸 520×800mm^2；	台	1
2	030904003001	消防按钮安装	1. 安装部位：本体安装； 2. 类型、规格：手动报警按钮；	只	2
3	030904001001	感温探测器安装	1. 安装部位：本体安装、有吊顶； 2. 类型、规格：感温探测器；	只	2
4	030904001002	感烟探测器安装	1. 安装部位：本体安装、有吊顶； 2. 类型、规格：感烟探测器；	只	2
5	030412001001	探测器显示灯（吸顶灯罩直径 300mm 以内）	1. 安装部位：本体安装、有吊顶； 2. 类型、规格：探测器显示灯（吸顶灯罩直径 300mm 以内）	套	2

5. 消防系统调试（030905）

消防系统调试见表 3.3.3-12。

消防系统调试　　　　　　　　　　表 3.3.3-12

具体项目	适用范围	计算方法
水灭火系统控制装置		以"系统"为计量单位，其点数按多线制与总线制联动控制器的点数计算
火灾事故广播、消防通信系统	消防广播喇叭、音箱和消防通信的电话分机、电话插孔	按其数量以"10 只（个）"为计量单位
消防用电梯与控制中心间的控制调试		以"部"为计量单位
电动防火门、防火卷帘门		以"10 处"为计量单位，每樘为一处
气体灭火系统装置调试	模拟喷气试验、备用灭火器贮存容器切换操作试验	分别以"个"为计量单位。试验容器的数量包括系统调试、检测和验收所消耗的试验容器的总数，试验介质不同时可以换算

【案例 3-45】某 10 层办公楼，消防工程的部分工程项目如下：

（1）消火栓灭火系统，墙壁式消防水泵结合器 DN120 有 4 套，室内消火栓（单栓，铝合金箱）DN60＝35 套；手动对夹式蝶阀（D71x-6）DN120，有 6 个，镀锌钢管安装（法兰）DN120＝300m，（管道穿墙及楼板采用一般钢套管，DN125。26 个），DN50＝60m；管道角钢支架，有 585kg。

（2）自动喷淋灭火系统；水流指示器 DN120＝14 个，湿式报警装置 DN120＝2 组。

解：部分工程项目的工程量计算如下：

（1）室内消火栓镀锌钢管安装（法兰）DN120　　　　　　　300m

一般钢套管制作安装 DN125　　　　　　　　　　　　　　26 个

（2）室内消火栓镀锌钢管安装（丝接）*DN*50	60m
（3）手动对夹式蝶阀 D71×－6 *DN*120	6 个
（4）湿式报警装置 *DN*120	2 组
（5）水流指示器安装 *DN*120	14 个
（6）墙壁式消防水泵结合器 *DN*120	4 套
（7）自动报警系统装置调试 256 点以下	1 系统
（8）水灭火系统控制装置调试 200 点以下	1 系统

3.4　BIM 与工程量计算

工程量计算是编制工程预算的基础工作，其工作量大、计算起来繁琐、费时，但需要非常细致，有关研究表明工程量计算的时间在整个造价计算过程占到了 50%～80%。工程计量具有多次性的特点，估算、概算、预算、结算、决算这每一次编制工程造价的过程都需要算量，工程量的计算是工程造价中最繁琐、最高频的一项工作，消耗造价人员大量的时间和精力，造价成本人员整天忙忙碌碌，其工作也不仅仅是算量计价，工作重心应放在招标、合约、成本等方面的管控，因此最好的办法就是改进工程量计算方法。

改进工程量计算方法，一方面对于提高概预算质量，加快概预算速度，减轻概预算人员工作量；另一方面造价工程师可以回归本位，做好控制这项更有难度的管理型工作。随着计算机的普及应用后，工程量计算从手动算量、到软件表格法算量、再到软件三维算量，工程量计算越来越智能。尤其是 BIM 时代的到来，我们从 BIM 模型里读取工程量简便快捷，可以免去了算量的繁琐工作。

下面将从工程量计算发展历程、BIM 计量的优势和 BIM 计量的流程这三方面进行阐述。

3.4.1　工程量计量发展历程

3.4.1.1　手工算量

我国的工程量计算最开始采用手工算量，算量人员在长期的应用过程中，积累了丰富的工程量计算经验，并总结了许多速算方法和速算表格，大大提高了算量速度。

手工算量的优点是：计算书的书写也比较符合一般思维习惯，容易审核和审定，差错比较容易发现；由于是手工算量因此可以灵活地适应结构形式的变化，容易处理特殊结构。

手工算量的缺点：重复性劳动多，算量过程非常繁杂，低级计算错误难以避免，算量人员对于图纸的理解和自身职业水平的高低影响算量的准确率和速度；另外一旦出现错误会造成较大的修复代价，因为局部工程量的变化会引起汇总量的变化，进而造成汇总表格及后期的取费和组价的变化。

3.4.1.2　软件表格法算量

随着计算机技术的发展，IT 技术逐渐渗入各领域中，在施工领域出现软件表格法计算工程量，比如说我们最常见的 EXCEL。这种方法需要算量人员将各种工程量计算式、格式在软件中设置好，然后在输入工程量数据，软件自动汇总计算，准确的统计出工程量，形成报表打印，这种方法其实是用软件的表格代替造价工程师手中的"工程量计算表＋计算器"。

软件表格算量的优点：对数字的处理能力较强，提高了用户的算量效率；由于软件能够自动计算并形成报表，因此只需要更改引起错误的计算式或者增减计算条目，软件自动完成工程量的计算修复，出现错误非常容易修改，修改错误的成本很低；再者的计算思路完全符合用户操作习惯、用户应用门槛低，容易上手。

软件表格算量的缺点：虽然提高了算量效率，但是节省的只是拿计算器计算的时间，工程量计算的各种基础数据依然需要算量人员从结构图、建筑图、安装图等图纸中分析、提取、计算；算量人员同时还要考虑扣减关系，仍必须把各个构件的工程量计算式罗列出来，它和手工算量相比只是少了拿计算器计算的时间，并没有从根本上解脱算量人员的繁琐劳动。

3.4.1.3 三维算量软件

软件表格法算量的缺点促成了三维算量软件的出现和发展，国内目前流行的三维算量软件有广联达、斯维尔、鲁班等。依据设计院的二维图纸，预算人员在软件里建立构件，从图纸中找出与算量有关的构件属性来定义构件，然后在平面绘出构件，软件生成三维算量模型。软件内置国内清单定额规范，预算人员不用列出构件的工程量计算式，汇总计算得到工程量清单。国内主流的三维算量软件都是基于CAD进行二次开发的，这样就为建筑图纸的自动识别提供了便利，三维算量软件设置有软件接口导入设计图纸，预算人员甚至不用画图就可以准确的计算出工程量。

三维算量软件的优点：简化了算量输入，不用输入工程量计算式，只需输入与算量有关的构件信息，还可以通过CAD识别自动建立模型，可以大幅度提高算量效率；三维可以更直观看到构件的位置关系，容易发现画图和属性设置错误；可实现三维空间实体的三维扣减，算量精度高，对复杂构件的三维扣减计算精度超过手工算量；给出每个构件的计算式，方便算量人员查询和审核；有较好的扩展性，土建算量软件、钢筋算量软件、计价软件之间有数据接口，钢筋和土建算量之间可以互导，算量软件可以导进计价软件，实现量与价的结合。

三维算量软件的缺点：随着施工技术的发展，建筑物的体量和复杂度越来越高，虽然不用输入工程量计算式，但是大量的构件信息输入和绘制也依然很繁琐；CAD自动识别率受设计院出的CAD图纸的规范性影响，如果图纸不规范，有的构件自动识别错误，核查和修改耗费的时间精力还不如直接建模；三维模型虽然可以更直观地发现画图和属性设置错误，但是三维状态下没有办法修改，必须回到平面图中修改，操作麻烦；对构件类型和结构类型的支持有限，比如说对一些零星项目和钢结构处理起来比较困难，软件计算得到的工程量是有限的，需要算量人员针对实际情况进行补充。

3.4.1.4 BIM计量

BIM技术的发展和成熟，给建筑业带来一场革命，很多人对BIM在工程造价行业的认识是"一键算量"。虽然采用BIM技术现在还没有发展到一键算量，但是采用BIM技术进行工程计量具有无可比拟的优势。美国斯坦福大学整合设施中心（CIFE）总结了32个项目使用BIM技术后的效果，包括以下四项：预算外变更消除40%、造价估算所需时间缩短80%、通过提前发现和解决冲突使合同价格降低10%、通过协同使项目建设工期缩短 7%，从而更好回收投资。基于 BIM 的工程计量，与传统的三维算量不同，但又密不可分。广义上理解，基于 BIM 的三维算量，就是利用设计院深化设计后的三维模型直接得到工程量，工程各参与方共用一个模型，同时用于工程设计、施工管理、成本控制、进度控制等多个环节，有效地避免了重复计算工程量，实现了"一模多用"。BIM 可以实现快速的计量也是可信赖的计算，为项目管理提供基础数据。同时，BIM 又具有强大的数据统计分析能力，按材料、按标段、按部位、按构件分类统计，为招标采购、进度款支付、签证、索赔、分包结算等提供强大的数据支撑。

3.4.2　BIM 计量的优势

工程量计量经历了手工算量、软件表格算量、三维算量、再到 BIM 技术在建筑工程算量方面具有无可比拟的优势，其优势主要体现在以下：

3.4.2.1　提高工程量计算准确性

采用 BIM 技术能提高工程量计算准确性，主要体现在以下：

（1）传统造价人员需要依据设计院给出的二维图纸建立三维算量模型，算量的准确性依赖与造价人员对于图纸的理解和自身职业水平的高低；但是采用 BIM 技术后，造价人员算量依据是已经建好的建筑信息模型，避免了造价人员的读图能力和自身职业水平高低造成的误差。

（2）传统算量软件对不规则或复杂的几何形体计算能力比较弱，甚至无法计算（如对曲面形状只能采用近似计算方法）；但是采用 BIM 技术后，算量依据的是设计方给的三维模型，利用建好的三维模型对构件实体进行扣减计算，不管是对于规则构件或者是对于不规则构件都能同样计算。

（3）传统算量是各个专业分开计算，在做施工图预算时按图做预算，不考虑各个专业之间的软硬碰撞，计算出的工程量不符合工程实际；但是采用 BIM 技术后各个专业在一个平台上进行协同设计，将各种软硬碰撞和设计问题在设计阶段或施工前完成，从模型里面直接提取工程量更加符合工程实际。

3.4.2.2　数据共享和历史数据积累

采用 BIM 后，基于 BIM 的工程量计算可以实现工程量与所有工程实体数据的共享与透明。设计方、建设单位、施工方、监理方等可以统一调用 BIM 模型而实现数据透明、公开共享，极大地保证了各方对于工程实体客观数据的信息对称性，从而节约大量的工期、人力、物力。之前施工单位在编制竣工决算时，习惯在工程量中做一些手脚。当然这个不是诚信的问题，而是一种行业认可的业务技巧。业主单位或咨询公司的造价工程师疲于应对，承包商乐此不疲。前者再怎么细心，也会有疏忽遗漏的时候，而这就是承包商利润的来源。采用 BIM 模式后，只要是项目的参与人员，无论是设计人员、施工人员，还是咨询公司或业主，所有拿到 BIM 模型的人，得到的工程量都是一样的，这就意味着工程量核对这一个关键环节将不复存在。施工单位无法在工程量上有所隐瞒，要想获得不变的利润，他们必须从提高项目管理能力和施工技术水平上下功夫，寻找利润点。

已完工程计算出的算量指标，对今后类似项目的投资估算和可行性研究具有比较大的参考价值。但是传统的建设工程项目结束后，所有算量数据材料堆积在档案室，今后碰到相关类似项目，如要参考这些算量数据非常难找到。但是 BIM 技术在数据管理方面具有巨大的优势,利用 BIM 模型可以对算量指标进行准确、详细地分析和提取,并且形成电子档案资料,方便保存和共享。

3.4.2.3 提高工程变更管理能力

在建设项目执行过程中,经常会碰到设计变更。首先设计变更后,不仅要计算变更带来的施工工程量的变化,还需要对变更涉及的相关构件的工程量进行调整。传统的变更工程量统计费时费力且难以保证可靠性,造成变更预算的编制压力大,甚至出现因编制不及时而耽误最佳索赔时间,导致无法按合同约定进行索赔的困难局面。其次,当前的工程变更资料多为纸质的二维图纸,不能直观形象地反映变更部分的前后变化,容易造成变更工程量的漏项和少算,或在结算时产生争议,造成最终的索赔收入降低。另外工程变更的内容往往没有位置的信息和历史变更数据,今后追溯和查询非常麻烦,既容易引发结算争议,也容易因管理不善而遗忘索赔,造成应得的索赔收入减少。利用 BIM 技术建立的模型,设计变更内容不但可以关联到模型中,而且对模型稍作调整,相关设计变更的工程量变化数据就会自动反映和显示出来,进而提升工程变更管理能力。

3.4.2.4 提高造价管控水平

采用 BIM 技术能提高造价管控水平,主要表现在以下:

(1)从 BIM 模型里提取工程量简单快捷,造价工程师终于可以从繁琐的算量工作中解脱出来,有更多的时间和精力进行更有价值的工作,例如限额设计、人材机市场价格的把控与研究金融环境与市场、对项目全生命周期投资影响的分析、全过程造价管理这些技术含量更高的业务。

(2)设计前期,传统的工程量计算往往因耗时太多而无法及时将设计对成本的影响反馈给业主和设计师们;但是基于 BIM 技术,可以对工程量进行自动化计算与应用,方便造价人员及时将设计方案的成本反馈给设计师及业主,便于进行方案必选和限额设计。对于设计人员对 BIM 模型深化设计,造价人员基于 BIM 模型直接进行算量,可实现设计与算量的同步,并且能自动更新并统计变更部分的工程量。

(3)在 BIM 模型所获得的工程量上赋予时间信息(4D)、造价信息(5D),就能得到任意时间段任何工作量的造价信息,进而编制资金使用计划、人工消耗计划、材料消耗计划和机械消耗计划,人工、材料、机械以及资金等资源的使用计划的合理安排对施工项目的成本控制有较大的影响。

3.4.3 BIM 计量基本流程

Revit 目前是国内设计院主流的三维设计软件,因此我们的 BIM 计量模型以 Revit 模型为主。基于 Revit 模型工程量计量前提在 Revit 模型里面建好各专业模型,要保证模型的深度和质量,然后在模型基础上提取工程量。主要有三种方法:

(1)使用 Revit 自带的明细表统计工程量。

(2)使用插件将从 Revit 当中提取算量的信息以一定的数据格式导进传统算量软件。

(3)在 Revit 平台上内置的算量插件直接生成工程量。

下面将对上述三种 BIM 计量的基本流程进行简单讲解。

3.4.3.1 Revit 明细表统计工程量

Revit 明细表功能强大,不仅可以统计项目中各类图元对象的数量、材质、视图列表等信息，还可利用"计算值"功能在明细表中进行计算。首先设置所需条件对构件的工程信息进行筛选，然后利用软件的明细表功能完成相关构件的工程量统计。具体步骤如下：

（1）启动"明细表/数量"命令

启动命令见图3.4.3.1-1。

图3.4.3.1-1　启动"明细表/数量"命令

（2）选择明细表的类别，并命名。

选择明细表类别见图3.4.3.1-2。

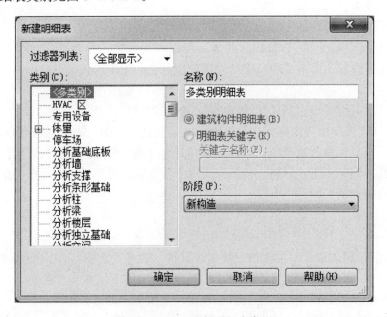

图3.4.3.1-2　选择明细表类型

（3）修改明细表属性：选择可用字段、注意上下顺序的调整。可以在明细表属性里面对字段、过滤器、排序/成组、格式、外观进行设置。确定后得到工程量明细表。例如统计的门明细表（图3.4.3.1-3、图3.4.3.1-4）。

（4）将Revit明细表导出为EXCEL文档

图 3.4.3.1-3　修改明细表属性

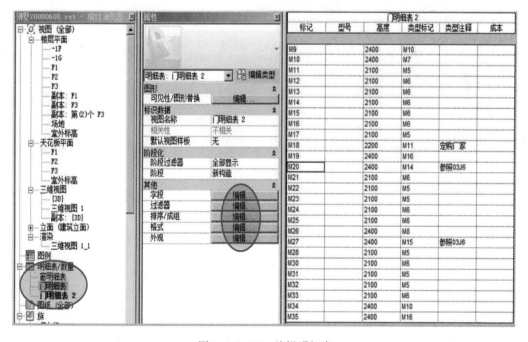

图 3.4.3.1-4　编辑明细表

将 Revit 明细表导出，如图 3.4.3.1-5。Revit 软件没有将明细表直接导出为 EXCEL 电子表格的功能，Revit 只能将明细表导出为 TXT 格式，但是这种 TXT 文件用 EXCEL 处理软件打开然后另存为 XLS 格式即可。

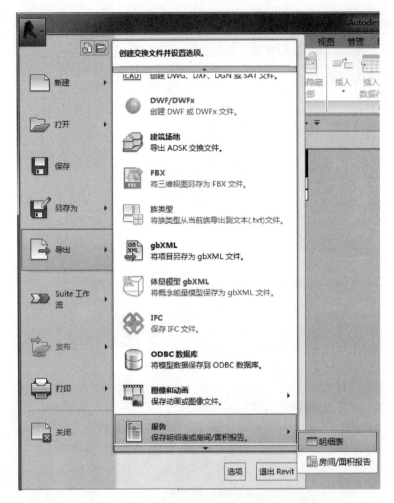

图 3.4.3.1-5　导出 Revit 明细表

　　Revit 的一个特性是所见即所得，在模型里面画多少，工程量就是多少，不会考虑相互之间的扣减关系，但是这样统计出来的有些工程量不符合国内的清单和定额规则。比如说梁板柱，他们三个之间的优先关系为：柱＞梁＞板，可是一般设计人员在建模时未必按照这样的规则来建模。要想统计出来的工程量是正确的，有两种方法，一种是建模前提出建模规则让设计人员在建模时按照算量规则来建模，另外一种是现有很多 Revit 内置插件，他们可以对模型进行修整，比如说墙到柱边、梁到柱边等，模型修整后计算出的工程量符合规范的要求。另外机电部分对于以个数统计工程量在 Revit 明细表里面提量没有问题，但是对于管道类的工程量按照明细表统计出来的是不符合算量规则的，比如水管长度在明细表里面是扣除管件和附件的所占的长度，但是计算规则里面是不扣除管件和附件的长度。这时修整模型是没有用的，只能考虑利用明细表的计算功能，将从明细表里面提取的管道长度乘以一定的系数即可。

　　明细表与模型的数据实时关联，是 BIM 数据综合利用的体现，因此在 Revit 设计阶段，需要制定和规划各类信息的命名规则，前期工作的扎实推进才能保证后期项目不同阶段实现信息共享与统计。

3.4.3.2 Revit 中提取算量信息以一定的数据格式导进传统算量软件

使用插件，将从 Revit 当中提取算量的信息以一定的数据格式导进传统算量软件，将 BIM 数据和国内传统的三维算量软件进行有效的连接，具体工作流程如下图所示。

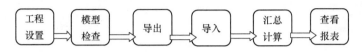

BIM 数据与国内算量软件对接流程

1. 工程设置

Revit 建好各专业模型后，在 Revit 内置的插件工程设置页面，进行工程概况信息输入、楼层转化、构件转化。

设计总说明中无法在模型中加载的，但是在工程计算时需要的信息在工程概况里面输入。对于上游，这些建筑结构装修等模型是由不同的设计师完成，实际工程会以设计师自己专业为中心文件，去链接别的专业模型；对于下游，建筑、结构和装修通常有需求同时导入算量。因此在设定导出范围的时候要将链接模型同时导出。

在 Revit 模型中，没有楼层这一概念，只用按照标高来绘制图元即可；导入算量软件时，由于出量的需要，要把标高对应到各楼层。因此首先进行楼层归属设置，然后再在楼层转化页面进行楼层转化。

由于 Revit 中的一个族类型，可转化为算量软件中多个构件类型时，依据算量插件内置的构件转换规则对构件进行转化。当 Revit 建模人员在构件命名上有自己命名体系的，且与软件现有默认转化规则不一致的，可修改转化规则或者族类型名称，方便建立 Revit 与传统算量软件之间转化关系及调整转化规则。

2. 模型检查

因为在导出导入的过程中会丢失图元，又因下游算量模型修改不能联动源头 Revit 模型，因此先进行模型检查，保证模型在源头就符合规范的要求，可避免重复修改模型工作。首先要设置检查范围，然后再进行模型检查，可检查出模型中的问题图元。一般软件提供定位、隔离、变色、忽略、修复、导出 excel 功能，可以大大提升修改模型效率，保证导入率。

3. 导出

对于建筑体量巨大、工程复杂的工程，整个建筑结构提量不仅汇总慢、效率低，而且很难满足用户单独楼层的提量。因此要先设置导出范围，比如说可以分区域导出，大大提升汇总效率，满足不同客户的提量需求。导出数据转换文件，查看导出报告，导出失败的图元可以根据报告修改模型，也可以在下游算量软件中添加导出失败构件图元。

4. 导入

在传统算量软件里面新建工程，导入数据转换文件。设置导入范围、导入规则（如图 3.4.3.2-1）。导入后要处理模型，因为设计模型和算量模型绘制的出发点和习惯不同，导致两个模型间存在一些差异，比如梁墙与柱相交，而设计模型无硬性要求，导入后处理功能将梁墙延伸至柱，达到混凝土量及模板出量准确性。导入成功后，查看导入报告及材质匹配。若软件匹配不正确，可以手动修改材质匹配。然后再对构件套取清单定额做法，可实现少画图多出量的目的。比如地面有 3 层做法，但是可以绘制 1 个面积，套 3 个做法。

图 3.4.3.2-1　GFC 文件导入向导

5. 汇总计算

为了计算构件及所套做法的工程量，如汇总计算未通过，会出现错误提示，依据提示定位到相应位置，手动调整模型直至汇总计算通过，见图 3.4.3.2-2。

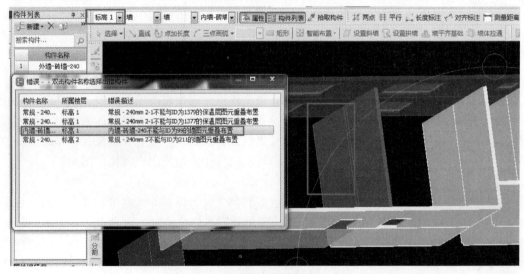

图 3.4.3.2-2　模型工程量汇总出错提示

6. 输出

设置报表查看范围，对报表进行预览。如果套取了做法，便可以查看"做法汇总分析表"，（图 3.4.3.2-3）。如选择查看"清单定额汇总表"。如果没有套做法，便可以直接查看"构件汇总分析表"（图 3.4.3.2-4）。

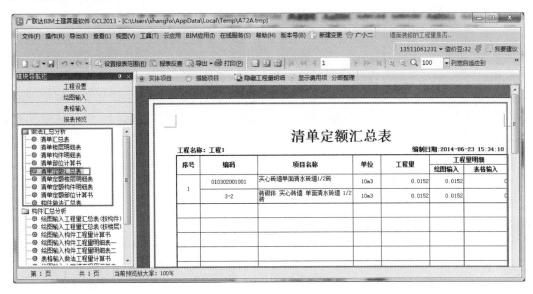

图 3.4.3.2-3　做法汇总分析

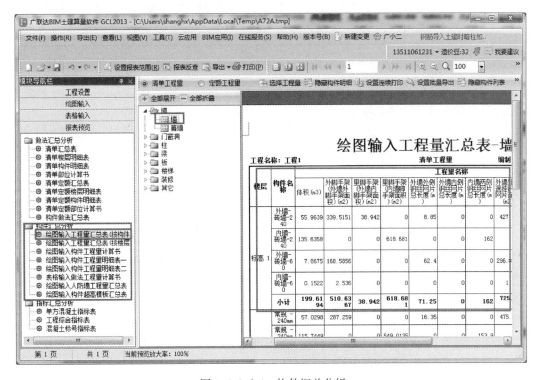

图 3.4.3.2-4　构件汇总分析

将从 Revit 当中提取算量的信息以一定的数据格式导进传统算量软件，将 BIM 数据和国内原有的算量软件进行有效的连接。这种方法零门槛，承接 Revit 模型，无需学习 Revit，造价人员零门槛；无需二次建模，避免传统算量软件繁琐的建模工作，快速解决全生命周期工程量计算问题；导入本土化算量软件，不用担心工程量计算的准确性和算量的专业性，符合国家 BIM 标准和清单计量规范；模型数据共享，Revit 转化为算量模型后，算量模型可拓展继续应用，为施工和运维阶段的 BIM 产品提供基础数据和模型。但是这种方法中间经过数据转化，会造成部分构件的丢失和无法识别。为了提高构件转化率和识别率，需要上游的设计模型的族命名、绘制方法、建模深度等建模规则进行规范化处理。比如说广联达的 BIM 算量，它是通过内置在 Revit 的 GFC 插件，基于 Revit 平台提取算量所需要的数据，转化为 GFC 标准文件，并导入到成熟的广联达算量平台，把 Revit 模型融入了本土化算量软件中，软件会内置有构件转化规则，自动根据构件族名称和 Revit 原材料将 Revit 构件转化算量构件和匹配材质属性，为了更好的将上游 Revti 模型转化算量模型，广联达发布了《Revti 导入广联达建模交互规范》来指导建模。

3.4.3.3　Revit 平台上内置的算量插件直接生成工程量

设计人员在 Revit 平台上建好模型后，打开内置在 Revit 上的算量插件界面，在里面进行工程设置、模型映射、套用做法、汇总计算生成工程量、然后输出报表。由于插件里面内置国内的清单和定额规则，因此产生的工程量符合国内算量要求。这种方法由于中间没有数据转换环节，可以有效地避免构件丢失和不识别。具体流程见图 3.4.3.3-1。

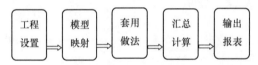

图 3.4.3.3-1　Revit 算量插件生成工程量流程

1. 工程设置

在 Revit 建好模型后，打开算量插件界面，首先进行工程设置，常规的工程设置有计算依据、楼层设置、映射规则、结构材料信息、工程特征等。例如某 BIM 计量软件计算模式设置如图 3.4.3.3-2 所示。

计算依据通常选用清单模式。选择定额名称时，可以直接在软件下拉选项中选择定额模式，选择定额模式时要根据当前算量文件的要求选择正确的地区和年份。如湖南省目前使用的是 2014 年的消耗量定额。选择清单名称时只要直接在下拉选项中选择对应年份的国标即可，目前使用的是 2013 发布的国标清单。计算模式中的楼层设置主要是在软件对应位置输入正负零距室外地面的高差值，因为它会影响到土方、外墙装修、外墙脚手架等工程量。计算设置直接勾选"启用协同计算"功能即可。

楼层设置：在 Revit 模型中，没有楼层这一概念，设计人员只用按照标高来绘制图元即可，但是常规统计工程量有按层统计工程量这一需求，算量插件将读取模型中的数值，确定层高，系统将根据设置好的层高，自动生成楼层。

映射规则：为了将 Revit 模型构件转化成计量软件可识别的构件，要先设置好转化规则也就是映射规则，映射规则主要是根据名称进行材料和结构类型的匹配。当根据族名未匹配成理想效果时，执行族名修改或者调整映射规则设置，提高构件转化率。

结构说明：可以使用材质映射，快速从族名、实例属性、类型属性中获取构件的材质、强度等级、砂浆材料。当模型里面构件没有赋予材质信息时，可以在结构说明里面按

图 3.4.3.3-2　BIM 计量软件计算模式设置

层统一修改构件的混凝土材料、砌体材质细腻。

工程特征：可以在对应的设置栏内通过直接填写或从下拉选择列表中选择，将内容设置或指定好，系统将按设置进行相应项目的工程量计算。在里面输入设计说明包含、但是在模型里面没有体现，但是算量又需要一些信息。比如说土建里面的模板类型、土方开挖的方式、运土距离，安装里面电缆的定尺长度、管道的防腐保温材料设置等。

2. 模型映射

模型转换的原理是根据名称进行材料和结构类型的匹配；将 BIM 模型构件转化成 BIM 计量软件可识别的构件。当根据族名未匹配成理想效果时，可以通过族名修改或调整转化规则设置，提高默认匹配成功率。针对部分企业自己的命名习惯，多数计量软件支持自定义规则库，用户可通过自定义规则库对构件进行命名，通过导入导出命令，实现用户一次定义，多次使用的功能。

算量插件一般提供构件变色功能，通过设置颜色，可以快速区别已转换构件、未转换构件及智能布置构件。具体颜色可根据自己喜好手动选择。例如某一 BIM 计量软件的构件分类变色功能如图 3.4.3.3-3 所示。可以直接在软件的下拉选项中选择自己喜欢的颜色。

图 3.4.3.3-3　构件分类变色

3. 套用做法

给构件挂接清单和定额做法。可以手动挂接、也可以自动套用。每个公司可以自主预设设备部件、构件的默认做法方案，进行做法的自动挂接。

4. 汇总计算

首先选定好需要计算的范围，然后算量插件会按照工程设置里面的计算依据对构件工程量进行汇总计算，汇总计算完后可以选中单个构件校验计算的准确性，可以通过三维图形和计算式验算计算式的准确性，能够直观的看到工程量扣减的过程。如图 3.4.3.3-4 所示：

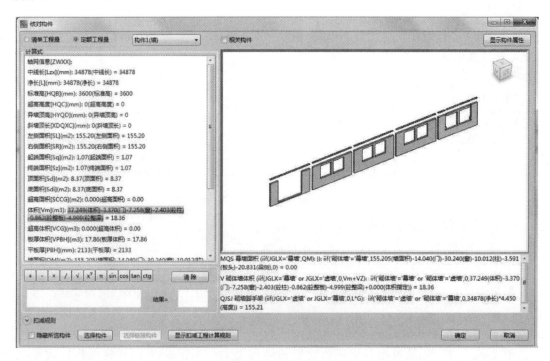

图 3.4.3.3-4　核对构件

5. 输出

工程量计算完成后，可以通过报表输出功能预览、输出、打印全部或指定构件的工程量。可以输出多种标准格式的工程量报表。比如说可以统计出清单、定额、构件实物量，机电专业可以按专业、按系统、按楼层统计工程量。

这种 Revit 平台上内置的算量插件直接生成工程量的方法，基于国际先进的 Revti 平台开发，利用 Revit 平台先进性，轻松实现设计出图、指导施工、编制预算的数据源相统一；将清单规范和各地定额工程量计算规则融入算量模块中；设计与预算无缝对接，不用重新建模节省时间，直接将设计文件转化为算量文件，无需二次建模，避免传统算量软件由于转化失败出现的构件转化丢失现象。

BIM 提量的三种方法，都依赖于模型的质量和深度。Revit 所见即所得，只有模型里面的构件才能计算出工程量，很大程度上依赖与建模深度。但是很多工程量在 Revit 里面没有办法灵活创建相应的构件，比如说：过梁、构造柱、土方等构件；另外由于 Revit 的装饰依赖与附着主体对操作者带来较大的难度，如：板同时考虑上部地面和下部顶棚的做法，板的厚度等情况，操作起来繁琐，容易出错。BIM 提量的第二种方法将从 Revit 里面提取的数据信息导入传统算量软件，传统算量软件在智能布置构造柱、圈梁、过梁、土方、装饰装修方面已经很成熟了，上述那些在 Revit 里面没有办法灵活创建的构件，但是在传统算量软件里面来解决。BIM 提量的第三种方法直接在 Revit 平台上的内置算量插件出工程量的方法，这种算量插件一般都具有智能布置功能，比如说新点 BIM 5D，它有土建和安装专业，是国内首创基于 Revit 平台直接转化算量模型，并针对 Revti 的特性及本土化算量和施工的需要，增加了用户想创建确不能灵活创建的构件，比如：过梁、构造柱、土方等构件；采用装饰做法和依附实体分离的做法，实现既不用建模者不用过多考虑装饰的情况，装饰后期按房间统一布置；机电专业提供了防雷接地线和设备的布置、电线电缆的智能布置、管段避让、支吊架布置、智能开孔灯模型修整功能。另外为了更好地利用 Revit 模型提取工程量，新点比目云提出了自己的建模规范。

BIM 模型一模多用，进行工程量提取，首先对于在模型中无法创建的构件或措施项目来讲，可以通过补充构件布置的方式实现完整的工程量清单。再者对模型的规范度有较高的要求，需要在建模之前就创建 BIM 算量流程，设定好建模规则。在具体实践中，需要通过尝试和探索总结出一套方法规则。但是这种规则方法还需要更多的项目实践来验证和修改，同时，BIM 模型的后价值点很多，针对工程量计算这一个应用点总结出的规则和方法是否能够为多个应用点应用，即用这种规则和方法搭建的 BIM 模型能否在其他应用点通用，是值得认真思考和实践的问题。随着科学技术的进步和发展，大量推广和应用 BIM 技术，其在工程造价方面的优势也在扩大。造价人员需要与时俱进地学习和掌握 BIM 技术。

3.5 BIM 案例解析

基于 BIM 技术的工程量计算如何实现，本文拟采用和前文传统的手工算量同样的案例来进行说明。

案例一：（对应手工计算案例 3-7）

① 通过 BIM 建立模型，再打开比目云算量软件，进行工程设置（图 3.5-1）。

② 对 BIM 模型进行模型映射，确保模型符合算量要求（图 3.5-2）。

③ 点击算量选项，勾选墙体输出项（图 3.5-3）。

④ 选择所要计算的砖墙，点击构件列表，在属性栏修改砖墙的构件类型、物理属性、施工属性（图 3.5-4）。

⑤ 点击做法栏套用对应的清单，勾选需要输出的项目特征（图 3.5-5）。

⑥ 点击汇总计算，勾选所需计算砖墙条件，完成砖墙工程量计算（图 3.5-6、图 3.5-7）。

⑦ 由上述计算得出砖墙工程量为 32.35m³，扣除构造柱、过梁所占工程量，得出砖墙实际用量。

$$V_{砌体} = V_{砌体1} - V_{过梁} - V_{构造柱} = 32.35 - 0.81 - 0.52 = 31.02m^3$$

图 3.5-1 工程设置：计量模式

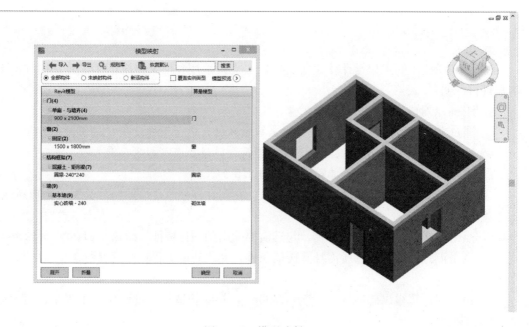

图 3.5-2 模型映射

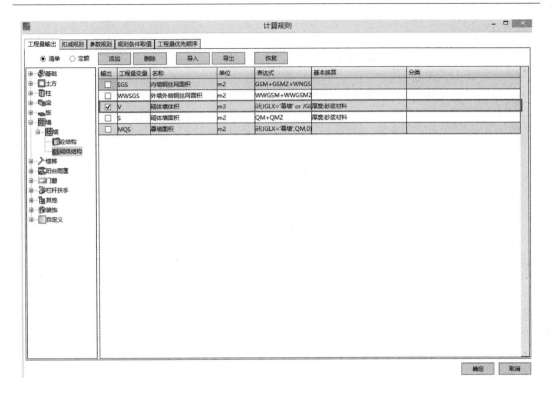

图 3.5-3　计算规则

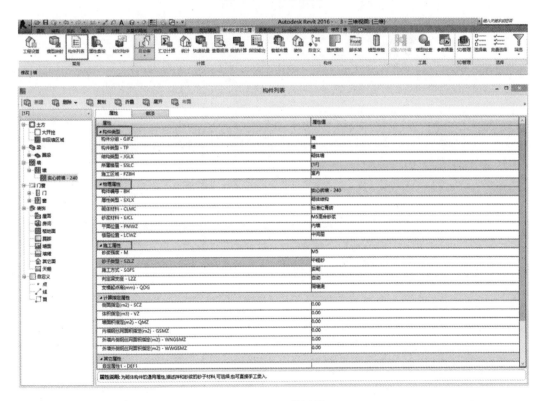

图 3.5-4　三维视图

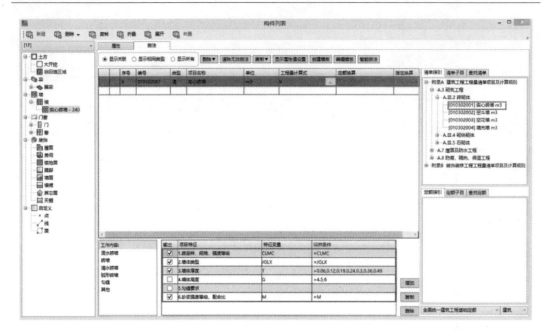

图 3.5-5　勾选项目特征

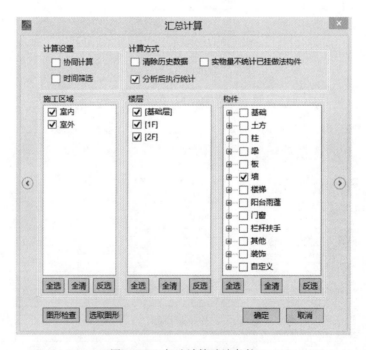

图 3.5-6　勾选计算砖墙条件

图 3.5-7　完成砖墙工程量计算

案例二：（对应手工计算案例 3-8）

① 通过 BIM 建立模型，再打开比目云算量软件，进行工程设置（图 3.5-8）。

图 3.5-8 工程设置：计量模式

② 对 BIM 模型进行模型映射，确保模型符合算量要求（图 3.5-9）。

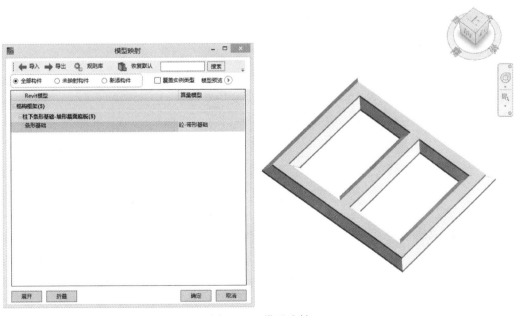

图 3.5-9 模型映射

③ 点击算量选项，勾选条形基础输出项（图 3.5-10）。

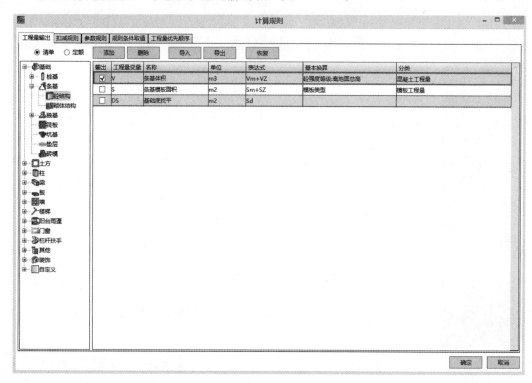

图 3.5-10　计算规则

④ 选择所要计算的条形基础，点击构件列表，在属性栏修改条形基础的构件类型、物理属性、施工属性（图 3.5-11）。

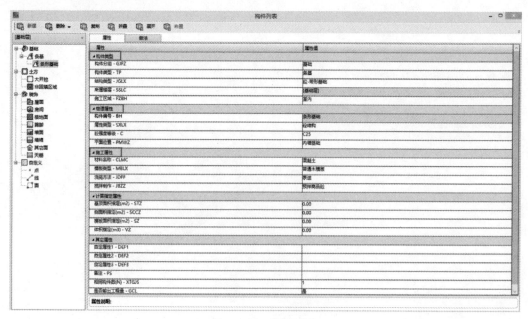

图 3.5-11　构件列表

⑤ 点击做法栏套用对应的清单，勾选需要输出的项目特征（图 3.5-12）。

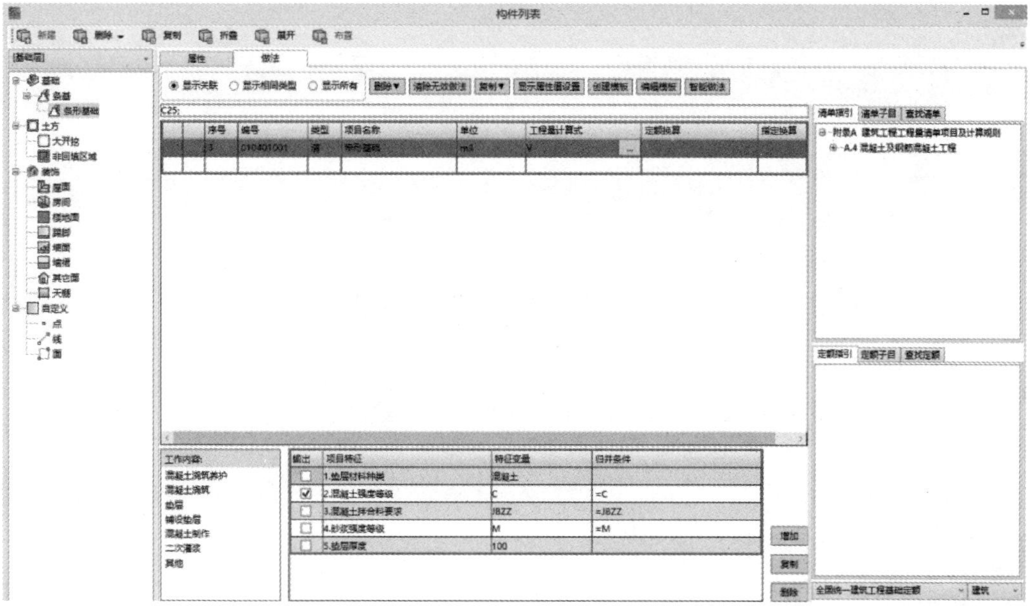

图 3.5-12 勾选项目特征

⑥ 点击汇总计算，勾选所需计算条形基础条件，完成条形基础工程量计算（图 3.5-13、图 3.5-14）。

图 3.5-13 勾选条形基础条件

图 3.5-14　完成条形基础工程量计算

案例三：（对应手工计算案例 3-12）

① 通过 BIM 建立模型，再打开比目云算量软件，进行工程设置（图 3.5-15）。

图 3.5-15　工程设置：计量模式

② 对 BIM 模型进行模型映射，确保模型符合算量要求（图 3.5-16）。

③ 点击算量选项，在工程量输出栏修改柱、梁、板输出项，选择柱、梁、板体积（图 3.5-17）。

④ 根据工程柱、梁、板模型搭建情况，修改构件扣减规则（图 3.5-18）。

⑤ 点击汇总计算，勾选所需计算混凝土工程量条件，完成柱、梁、板混凝土工程量计算（图 3.5-19）。

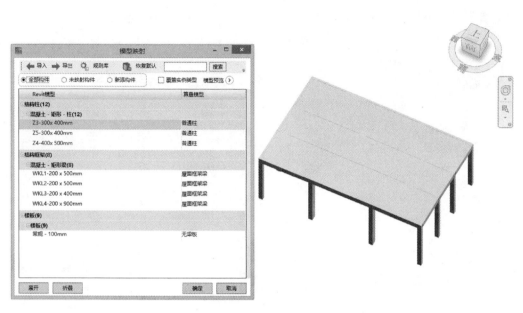

图 3.5-16 模型映射

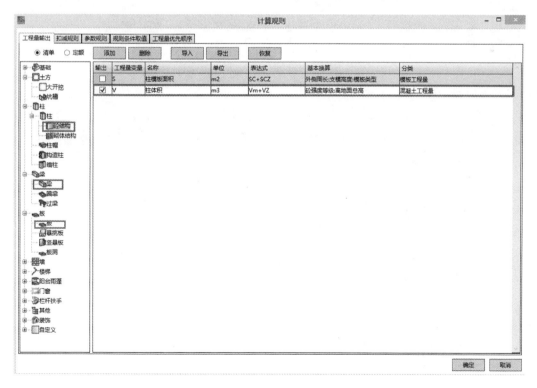

图 3.5-17 计算规则

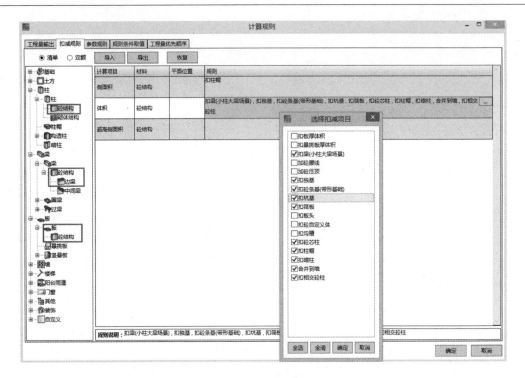

图 3.5-18　修改构件扣减规则

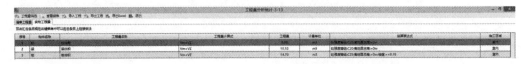

图 3.5-19　完成柱、梁、板混凝土工程量计算

案例四：（对应手工计算案例 3-17）

① 通过 BIM 建立模型，再打开比目云算量软件，进行工程设置（图 3.5-20）。

图 3.5-20　工程设置：计量模式

② 对 BIM 模型进行模型映射，确保模型符合算量要求（图 3.5-21）。

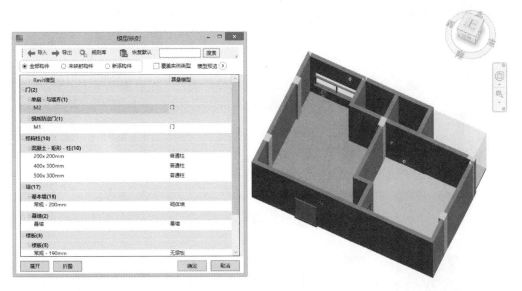

图 3.5-21 模型映射

③ 点击算量选项，在工程量输出栏修改门窗输出项，选择门槛面积及窗槛面积（图 3.5-22）。

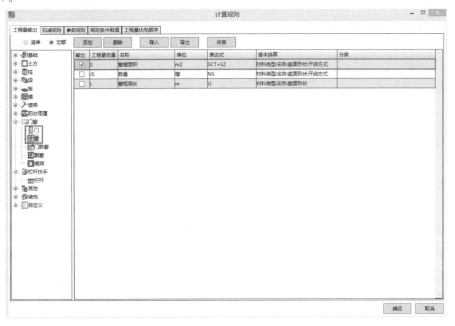

图 3.5-22 计算规则

④ 点击汇总计算，勾选所需计算门窗工程量条件，完成门窗工程量计算（图 3.5-23）。

案例五：（对应手工计算案例 3-22）

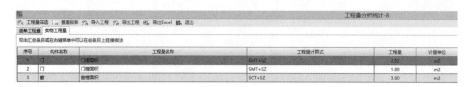

图 3.5-23　完成门窗工程量计算

① 通过 BIM 建立模型，再打开比目云算量软件，进行工程设置（图 3.5-24）。

图 3.5-24　工程设置：计量模式

② 对 BIM 模型进行模型映射，确保模型符合算量要求（图 3.5-25）。

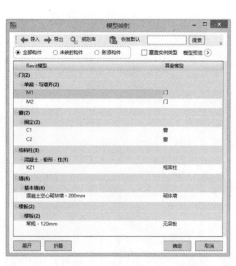

图 3.5-25　模型映射

③ 点击智能布置，选择房间批量布置，布置好房间（图 3.5-26）。

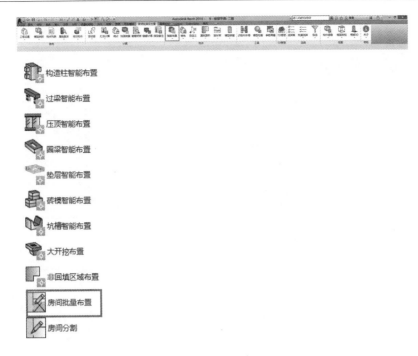

图 3.5-26　布置好房间

④ 点击装饰栏，选择房间装饰自动布置（图 3.5-27）

⑤ 创建墙面类型，在房间属性列表中选择已经创建完成的墙面做法，点击布置完成墙面做法布置（图 3.5-28）。

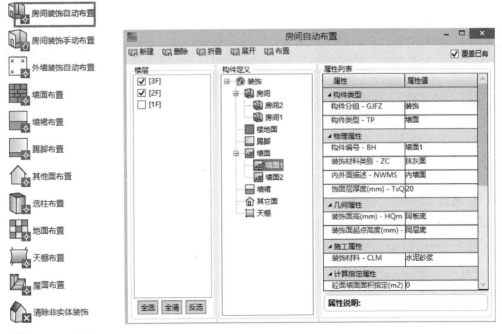

图 3.5-27　房间
装饰自动布置

图 3.5-28　选择一个墙面进行自动布置

⑥ 点击汇总计算，勾选所需计算内墙抹灰条件，完成抹灰工程量计算（图 3.5-30）。

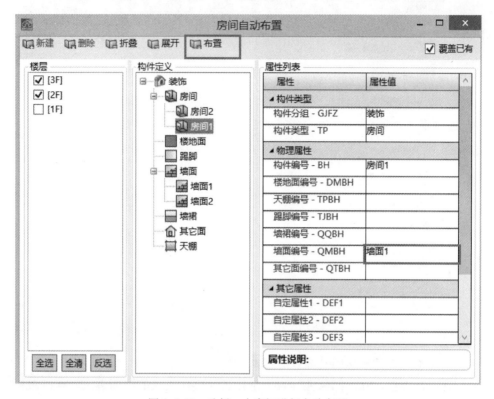

图 3.5-29　选择一个房间进行自动布置

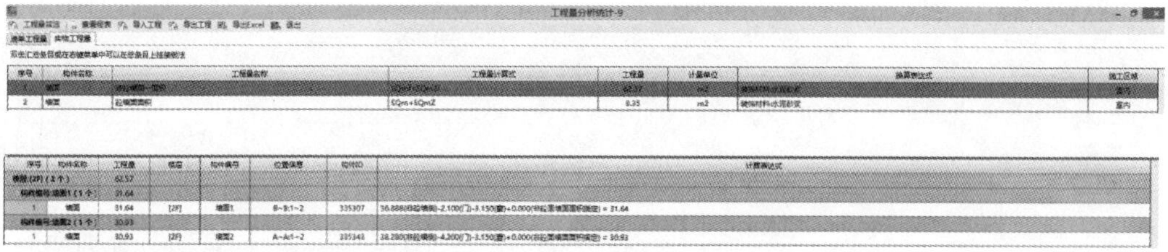

图 3.5-30　完成抹灰工程量计算

案例六：（对应手工计算案例 3-34）

① 通过 BIM 建立模型，再打开比目云算量软件，进行工程设置（图 3.5-31）。

② 对 BIM 模型进行模型映射，确保模型符合算量要求（图 3.5-32）。

③ 点击智能布置，选择房间批量布置，布置好房间（图 3.5-33）。

④ 点击装饰栏，选择房间装饰自动布置（图 3.5-34）

⑤ 创建墙裙类型，在房间属性列表中选择已经创建完成的墙裙做法，点击布置完成墙裙做法布置（图 3.5-35、图 3.5-36）。

⑥ 点击汇总计算，勾选所需计算墙裙油漆工程量条件，完成油漆工程量统计（图 3.5-37）。

图 3.5-31 工程设置：计量模式

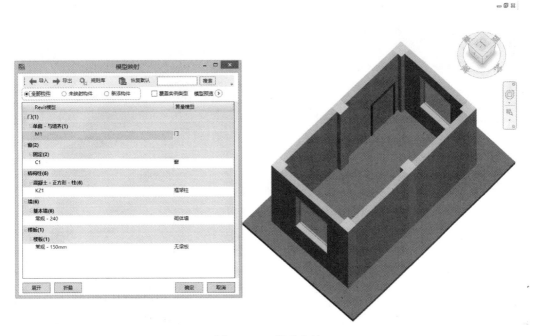

图 3.5-32 模型映射

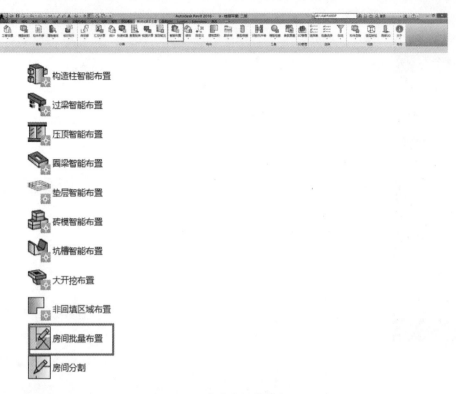

图 3.5-33　完成房间批量布置

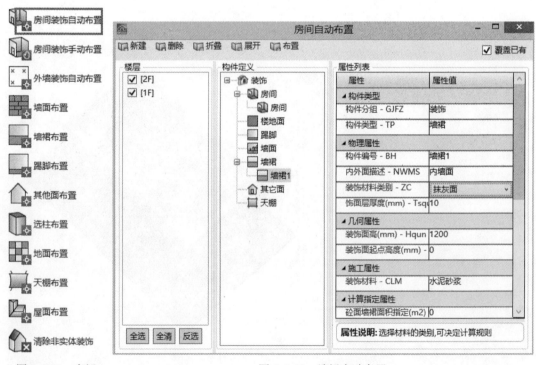

图 3.5-34　房间
装饰自动布置

图 3.5-35　墙裙自动布置

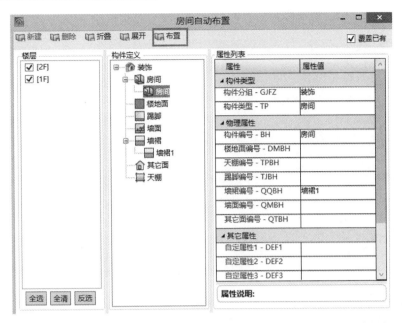

图 3.5-36 房间自动布置

图 3.5-37 完成油漆工程量统计

案例七：（对应手工计算案例 3-34）

① 通过 BIM 建立模型，再打开比目云算量软件，进行工程设置，包含计算依据、算量选项、计算精度等（图 3.5-38）。

图 3.5-38 工程设置：计量模式

② 对 BIM 模型进行模型映射，确保模型符合算量要求（图 3.5-39、图 3.5-40）。

图 3.5-39　模型映射

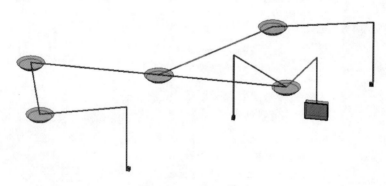

图 3.5-40　Revit 模型

③ 通过汇总计算算出工程量（图 3.5-41）。

④ 经比目云算量软件对模型计算，塑料管 PC20：L＝18.49＋5.25＝23.74m。电线 BYJ－2.5：63.2＋16.9＝80.1m（图 3.5-42）。

⑤ PC 管水平敷设为 18.49m 明细见图 3.5-43。

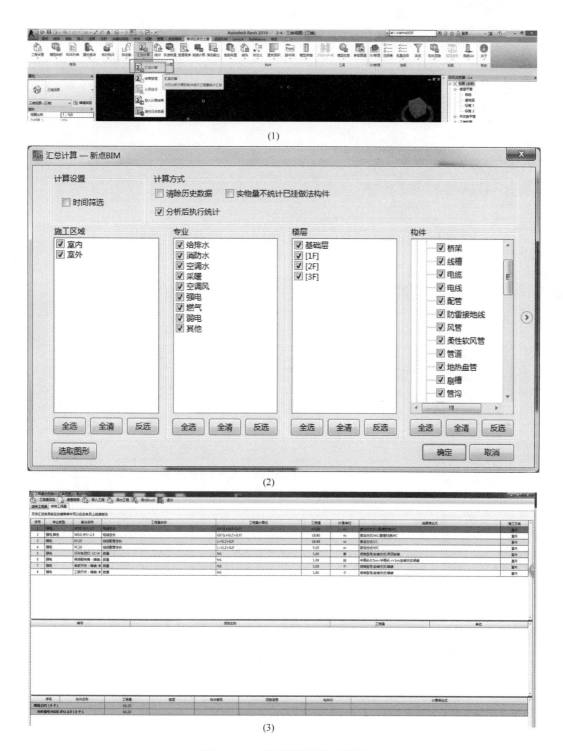

图 3.5-41　通过汇总计算工程量

序号	专业类型	输出名称	工程量名称	工程量计算式	工程量	计量单位	换算表达式
1	强电	WDZ-BYJ-2.5	电线总长	GS*(L+SLZ+SLF)	63.20	m	敷设方式:CC;配管材质:PC
2	强电,其他	WDZ-BYJ-2.5	电线总长	GS*(L+SLZ+SLF)	16.90	m	敷设方式:WC;配管材质:PC
3	强电	PC20	线缆配管总长	L+SLZ+SLF	18.49	m	敷设方式:CC
4	强电	PC20	线缆配管总长	L+SLZ+SLF	5.25	m	敷设方式:WC
5	强电	环形吸顶灯: 32 W	数量	NS	5.00	套	规格型号;安装方式:吊顶安装
6	强电	照明配电箱 - 暗装: 标准	数量	NS	1.00	台	半周长:0.5m<半周长<=1m
7	强电	单联开关 - 暗装: 单控	数量	NS	2.00	个	规格型号;安装方式:暗装
8	强电	三联开关 - 暗装: 单控	数量	NS	1.00	个	规格型号;安装方式:暗装

图 3.5-42　电气工程量表

序号	构件名称	工程量	楼层	构件编号	回路信息	构件ID	计算表达式
楼层:[1F]（4个）		16.90					
构件编号:WDZ-BY		16.90					
1	电线	2.80	[1F]	WDZ-BYJ-2.5		7933682	2.000(根数)*(1.400(长度)+0.000(长度指定调整)+0.000(长度分析调整)) = 2.80
2	电线	5.60	[1F]	WDZ-BYJ-2.5		7934411	4.000(根数)*(1.400(长度)+0.000(长度指定调整)+0.000(长度分析调整)) = 5.60
3	电线	2.80	[1F]	WDZ-BYJ-2.5		7934870	2.000(根数)*(1.400(长度)+0.000(长度指定调整)+0.000(长度分析调整)) = 2.80
4	电线	5.70	[1F]	WDZ-BYJ-2.5		7936798	3.000(根数)*(1.051(长度)+0.000(长度指定调整)+0.850(配电箱柜)) = 5.70

图 3.5-43　PC 管水平敷设明细

⑥ PC 管垂直敷设为 5.25m 明细见图 3.5-44。

⑦ 电线水平敷设为 63.2m 明细见图 3.5-45。

⑧ 电线垂直敷设为 16.9m 明细见图 3.5-46。

序号	构件名称	工程量	楼层	构件编号	回路信息	构件ID	计算表达式
楼层:[1F]（8个）		18.49					
构件编号:PC20（8		18.49					
1	配管	1.90	[1F]	PC20		7933680	1.901(原始长度)+0.002(灯具)+0.000(长度指定调整)+0.000(长度分析调整) = 1.90
2	配管	1.82	[1F]	PC20		7934868	1.817(长度)+0.000(长度指定调整)+0.000(长度分析调整) = 1.82
3	配管	2.33	[1F]	PC20		7932926	2.330(长度)+0.000(长度指定调整)+0.000(长度分析调整) = 2.33
4	配管	2.76	[1F]	PC20		7932744	2.756(原始长度)+0.001(灯具)+0.000(长度指定调整)+0.000(长度分析调整) = 2.76
5	配管	3.23	[1F]	PC20		7934007	3.233(原始长度)+0.001(灯具)+0.000(长度指定调整)+0.000(长度分析调整) = 3.23
6	配管	2.81	[1F]	PC20		7932844	2.814(原始长度)+0.000(长度指定调整)+0.000(长度分析调整) = 2.81
7	配管	1.48	[1F]	PC20		7936800	1.475(原始长度)+0.000(长度指定调整)+0.000(长度分析调整) = 1.48
8	配管	2.16	[1F]	PC20		7934409	2.159(长度)+0.000(长度指定调整)+0.000(长度分析调整) = 2.16

图 3.5-44　PC 管垂直敷设明细

序号	构件名称	工程量	楼层	构件编号	回路信息	构件ID	计算表达式
楼层:[1F]（8个）		63.20					
构件编号:WDZ-BY		63.20					
1	电线	4.43	[1F]	WDZ-BYJ-2.5		7936800	3.000(根数)*(1.475(长度)+0.000(长度指定调整)+0.000(长度分析调整)) = 4.43
2	电线	11.26	[1F]	WDZ-BYJ-2.5		7932844	4.000(根数)*(2.814(长度)+0.000(长度指定调整)+0.000(长度分析调整)) = 11.26
3	电线	8.64	[1F]	WDZ-BYJ-2.5		7934409	4.000(根数)*(2.159(长度)+0.000(长度指定调整)+0.000(长度分析调整)) = 8.64
4	电线	3.81	[1F]	WDZ-BYJ-2.5		7933680	2.000(根数)*(1.903(长度)+0.000(长度指定调整)+0.000(长度分析调整)) = 3.81
5	电线	6.99	[1F]	WDZ-BYJ-2.5		7932926	3.000(根数)*(2.330(长度)+0.000(长度指定调整)+0.000(长度分析调整)) = 6.99
6	电线	3.63	[1F]	WDZ-BYJ-2.5		7934868	2.000(根数)*(1.817(长度)+0.000(长度指定调整)+0.000(长度分析调整)) = 3.63
7	电线	8.27	[1F]	WDZ-BYJ-2.5		7932744	3.000(根数)*(2.757(长度)+0.000(长度指定调整)+0.000(长度分析调整)) = 8.27
8	电线	16.17	[1F]	WDZ-BYJ-2.5		7934007	5.000(根数)*(3.234(长度)+0.000(长度指定调整)+0.000(长度分析调整)) = 16.17

图 3.5-45　电线水平敷设明细

序号	构件名称	工程量	楼层	构件编号	回路信息	构件ID	计算表达式
楼层:[1F]（4个）		5.25					
构件编号:PC20（4		5.25					
1	配管	1.40	[1F]	PC20		7934870	1.400(长度)+0.000(长度指定调整)+0.000(长度分析调整) = 1.40
2	配管	1.05	[1F]	PC20		7936798	1.050(原始长度)+0.000(长度指定调整)+0.000(长度分析调整) = 1.05
3	配管	1.40	[1F]	PC20		7933682	1.400(长度)+0.000(长度指定调整)+0.000(长度分析调整) = 1.40
4	配管	1.40	[1F]	PC20		7934411	1.400(长度)+0.000(长度指定调整)+0.000(长度分析调整) = 1.40

图 3.5-46　电线垂直敷设明细

案例八：（对应手工计算案例 3-38）

① 通过 BIM 建立模型，再打开比目云算量软件，进行工程设置，包含计算依据、算量选项、计算精度等（图 3.5-47）。

② 对 BIM 模型进行模型映射，确保模型符合算量要求（图 3.5-48）。

③ 点击汇总计算，完成 PVC 塑料管工程量统计（图 3.5-49）。

图 3.5-47 工程设置：计算模式

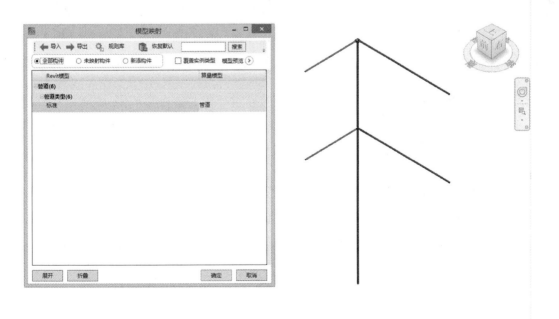

图 3.5-48 模型映射

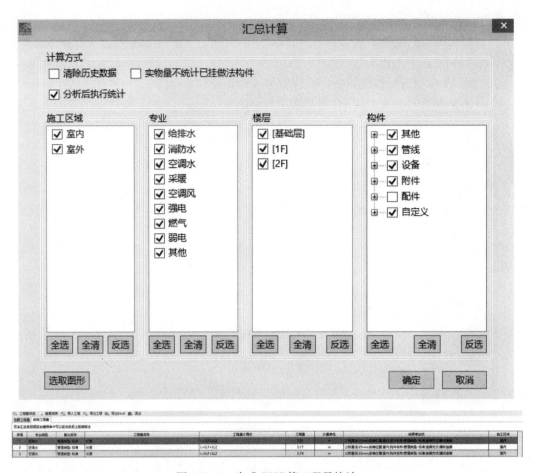

图 3.5-49　完成 PVC 管工程量统计

课 后 习 题

一、简答题

1. 简述砖砌体工程量计算规则。

2. 现浇混凝土楼梯工程量如何计算？

3. 现浇混凝土柱的柱高是如何确定的？

4. 简述卷材防水屋面计算规则。

5. 根据工程量清单的规定，如何区分平整场地、挖一般土方、挖沟槽、挖基坑项目？

二、单选题

1. 某建筑基础为钢筋混凝土基础，墙体为黏土砖墙，基础顶面设计标高为＋0.10m，室内地坪为±0.00m，室外地坪为－2.0m，则该建筑基础与墙体的分界面为（　　）。

A. 标高－0.230m 处　　　　　　　　　B. 室外地坪－0.20m 处

C. 室内地坪±0.00m 处　　　　　　　　D. 基础顶面标高＋0.10m 处

2. 计算砖基础工程量时应并入墙体体积内计算的是（　　）。

A. 挑梁   B. 挑檐

C. 砖垛   D. 虎头砖

3. 砖外墙工程量计算中，墙身高度的计算范围为(　　)。

A. 坡屋面无檐口天棚者，算至屋面板底

B. 有屋架且室内外均有天棚者，算至屋架下弦底

C. 无天棚者算至屋架下弦底

D. 平屋面算至钢筋混凝土楼板面

4. 工程量按面积以平方米为计量单位的有(　　)。

A. 现浇混凝土天沟   B. 现浇混凝土雨篷

C. 现浇混凝土板后浇带   D. 砖砌散水

5. 以下按 m^3 计算工程量的有(　　)。

A. 平整场地   B. 空花墙

C. 喷射混凝土、水泥砂浆   D. 钢支撑

三、多选题

1. 砖基础工程量中，应扣除(　　)的体积。

A. 嵌入基础内的地梁

B. 基础防潮层

C. 单个面积在 $0.3m^2$ 以内的孔洞

D. 嵌入基础内的构造柱

E. 嵌入基础内的铁件

2. 砌筑墙体按长度乘以厚度再乘以高度以体积计算，应扣除(　　)等所占体积。

A. 门窗洞口   B. 外墙板头、檩头

C. 过人洞、空圈   D. 圈梁

E. 面积在 $0.3m^2$ 以上的孔洞的体积

3. 计算混凝土工程时，正确的工程量计算规则是(　　)。

A. 现浇混凝土构造柱不扣除预埋铁件体积

B. 无梁板的柱高自楼板上表面算至柱帽下表面

C. 伸入墙内的现浇混凝土梁头的体积不计算

D. 现浇混凝土墙中，墙垛及凸出部分不计算

E. 现浇混凝土楼梯伸入墙内部分不计算

四、计算题

某工程基础土方工程，土壤类别普通土，该工程基础平面图，墙剖面图，柱基剖面图分别见图1、图2、图3。请根据以上资料按工程量清单计算规则计算平整场地、挖基槽土方、挖基坑土方的清单工程量。

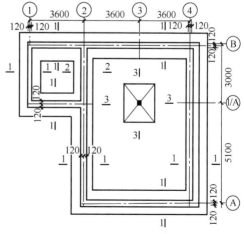

图 1　基础平面图

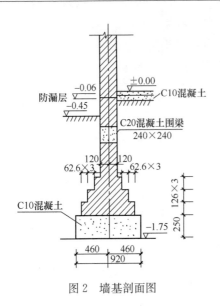

图2　墙基剖面图

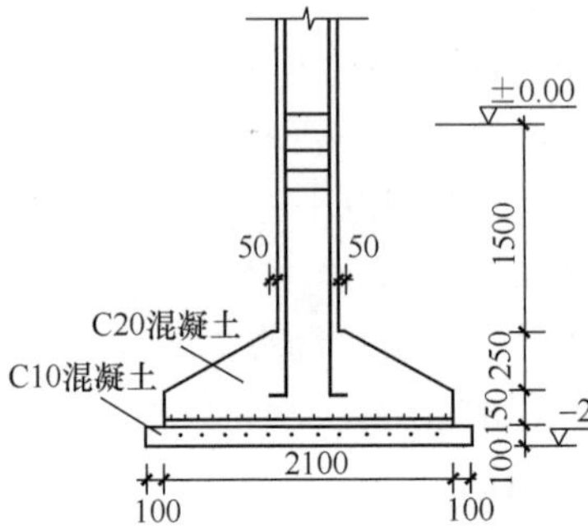

图3　柱基剖面图

参考答案

一、简答题

1. 答：砌筑工程定额工程量计算规则：

（1）计算墙体时，应扣除门窗洞口、过人洞、空圈、嵌入墙身的钢筋混凝土柱、梁（包括过梁、圈梁、挑梁）砖平碹、圆弧形碹、钢筋砖过梁和暖气包壁龛的体积，不扣除梁头、内外墙板头、檩头、木楞头、游沿木、木砖、门窗走头、砖墙内的加固钢筋、木筋、铁件等及每个面积在 $0.3m^2$ 以下的孔洞所占的体积，突出墙面的窗台虎头砖、压顶线、山墙泛水、烟囱根、门窗套及三皮砖以内的腰线和挑檐等体积亦不增加。

（2）附墙柱、三皮砖以上的腰线和挑檐等体积，并入墙身体积内计算。

（3）附墙烟囱（包括附墙通风道、垃圾道）按其外形体积计算，并入所依附的墙体积内，不扣除每一个孔洞横截面在 $0.1m^2$ 以下的体积，但孔洞内的抹灰工程量亦不增加。

2. 答：以平方米计量，按设计图示尺寸以水平投影面积计算。不扣除≤500mm 的楼梯井，伸入墙内部分不计算。

3. 答：柱高按以下规定：

（1）有梁板的柱高，应自柱基（或楼板）上表面至上一层楼板上表面高度计算。

（2）无梁板的柱高，应自柱基（或楼板）上表面至柱帽下表面高度计算。

（3）框架柱的柱高，应自柱基上表面至柱顶高度计算。

（4）构造柱按全高计算，嵌入墙体部分并入柱身体积内。

（5）依附柱上的悬臂梁，并入柱身体积内计算。

4. 答：按设计图示尺寸以面积计算。

（1）斜屋顶（不包括平屋顶找坡）按斜面积计算，平屋顶按水平投影面积计算。

（2）不扣除房上烟囱、风帽底座、风道、屋面小气窗和斜沟所占面积。

（3）屋面的女儿墙、伸缩缝和天窗等处的弯起部分，并入屋面工程量内。

5. 答：平整场地是指建筑场地挖、填土方厚度在±30cm 以内及找平。厚度超过

±30cm 时，其全部土方工程量按挖土方相应定额计算。

沟槽、基坑、一般土方的划分为：底宽≤7m，底长>3 倍底宽为沟槽；底长≤3 倍底宽、底面积≤150m 为基坑；超出上述范围则为一般土方。

二、单选题

1. D　2. C　3. A　4. D　5. B

三、多选题

1. AD　2. ACDE　3. AE

四、计算题

答：$L_外=(3.6×3+0.24+3+5.1+0.24)×2=38.76m$

$L=(3.6×3+3+5.1)×2+3-0.92=39.88m$

平整场地清单量：$(3.6×2+0.24)×(5.1+3+0.24)+3.6×(3+0.24)=73.71m^2$

挖基槽清单量：$39.88×(1.75-0.45)×0.92=47.70m^3$

挖基坑清单量：$2.3×2.3×(2-0.45)=8.20m^3$

第4章 BIM 与工程计价

本章导读：

  本章主要讲述工程计价知识的知识。首先概括讲解了工程计价的概念、依据、内容和清单计价规范，并《湖南省安装工程消耗量标准》(2014 版) 为例，阐述了消耗量定额的基本内容。工程类别的划分是工程造价基本知识，本章作了详细解释。根据住建部和财政部关于印发《建筑安装工程费用项目组成》的通知建标［2013］44 号文精神，费用项目由两种形式组成，即按工程造价费用构成要素划分组成和工程造价形成顺序划分组成。本章按费用项目两种不同的组成形式，分别就建筑安装工程造价费用的计算方法、计价程序、计价模式、价差调整等作了重点阐述。清单计价法与定额计价法通过案例的形式作了示范。BIM 在工程计价中的应用内容，从当前工程计价的难点、优势作了科学分析。

4.1 工程计价概述

4.1.1 工程计价概念与依据

1. 工程计价概念

工程计价是指根据《建设工程工程量清单计价规范》（GB 20500—2013）的工程量计算规则编制的工程量清单，套用相关定额并依据相关的市场价格对定额中的费用组成进行调整，组合综合单价，进而完成工程量清单计价要求的相关费用内容。工程量清单计价使用于施工图预算编制阶段（招投标阶段）。

工程量清单计价是指投标人完成由招标人提供的工程量清单所需的全部费用，包括分部分项工程费、措施施工费、其他项目费和规费、税金。

工程计价方式主要是指工程量清单计价，另外还有少量工程采用定额计价。

工程造价计价的顺序：

分部分项工程造价→单位工程造价→单项工程造价→建设项目总造价。

2. 工程计价依据

计价依据是指运用科学、合理的调查统计和分析测算方法，从工程建设经济技术活动和市场交易活动中获取的可用于预测、评估、计算工程造价的参数、量值、方法等，具体包括由政府设立的有关机构编制的工程定额、指标等指导性计价依据、建筑市场价格信息以及其他能够用于科学、合理地确定工程造价的计价依据。

3. 建筑安装工程计价依据的主要内容

目前湖南省建筑安装工程计价依据主要有《建设工程工程量清单计价规范》（GB 50500—2013）《通用安装工程计量规范》（GB 50854—2013）《湖南省通用安装工程工程量清单计价指引（2013）》住房城乡建设部财政部关于印发《建筑安装工程费用项目组成的通知》（建标-2013.44 号）和《湖南省建筑安装工程消耗量标准（2014）》等定额，以及湖南省工程造价管理机构发布的人工、材料 施工机械台班市场价格信息、价格指数等。

4. 建设工程工程量清单计价规范

《建设工程工程量清单计价规范》（GB 50500—2013）自 2013 年 4 月 1 日起开始施行，原《建设工程工程量清单计价规范》（GB 50500—2003）《建设工程工程量清单计价规范》（GB 50500—2008）废止。

①《建设工程工程量清单计价规范》的编制依据

为规范建设工程施工发承包计价行为，统一建设工程工程量清单的编制和计价方法，根据《中华人民共和国建筑法》《中华人民共和国合同法》《中华人民共和国招标投标法》等法律法规，住房和城乡建设部制定出台了《建设工程工程量清单计价规范》（GB 50500—2013）。

②《建设工程工程量清单计价规范》的适用范围

《建设工程工程量清单计价规范》适用于建设工程施工发承包计价活动，具体包括工程量清单、招标控制价、投标报价的编制，工程合同价款的约定，竣工结算的办理，以及施工过程中的工程计量、工程价款支付、索赔与现场签证、工程价款调整和工程计价争议处理等。

全部使用国有资金投资或国有资金投资为主的建设工程施工发承包，必须采用工程量清单计价。非国有资金投资的建设工程，宜采用工程量清单计价。不采用工程量清单计价的建设工程，应执行《建设工程工程量清单计价规范》除工程量清单等专门性规定外的其他规定。

③《建设工程工程量清单计价规范》的主要内容

《建设工程工程量清单计价规范》（GB 50500—2013），将 2008 版《建设工程工程量清单计价规范》中的六个专业（建筑 装饰、安装、市政、园林、矿山）重新进行了精细化调整，将建筑与装饰专业进行合并为一个专业，将仿古从园林专业中分开，拆解为一个新专业，同时新增了构筑物、城市轨道交通、爆破工程三个专业，调整后分为九个专业计量规范，形成了一母［《建设工程工程量清单计价规范》（GB 50500—2013）］、九子［《房屋建筑与装饰工程工程量计算规范》（GB 50854—2013）《仿古建筑工程工程量计算规范》（GB 50855—2013）《通用安装工程工程量计算规范》（GB 50856—2013）《市政工程工程量计算规范》（GB 50857—2013）《园林绿化工程工程量计算规范》（GB 50858—2013）《矿山工程工程量计算规范》（GB 50859—2013）《构筑物工程工程量计算规范》（GB 50860—2013）《城市轨道交通工程工程量计算规范》（GB 50861—2013）《爆破工程工程量计算规范》（GB 50862—2013）］的新《计价规范》架构体系，清单规范各个专业之间的划分更加清晰、更有针对性。

④《建设工程计价规则》

《建设工程计价规则》是建设工程计价的一个统领性文件。

a.《建设工程计价规则》编制的指导思想

为规范建设工程计价行为，维护建设工程各方的合法权益，实现建设工程造价全过程管理，根据《中华人民共和国建筑法》、《中华人民共和国合同法》、《中华人民共和国招标投标法》、《建设工程工程量清单计价规范》及各省建设工程造价计价管理办法等法律、法规、规章，并按照"政府宏观调控、企业自主报价、市场形成价格、加强市场监管、社会全面监督"的精神，结合各省实际制定。

● 政府宏观调控体现在政府部门制定有关工程发包承包价格的党争规则，引导市场计价行为，具体地讲，工程建设的各方主体必须遵守统一的建设工程计价规则、方法，规费和税金不得参与竞争等，全部使用国有资金投资或同有资金投资为主的建设工程必须采用工程量清单计价。

● 企业自报价体现在企业自行制定工程施工方法、施工措施；企业根据自身的施工技术、管理水平和自己掌握的工程造价资料自主确定人工、材料、施工机械台班消耗量，根据自己采集的价格信息，自主确定人工、材料、施工机械台班的单价；企业根据自身状况和市场竞争激烈程度并结合拟建工程实际情况，自主确定各项管理费、利润等。

● 加强市场监管体现在工程建设各方的计价活动都是在有关部门的监督下进行，如绝大多数合同价的确定是通过招投标的形式确定，在工程招投标过程中，建立了招标控制价的备案制度，招投标管理机构、公证处、项目主管部门等都参与监督管理，中标单位的公示、合同签订通过合同签证、合同备案等工作，都体现了市场监管。加强了对市场中不规范和违法计价行为的监督管理。

b.《建设工程计价规则》的编制依据

《中华人民共和国建筑法》、《中华人民共和国合同法》、《中华人民共和国招标投标法》、《计价规范》及各省建设工程造价计价管理办法，以及直接涉及工程造价的工程质量、安全和环境保护的工程建设强制性标准、规范等。

c.《建设工程计价规则》的适用范围

《建设工程计价规则》适用于各省行政区域范围内从事房屋建筑工程和市政基础设施工程的计价活动，其他专业工程可参照执行。

d.《建设工程计价规则》的内容

《建设工程计价规则》的内容主要包括总则、术语、工程造价组成及计价方法、设计概算、工程量清单编制与计价、招标控制价、投标价与成本价、合同价款与工程结算、工程计价纠纷处理、附件及标准格式。

建设工程计价信息实施动态管理，省和设区的市建设工程造价管理机构应根据分工权限，定期采集、测算和发布人工、材料、施工机械台班市场信息价，向社会提供工程计价信息服务，遇价格波动较大时应及时发布预警信息，正确引导建设工程计价活动。

⑤《安装工程预算定额》（以湖南省 2014 版为例）

a.《湖南省安装工程消耗量标准》（2014 版）（以下简称"本消耗量标准"）共分十二册，包括的内容有：

第一册　机械设备安装工程

第二册　电气设备安装工程

第三册　热力设备安装工程

第四册　炉窑砌筑工程

第五册　静置设备与工艺金属结构制作安装工程

第六册　工业管道工程

第七册　消防设备安装工程

第八册　给排水、采暖、燃气工程

第九册　通风空调工程

第十册　自动化控制仪表安装工程

第十一册　刷油、防腐蚀、绝热工程

第十二册　建筑智能化系统设备安装工程

b. 本消耗量标准是完成规定计量单位分项工程计价所需的人工、材料、施工机械台班的消耗量；是编制施工图预算、招标控制价（或标底价、合理价）的依据；是编制概算定额（指标）、估算指标的基础；是制定企业定额、投标报价的参考；同时也是调解处理工程造价纠纷、鉴定工程造价的依据。

c. 本消耗量标准是依据国家有关的产品标准、设计规范、施工及验收规范、技术操作规程、质量评定标准和安全操作规程以及采用新的国家标准图集编制的。也参考了行业、地方标准以及有代表性的工程设计、施工资料和其他资料。是按大多数施工企业采用的施工方法、机械化装备程度，合理的工期、施工工艺和劳动组织条件确定的人材机消耗量，是社会平均消耗量标准。

d. 本消耗量标准是按下列正常的施工条件进行编制的：

● 设备、材料、成品、半成品、构件完整无损，符合质量标准和设备要求，附有合格证书和试验记录。

● 安装工程和土建工程之间的交叉作业正常。

● 安装地点、建筑物、设备基础、预留孔洞等均符合安装要求。

● 水电供应均满足安装工程施工正常使用的要求。

● 正常的气候、地理条件和施工环境。

e. 人工工日消耗量的确定。本消耗量标准的人工工日不分工种和技术等级，一律以综合工日表示，内容包括基本用工、超运距用工和人工幅度差。

f. 材料消耗量的确定：

● 本消耗量标准中的材料消耗量包括直接消耗在安装工作内容中的主要材料、辅助材料和零星材料等，并计入了相应损耗，其内容和范围包括：从工地仓库、现场集中堆放地点或现场加工地点到操作或安装地点的运输损耗、施工操作损耗、施工现场堆放损耗。

● 用量少，对基价影响很小的零星材料合并为其他材料费。

● 除另有说明外，施工用水、电已全部进入消耗量。

g. 施工机械台班消耗量的确定：

● 本消耗量的台班消耗量是按大多数施工企业正常合理的机械配备程度和使用情况进行综合取定的。

● 凡单位价值在 2000 元以内，使用年限在两年以内的不构成固定资产的工具、用具、施工仪器仪表等未计入消耗量内。

h. 关于水平和垂直运输：

● 设备：包括自建筑安装现场指定堆放地点运到建筑安装地点的水平和垂直运输。

● 材料、成品、半成品：包括自施工单位现场仓库或指定堆放地点运到建筑安装地点的水平和垂直运输。

● 垂直运输基准面：室内以建筑物室内地平面为基准面，室外以建筑安装现场地平面为基准面。

i. 本消耗量标准中注有"×××以内"或"×××以下"者均包括"×××"本身，"×××"以外或"×××"以上者，则不包括"×××"本身。

4.1.2　安装工程类别划分

安装工程按照专业可划分为机械设备安装工程、热力设备安装工程、静置设备与工艺金属结构工程、电气设备安装工程、建筑智能化系统设备安装工程、自动化控制装置及仪表安装工程、通风空调工程、工业管道工程、消防设备安装工程、给排水、采暖、燃气安装工程、刷油防腐蚀绝热工程等，在同一个专业内因安装对象的规格大小或级别高低等不同，其所需要的安装技术、采取的施工措施可能会有很大的区别，对施工企业的管理也将提出不同的要求，所需的安装费不同，综合费也不同，为此又将同一专业的安装工程分为一类、二类、三类共三个类别。

（1）安装工程以单位工程为类别划分单位，符合以下规定者为单位工程。

① 建筑设备安装工程和民用建筑物或构筑物含并为一个单位工程，建筑设备安装工程同建筑工程类别（不包括单独锅炉房、变电所）。

② 新建或扩建的住宅区、厂区室外的给水、排水、供热、燃气等建筑管道安装工程；室外的架空线路、电缆线路、路灯等建筑电气安装工程均为单位工程。

③ 厂区内的室外给水、排水、热力、煤气管道安装；架空线路、电缆线路安装；龙门起重机、固定式胶带输送机安装；拱顶罐、球形罐制作、安装；焦炉、高炉及热风炉砌筑等各自为单位工程。

④ 工业建筑物或构筑物的安装工程各自为单位工程。工业建筑室内的给排水、暖气、煤气、卫生、照明等工程由建筑单位施工时，应同建筑工程类别执行。

(2) 安装单位工程中，有几个专业工程类别时，凡符合其中之一者，即为该类工程。

(3) 设备及工艺金属结构安装工程中带有水、电等其他专业工程的整体发包项目，其工程类别及费率按设备及工艺金属结构安装工程执行。

(4) 一个类别工程中，部分子目套用其他工程子目时，按主册类别及费率执行。

(5) 安装工程中的刷油、绝热、防腐蚀工程，不单独划分类别，归并在所属类别中，单独刷油、防腐蚀、绝热工程按相应工程三类取费。

(6) 除建筑设备安装工程和民用建筑物或构筑物合并为单位工程外的其他专业智能化安装工程均按二类工程取费。

4.1.3　工程造价的构成

建筑安装工程费用项目的组成，根据住建部和财政部关于印发《建筑安装工程费用项目组成》的通知建标［2013］44 号文，于 2013 年 7 月 1 日起实施，同时建标［2003］206 号文废止。44 号文规定，费用项目由两种形式组成，即按工程造价费用构成要素划分组成和工程造价形成顺序划分组成。

1. 按费用构成要素划分

建筑安装工程费按费用构成要素划分：由人工费、材料（包含工程设备，下同）费、施工机具使用费、企业管理费、利润、规费和税金组成，见表 4.1.3-1 所示。其中人工费、材料费、施工机具使用费、企业管理费和利润包含在分部分项工程费、措施项目费、其他项目费中。

(1) 人工费，是指按工资总额构成规定，支付给从事建筑安装工程施工的生产工人和附属生产单位工人的各项费用。内容包括：

① 计时工资或计件工资，是指按计时工资标准和工作时间或对已做工作按计件单价支付给个人的劳动报酬。

② 奖金，是指对超额劳动和增收节支支付给个人的劳动报酬。如节约奖、劳动竞赛奖等。

③ 津贴补贴，是指为了补偿职工特殊或额外的劳动消耗和因其他特殊原因支付给个人的津贴，以及为了保证职工工资水平不受物价影响支付给个人的物价补贴。如流动施工津贴、特殊地区施工津贴、高温（寒）作业临时津贴、高空津贴等。

④ 加班加点工资，是指按规定支付的在法定节假日工作的加班工资和在法定日工作时间外延时工作的加点工资。

⑤ 特殊情况下支付的工资，是指根据国家法律、法规和政策规定，因病、工伤、产假、计划生育假、婚丧假、事假、探亲假、定期休假、停工学习、执行国家或社会义务等

原因按计时工资标准或计时工资标准的一定比例支付的工资。

建筑安装工程费用项目组成表（按费用构成要素划分）　　表 4.1.3-1

建筑安装工程费	人工费	1. 计时工资或计件工资 2. 奖金 3. 津贴、补贴 4. 加班加点工资 5. 特殊情况下支付的工资		
	材料费	1. 材料原价 2. 运杂费 3. 运输损耗费 4. 采购及保管费		1. 分部分项工程费
	施工机具使用费	1. 施工机械使用费	①折旧费 ②大修理费 ③经常修理费 ④安拆费及场外运费 ⑤人工费 ⑥燃料动力费 ⑦税费	2. 措施项目费
		2. 仪器仪表使用费		3. 其他项目费
	企业管理费	1. 管理人员工资　2. 办公费 3. 差旅交通费　4. 固定资产使用费 5. 工具用具使用费　6. 劳动保险和职工福利费 7. 劳动保护费　8. 检验试验费 9. 工会经费　10. 职工教育经费 11. 财产保险费　12. 财务费 13. 税金　14. 其他		
	利润			
	规费	1. 社会保险费	①养老保险费　②失业保险费 ③医疗保险费　④生育保险费 ⑤工伤保险费	
		2. 住房公积金 3. 工程排污费		
	税金			

（2）材料费，是指施工过程中耗费的原材料、辅助材料、构配件、零件、半成品或成品、工程设备的费用，内容包括：

① 材料原价，是指材料、工程设备的出厂价格或商家供应价格。

② 运杂费，是指材料、工程设备自来源地运至工地仓库或指定堆放地点所发生的全部费用。

③ 运输损耗费，是指材料在运输装卸过程中不可避免的损耗。

④ 采购及保管费，是指为组织采购、供应和保管材料、工程设备的过程中所需要的各项费用，包括采购费、仓储费、工地保管费、仓储损耗。

工程设备是指构成或计划构成永久工程一部分的机电设备、金属结构设备、仪器装置及其他类似的设备和装置。

（3）施工机具使用费，是指施工作业所发生的施工机械、仪器仪表使用费或其租赁费。

① 施工机械使用费，以施工机械台班耗用量乘以施工机械台班单价表示，施工机械台班单价应向下列七项费用组成：

● 折旧费，指施工机械在规定的使用年限内，陆续收回其原值的费用。

● 大修理费，指施工机械按规定的大修理间隔台班进行必要的大修理，以恢复其正常功能所需的费用。

● 经常修理费，指施工机械除大修理以外的各级保养和临时故障排除所需的费用，包括为保障机械正常运转所需替换设备与随机配备工具附具的摊销和维护费用，机械运转中日常保养所需润滑与擦拭的材料费用及机械停滞期间的维护和保养费用等。

● 安拆费及场外运费，安拆费指施工机械（大型机械除外）在现场进行安装与拆卸所需的人工、材料、机械和试运转费用，以及机械辅助设施的折旧、搭设、拆除等费用；场外运费指施工机械整体或分体自停放地点运至施工现场或由一施工地点运至另一施工地点的运输、装卸、辅助材料及架线等费用。

● 人工费，指机上司机（司炉）和其他操作人员的人工费。

● 燃料动力费，指施工机械在运转作业中所消耗的各种燃料及水、电等。

● 税费，指施工机械按照国家规定应缴纳的车船使用税、保险费及年检费等。

② 仪器仪表使用费，是指工程施工所需使用的仪器仪表的摊销及维修费用。

（4）企业管理费，是指建筑安装企业组织施工生产和经营管理所需的费用。内容包括：

① 管理人员工资，是指按规定支付给管理人员的计时工资、奖金、津贴补贴、加班加点工资及特殊情况下支付的工资等。

② 办公费，是指企业管理办公用的文具、纸张、账表、印刷、邮电、书报、办公软件、现场监控、会议、水电、烧水和集体取暖降温（包括现场临时宿舍取暖降温）等费用。

③ 差旅交通费，是指职工因公出差、调动工作的差旅费、住勤补助费、市内交通费和误餐补助费，职工探亲路费，劳动力招募费，职工退休、退职一次性路费、工伤人员就医路费，工地转移费以及管理部门使用的交通工具的油料、燃料等费用。

④ 固定资产使用费，是指管理和试验部门及附属生产单位使用的属于固定资产的房屋、设备、仪器等的折旧、大修、维修或租赁费。

⑤工具用具使用费，是指企业施工生产和管理使用的不属于固定资产的工具、器具、家具、交通工具和检验、试验、测绘、消防用具等的购置、维修和摊销费。

⑥ 劳动保险和职工福利费，是指由企业支付的职工退职金、按规定支付给离休干部的经费，集体福利费、夏季防暑降温、冬季取暖补贴、上下班交通补贴等。

⑦ 劳动保护费，是企业按规定发放的劳动保护用品的支出，如工作服、手套、防暑降温饮料以及在有碍身体健康的环境中施工的保健费用等。

⑧ 检验试验费，是指施工企业按照有关标准规定，对建筑以及材料、构件和建筑安装物进行一般鉴定、检查所发生的费用，包括自设试验室进行试验所耗用的材料等费用，不包括新结构、新材料的试验费，对构件做破坏性试验及其他特殊要求检验试验的费用和建设单位委托检测机构进行检测的费用，对此类检测发生的费用，由建设单位在工程建设其他费用中列支。但对施工企业提供的具有合格证明的材料进行检测不合格的，该检测费用由施工企业支付。

⑨ 工会经费，是指企业按《工会法》规定的全部职工工资总额比例计提的工会经费。

⑩ 职工教育经费，是指按职工工资总额的规定比例计提，企业为职工进行专业技术和职业技能培训，专业技术人员继续教育、职工职业技能鉴定、职业资格认定以及根据需要对职工进行各类文化教育所发生的费用。

⑪ 财产保险费，是指施工管理用财产、车辆等的保险费用。

⑫ 财务费，是指企业为施工生产筹集资金或提供预付款担保、履约担保、职工工资资支付担保等所发生的各种费用。

⑬ 税金，是指企业按规定缴纳的房产税、车船使用税、土地使用税、印花税等。

⑭ 其他，包括技术转让费、技术开发费、投标费、业务招待费、绿化费、广告费、公证费、法律顾问费、审计费、咨询费、保险费等。

（5）利润，是指施工企业完成所承包工程获得的盈利。

（6）规费，是指按国家法律、法规规定，由省级政府和省级有关权力部门规定必须缴纳或计取的费用。规费包括以下内容：

① 社会保险费：

● 养老保险费，是指企业按照规定标准为职工缴纳的基本养老保险费。

● 失业保险费，是指企业按照规定标准为职工缴纳的失业保险费。

● 医疗保险费，是指企业按照规定标准为职工缴纳的基本医疗保险费。

● 生育保险费，是指企业按照规定标准为职工缴纳的生育保险费。

● 工伤保险费，是指企业按照规定标准为职工缴纳的工伤保险费。

② 住房公积金，是指企业按规定标准为职工缴纳的住房公积金。

③ 工程排污费，是指按规定缴纳的施工现场工程排污费。

其他应列而未列入的规费，按实际发生计取。

（7）税金，2016 年 3 月 23 日，财政部、国家税务总局联合发布财税（2016）36 号文，关于全面推开营业税增值税试点的通知，在全国内全面推开营业税改征增值税（以下简称营改增）试点。

营改增后，按新规定执行。

2. 按工程造价形成顺序划分

建筑安装工程费按照工程造价形成顺序划分：由分部分项工程费、措施项目费、其他项目费、规费、税金组成，见表 4.1.3-2 所示。分部分项工程费、措施项目费、其他项目费，这 3 项费用又包含人工费、材料费、施工机具使用费、企业管理费和利润等费用。

建筑安装工程费用项目组成表（按造价形成顺序划分）　　　表 4.1.3-2

建筑安装工程费	分部分项工程费	1. 房屋建筑与装饰工程 ①土石方工程 ②桩基工程 …… 2. 仿古建筑工程 3. 通用安装工程 4. 市政工程 5. 园林绿化工程 6. 矿山工程 7. 构筑物工程 8. 城市轨道交通工程 9. 爆破工程 ……		1. 人工费 2. 材料费
	措施项目费	1. 安全文明施工费 2. 夜间施工增加费 3. 二次搬运费 4. 冬雨季施工增加费 5. 已完工程及设备保护费 6. 工程定位复测费 7. 特殊地区施工增加费 8. 大型机械进出场及安拆费 9. 脚手架工程费 ……		3. 施工机械使用费 4. 企业管理费 5. 利润
	其他项目费	1. 暂列金额 2. 计日工 3. 总承包服务费 ……		
	规费	1. 社会保险费	①养老保险费　②失业保险费 ③医疗保险费　④生育保险费 ⑤工伤保险费	
		2. 住房公积金 3. 工程排污费		
	税金			

（1）分部分项工程费指各专业工程的分部分项工程应予列支的各项费用。

① 专业工程，是指按现行国家计量规范划分的房屋建筑与装饰工程、仿古建筑工程、通用安装工程、市政工程、园林绿化工程、矿山工程、构筑物工程、城市轨道交通工程、爆破工程等各类工程。

② 分部分项工程费，指按现行国家计量规范对各专业工程划分的项目。如房屋建筑与装饰工程划分的土石方工程、地基处理与桩基工程、砌筑工程、钢筋及钢筋混凝土工程等。

各类专业工程的分部分项工程划分见现行国家或行业计量规范。

（2）措施项目费，是指为完成建设工程施工，发生于该工程施工前和施工过程中的技术、生活、安全、环境保护等方面的费用。措施项目费内容包括：

① 安全文明施工费：

● 环境保护费，是指施工现场为达到环保部门要求所需要的各项费用。

● 文明施工费，是指施工现场文明施工所需要的各项费用。

● 安全施工费，是指施工现场安全施工所需要的各项费用。

● 临时设施费，是指施工企业为进行建设工程施工所必须搭设的生活和生产用的临时建筑物、构筑物和其他临时设施费用，包括临时设施的搭设、维修、拆除、清理费或摊销费等。

② 夜间施工增加费，是指因夜间施工所发生的夜班补助费、夜间施工降噪、夜间施工照明设备摊销及照明用电等费用。

③ 二次搬运费，是指因施工场地条件限制而发生的材料、构配件、半成品等一次运输不能到达堆放地点．必须进行二次或多次搬运所发生的费用。

④ 冬雨季施工增加费，是指在冬季或雨季施工需增加的临时设施、防滑、排除雨雪、人工及施工机械效率降低等费用。

⑤ 已完工程及设备保护费，是指竣工验收前，对已完工程及设备采取的必要保护措施所发生的费用。

⑥ 工程定位复测费，是指工程施工过程中进行全部施工测量放线和复测工作的费用。

⑦ 特殊地区施工增加费，是指工程在沙漠或其边缘地区、高海拔、高寒、原始森林等特殊地区施工增加的费用。

⑧ 大型机械设备进出场及安拆费，是指机械整体或分体自停放场地运至施工现场或向一个施工地点运至另一个施工地点，所发生的机械进出场运输及转移费用及机械在施工现场进行安装、拆卸所需的人工费、材料费 机械费、试运转费和安装所需的辅助设施的费用。

⑨ 脚手架工程费，是指施工需要的各种脚手架搭、拆、运输费用，以及脚手架购置费的摊销（或租赁）费用。

措施项目及其包含的内容详见各类专业工程的现行国家或行业计量规范。

（3）其他项目费：

① 暂列金额，是指建设单位在工程量清单中暂定并包括在工程合同价款中的一笔款项，用于施工合同签订时尚未确定或者不可预见的所需材料、工程设备、服务的采购，施工中可能发生的工程变更、合同约定调整因素出现时的工程价款调整以及发生的索赔、现场签证确认等的费用。

② 计日工，是指在施工过程中，施工企业完成建设单位提出的施工图纸以外的零星项目或工作所需的费用。

③ 总承包服务费，是指总承包人为配合、协调建设单位进行的专业工程发包，对建设单位自行采购的材料、工程设备等进行保管以及施工现场管理、竣工资料汇总整理等服务所需的费用。

④ 规费，定义同前。

⑤ 税金，定义同前。

4.1.4 建筑安装工程造价费用的计算方法

工程费用的计取，涉及参与项目建设各方面的实际利益。如何计取，由各方根据自己的情况，除不可竞争的费用外，在符合法律法规条件下，可按当地主管部门的规定，按自己内部核算情况或当地定额的规定等，由各方自主确定计取。工程费用的计算公式，住建部和财政部建标［2013］44 号文推举如下：

1. 按工程造价构成要素划分的费用计算方法

（1）人工费

① 计算公式 1：

$$人工费＝\Sigma（工日消耗量×日工资单价）$$

其中，日工资单价按下式计算：

$$日工资单价＝\frac{生产工人平均月工资（计时、计件）＋平均月（奖金＋津贴补贴＋特殊情况下支付的工资）}{年平均每月法定工作日}$$

公式 1 主要适用于施工企业投标报价时自主确定人工费，也是工程造价管理机构编制计价定额确定定额人工单价或发布人工成本信息的参考依据。

② 计算公式 2：

$$人工费＝\Sigma（工程工日消耗量×日工资单价）$$

公式 2 主要适用于工程造价管理机构编制计价定额时确定定额人工费，是施工企业投标报价的参考依据。

日工资单价是指施工企业平均技术熟练程度的生产工人在每工作日（国家法定工作时间内）按规定从事施工作业应得的日工资总额。

工程造价管理机构在确定日工资单价时，应通过市场调查，根据工程项目的技术要求，参考实物工程量人工单价进行综合分析确定。最低日工资单价不得低于工程所在地人力资源和社会保障部门所发布的最低工资标准的，即普工为标准的 1.3 倍，一般技工为 2 倍，高级技工为 3 倍。

工程计价定额不可只列一个综合工日单价，应根据工程项目技术要求和工种差别适当划分多种工日工资单价，确保各分部工程人工费的合理构成。

（2）材料费和工程设备费

① 材料费按下式计算：

$$材料费＝\Sigma（材料消耗量×材料单价）$$

其中，材料单价按下式计算：

$$材料单价＝[（材料原价＋运杂费）×（1＋运输损耗率(\%)）]×（1＋采购保管费率(\%)）$$

② 工程设备费按下式计算：

$$工程设备费＝\Sigma（工程设备量×工程设备单价）$$

其中，设备单价按下式计算：

$$工程设备单价＝（设备原价＋运杂费）×（1＋采购保管费率(\%)）$$

（3）施工机具使用费

① 施工机械使用费按下式计算：

施工机械使用费＝∑（施工机械台班消耗量×机械台班单价）

其中，机械台班单价按下式计算：

机械台班单价＝台班折旧费＋台班大修费＋台班经常修理费＋台班安拆费及场外运费
＋台班人工费＋台班燃料动力费＋台班车船税费

工程造价管理机构在确定计价定额中的施工机械使用费时，应根据《建筑施工机械台班费用计算规则》，结合市场调查编制施工机械台班单价。施工企业可以参考工程造价管理机构发布的台班单价，自主确定施工机械使用费的报价，如租赁施工机械，可按下式计算：

施工机械使用费＝∑（施工机械台班消耗量×机械台班租赁单价）

② 仪器仪表使用费

仪器仪表使用费＝工程使用的仪器仪表摊销费＋维修费

（4）企业管理费费率

① 以分部分项工程费为计算基础的计算式，为

$$企业管理费费率（\%）=\frac{生产工人年平均管理费}{年有效施工天数×人工单价}×人工费占分部分项工程费比例（\%）$$

② 以人工费和机械费合计为计算基础的计算式，为

企业管理费费率（\%）

$$=\frac{生产工人年平均管理费}{年有效施工天数×（人工单价＋每一工日机械使用费）}×100\%$$

③ 以人工费为计算基础的计算式，为

$$企业管理费费率（\%）=\frac{生产工人年平均管理费}{年有效施工天数×人工单价}×100\%$$

上述公式适用于施工企业投标报价时自主确定管理费，也是工程造价管理机构编制计价定额确定企业管理费的参考依据。

工程造价管理机构在确定计价定额中企业管理费时，应以定额人工费或（定额人工费＋定额机械费）作为计算基数，其费率根据历年工程造价积累的资料，辅以调查数据确定，列入分部分项工程和措施项目中。

（5）利润

① 施工企业根据企业自身需求，并结合建筑市场实际自主确定，列入报价中。

② 工程造价管理机构在确定计价定额中利润时，应以定额人工费（定额人工费＋定额机械费）作为计算基数，其费率根据历年工程造价积累的资料，并结合建筑市场实际确定。利润在税前建筑安装工程费的比重，以单位（单项）工程为准进行测算，利润费率不应低于 5\% 且不高于 7\%。利润应列入分部分项工程和措施项目中。

（6）规费

① 社会保险费和住房公积金。社会保险费和住房公积金，应以定额人工费为计算基础，根据工程所在地省、自治区、直辖市或行业建设主管部门规定的费率计算。

社会保险费和住房公积金＝∑（工程定额人工费×社会保险费和住房公积金费率）

式中，社会保险费和住房公积金费率可以每万元发承包价的生产工人人工费和管理人员工资含量，与工程所在地规定的缴纳标准综合分析取定。

② 工程排污费。工程排污费及其他应列而未列入的规费，应按工程所在地环境保护

等部门规定的标准缴纳，按实计取列入。

（7）税金

① 国家税金制度的发展

2016 年 5 月 1 日以前，国家税法规定应计入建筑安装工程造价内的税种包括营业税、城市维护建设税、教育费附加、地方教育费附加。

2016 年国家财税（2016）36 号文关于全面推开营业税改征增值税试点的通知宣布，经国务院批准，自 2016 年 5 月 1 日起，在全国范围内全面推开营业税改增值税（以下称营改增）试点，建筑业、房地产业、金融业、生活服务业等全部营业税纳税人，纳入试点范围，由缴纳营业税改为增值税。

② 纳税人的分类

财税（2016）36 号文附件 1 第一章第三条规定，应税行为的年应征增值税销售额（以下称应税销售额）超过财政部和国家税务总局规定标准的纳税人为一般纳税人，未超过规定标准的纳税人为小规模纳税人。

应征增值税销售额超过规定标准的其他个人不属于一般纳税人。年应税销售额超过规定标准但不经常发生应税行为的单位和个体工商户可选择按照小规模纳税人纳税。

一般认为，年应税销售额≥500 万元为一般纳税人，年应税销售额＜500 万元为小规模纳税人。

③ 应纳税额的计算

财税（2016）36 号文附件 1 第四章第十七条规定，增值税的计税方法，包括一般计税方法和简易计税方法。

a. 一般计税法

一般纳税人适应于一般计税法。一般计税法的应纳税额，是指当期销项税额抵扣当期进项税额后的余额。应纳税额计算公式：

$$应纳税额＝当期销项税额－当期进项税额$$

其中：销项税额＝含税销售额/（1＋税率）×税率

b. 简易计税法

小规模纳税人适应于简易计税法。简易计税法的应纳税额，是指按照销售额和增值税征收率计算的增值税额，不得抵扣进项税额。应纳税额计算公式：

$$应纳税额＝含税销售额－当期进项税额$$

其中：销项税额＝含税销售额/（1＋征收率）×征收率

建筑安装工程造价中增值税有一般计税法和简易计税法。

1）按工程造价形成顺序划分的费用计算方法

① 分部分项工程费

$$分部分项工程费＝\Sigma（分部分项工程量×综合单价）$$

式中，综合单价包括人工费、材料费、施工机具使用费、企业管理费和利润以及一定范围的风险费用（下同）。

② 措施项目费

a. 国家计量规范规定应予计量的措施项目，其计算式为：

$$措施项目费＝\Sigma（措施项目工程量×综合单价）$$

b. 国家计量规范规定不宜计量的措施项目计算方法如下：

● 安全文明施工费

$$安全文明施工费＝计算基数×安全文明施工费费率（％）$$

式中，计算基数应为定额基价（定额分部分项工程费＋定额中可以计量的措施项目费）、定额人工费或（定额人工费＋定额机械费）。其费率由工程造价管理机构根据各专业工程的特点综合确定。

● 夜间施工增加费

$$夜间施工增加费＝计算基数×夜间施工增加费费率（％）$$

● 二次搬运费

$$二次搬运费＝计算基数×二次搬运费费率（％）$$

● 冬雨季施工增加费

$$冬雨季施工增加费＝计算基数×冬雨季施工增加费费率（％）$$

● 已完工程及设备保护费

$$已完工程及设备保护费＝计算基数×已完工程及设备保护费费率（％）$$

上述夜间施工，二次搬运，冬雨季施工和已完工程及设备保护 4 项措施项目的计费基数，应为定额人工费或（定额人工费＋定额机械费），其费率由工程造价管理机构根据各专业工程特点和调查资料，综合分析后确定。

③ 其他项目费

a. 暂列金额：由建设单位根据工程特点，按有关计价规定估算，列在合同价款中，由建设单位掌握使用。当施工过程中发生相关事件时，按合同条款的约定扣除或调整，其余额部分归建设单位。

b. 计日工：由建设单位和施工企业按施工过程中的签证计价。

c. 总承包服务费：由建设单位在招标控制价中，根据总包服务范围和有关计价规定编制，施工企业投标时自主报价，施工过程中按签约的合同价执行。

④ 规费和税金

建设单位和施工企业均应按照省、自治区、直辖市或行业建设主管部门发布的标准计算规费和税金，不得作为竞争性费用。

2）相关问题的说明

① 各专业工程计价定额的编制及其计价程序，均按本方法实施。

② 各专业工程计价定额的使用周期原则上为 5 年。

③ 工程造价管理机构在定额使用周期内，应及时发布人工、材料、机械台班价格信息，实行工程造价动态管理，如遇国家法律、法规、规章或相关政策变化，以及建筑市场物价波动较大时，应适时调整定额人工费、定额机械费以及定额基价或规费费率，使建筑安装工程费能反映建筑市场实际。

④ 建设单位在编制招标控制价时，应按照各专业工程的计量规范和计价定额以及工程造价信息编制。

⑤ 施工企业在使用计价定额时除不可竞争费用外，其余仅作参考，由施工企业投标时自主报价。

4.1.5 建筑安装工程计价程序

住建部，住建部和财政部建标〔2013〕44号文，规定了3个计价程序，见表4.1.5-1～表4.1.5-3所示。

建设单位工程招标控制价计价程序表　　　　　　　　　　　表4.1.5-1

工程名称：　　　　　　　　　　　　　　　　　　　　　　　　　　　标段：

序号	内　容	计算方法	金额（元）
1	分部分项工程费	按计价规定计算	
1.1			
1.2			
1.3			
1.4			
1.5			
2	措施项目费	按计价规定计算	
2.1	其中：安全文明施工费	按规定标准计算	
3	其他项目费		
3.1	其中：暂列金额	按计价规定估算	
3.2	其中：专业工程暂估价	按计价规定估算	
3.3	其中：计日工	按计价规定估算	
3.4	其中：总承包服务费	按计价规定估算	
4	规费	按计价标准估算	
5	税金（扣除不应列入计税范围的工程设备金额）	（1+2+3+4）×规定税率	
招标控制价合计＝1+2+3+4+5			

施工企业工程投标报价计价程序表　　　　　　　　　　　　表4.1.5-2

工程名称：　　　　　　　　　　　　　　　　　　　　　　　　　　　标段：

序号	内　容	计算方法	金额（元）
1	分部分项工程费	自主报价	
1.1			
1.2			
1.3			
1.4			
1.5			
2	措施项目费	自主报价	
2.1	其中：安全文明施工费	按规定标准计算	
3	其他项目费		
3.1	其中：暂列金额	按招标文件提供金额计列	
3.2	其中：专业工程暂估价	按招标文件提供金额计列	
3.3	其中：计工日	自主报价	
3.4	其中：总承包服务费	自主报价	
4	规费	按规定标准计算	
5	税金（扣除不应列入计税范围的工程设备金额）	（1+2+3+4）×规定税率	
投标报价合计＝1+2+3+4+5			

竣工计算计价程序表　　　　　　　　　　　　　　　表 4.1.5-3

工程名称：　　　　　　　　　　　　　　　　　　　　　　　　　　　　标段：

序号	内　　容	计算方法	金额（元）
1	分部分项工程费	按合同约定计算	
1.1			
1.2			
1.3			
1.4			
1.5			
2	措施项目	按合同约定计算	
2.1	其中：安全文明施工费	按规定标准计算	
3	其他项目		
3.1	其中：专业工程结算价	按合同约定计算	
3.2	其中：计日工	按计日工签证计算	
3.3	其中：总承包服务费	按合同约定计算	
3.4	索赔与现场签证	按发承包双方确认数额计算	
4	规费	按规定标准计算	
5	税金（扣除不应列入计税范围的工程设备金额）	（1＋2＋3＋4）×规定税率	

竣工结算总价合计＝1＋2＋3＋4＋5

4.1.6　建筑安装工程的计价模式

工程项目单件性的特征决定了每一个工程项目建设都需要按业主的特定需要单独设计、单独施工，不能批量生产和按工程项目直接确定价格，只能以特殊的程序和方法进行计价。工程计价的主要方法就是把工程进行分解，将整个工程分解至基本项就很容易计算出基本子项的费用。

工程计价需先找到适当的计量单位，根据特定计价依据，采取一定的计价方法，确定基本构造要求的分项工程费用，再进行组合汇总计算出某工程的全部造价。安装工程计价模式包括综合单价法和工料单价法。其中综合单价法对应于工程量清单计价，是指项目单价采用全费用单价（规费、税金按规定程序另行计算）的一种计价方法；工料单价法对应于预算定额计价法，是指项目单价由人工费、材料费、施工机械使用费组成，施工组织措施费、企业管理费、利润、规费、税金、风险费用等按规定程序另行计算的一种计价方法。

1. 工程量清单计价模式

工程量清单计价应包括按招标文件规定，完成工程量清单所列项目的全部费用，包括分部分项工程费、措施项目费、其他项目费、规费和税金。工程量清单计价应采用综合单价法计价。在建设工程招投标中，招标人按照国家统一的工程量计算规则提供工程数量，由投标人依据工程量清单自主报价，确定工程造价。

（1）工程量清单编制

工程量清单是表现建设工程的分部分项工程项目、措施项目、其他项目、规费项目和税金项目的名称和相应数量等的明细清单。它是由具有编制能力的招标人或受其委托具有相应资质的工程造价咨询人，根据设计文件，按照各专业工程工程量计算规范中规定的项目编码、项目名称、项目特征、计量单位和工程量计算规则进行编制。

工程量清单体现了招标人要求投标人完成的工程及相应的工程数量，全面反映了投标报价要求，主要由分部分项工程量清单、措施项目清单、其他项目清单、规费项目清单和税金项目清单组成。

① 分部分项工程量清单编制。分部分项工程量清单应根据《建设工程工程量清单计价规范》（GB 50500—2013）附录规定的项目编码、项目名称、项目特征、计量单位和工程量计算规则进行编制。

● 项目编码。项目编码是分部分项工程和措施项目工程量清单项目名称的阿拉伯数字标识。

项目编码以五级编码设置，用十二位阿拉伯数字表示。一、二、三、四级编码统一；第五级编码由工程量清单编制人区分具体工程的清单项目特征而分别编码。各级编码代表的含义是：a 第一级表示分类码（分二位）；建筑工程为 01，装饰装修工程为 02，安装工程为 03，市政工程为 04，园林绿化工程为 05；b 第二级表示章顺序码（分二位）；c 第三级表示节顺序码（分二位）；d 第四级表示清单项目码（分三位）；e 第五级表示具体清单项目码（分三位）。

具体模式　例 010101003001

第一级附录顺序码，一、二位 01—附录 A 建筑工程工程量清单项目

第二级专业工程顺序码，三、四位 01—A.1 土（石）方工程

第三级分部工程顺序码，五、六位 01—A.1.1 土方工程

第四级分项工程项目名称顺序码，七、八、九位 003—挖基础土方

第五级清单项目顺序码，十至十二位 001～999—顺序码。

若编制工程量清单出现《建设工程工程量清单计价规范》（GB 50500—2013）附录中未包括的项目，编制人应根据各专业内容作补充，并报省级或行业工程造价管理机构备案，省级或行业工程造价管理机构应汇总报住房和城乡建设部标准定额研究所。例如，建筑设备安装工程补充项目的编码应由《通用安装工程工程量计算规范》（GB 50856—2013）的代码 03 与 B 和三位阿拉伯数字组成，并应从 03B001 起顺序编制。

● 项目名称。分部分项工程量清单项目名称应按《建设工程工程量清单计价规范》（GB 50500—2013）附录的项目名称结合拟建工程的实际确定。

例如，在安装工程清单项目设置中，凡涉及管沟、坑及井类的土方开挖、垫层、基础、砌筑、抹灰、地沟盖板预制安装、回填、运输、路面开挖及修复、管道支墩的项目，按现行国家标准《房屋建筑与装饰工程工程量计算规范》（GB 50854—20I3）和《市政工程工程量计算规范》（GB 50857—2013）的相应项目执行。

● 项目特征。项目特征是构成分部分项工程量清单项目、措施项目自身价值的本质特征。分部分项工程量清单的项目特征应按《建设工程工程量清单计价规范》（GB 50500—2013）附录中规定的项目特征，结合拟建工程项目的实际予以描述。通过对清单

项目特征的描述，使清单项目名称清晰化、具体化、细化，能够反映影响工程造价的主要因素。安装工程项目的特征主要体现在以下几个方面：

a. 项目的本体特征。属于这些特征的主要是项目的材质、型号、规格、甚至品牌等，这些特征对工程造价影响较大，若不加以区分，必然造成计价混乱。

b. 安装工艺方面的特征。对于项目的安装工艺，在清单编制时有必要进行详细说明。例如，DN≤100的镀锌钢管采用螺纹连接，DN＞100的管道连接可以采用法兰连接或卡套式专用管件连接，在清单项目设置时，必须描述其连接方法。

c. 对工艺或施工方法有影响的特征。有些特征将直接影响到施工方法，从而影响工程造价。例如设备的安装高度，室外埋地管道工程地下水的有关情况等。

安装工程项目的特征是清单项目设置的主要内容，在设置清单项目时，应对项目的特征做全面的描述。即使是同一规格、同一材质的项目，如果安装工艺或安装位置不一样时，应考虑分别设置清单项目。原则上具有不同特征的项目都应分别列项。只有做到清单项目清晰、准确，才能使投标人全面、准确地理解招标人的工程内容和要求，做到计价完整和正确。招标人编制工程量清单时，对项目特征的描述，是非常关键的内容，必须予以足够的重视。

● 计量单位。分部分项工程量清单的计量单位应根据《建设工程工程量清单计价规范》（GB 50500—2013）附录中规定的计量单位确定。当计量单位有两个或两个以上时，应根据所编工程量清单项目的特征要求，选择最适宜表现该项目特征并方便计量的单位。

清单项目的计量单位采用基本单位，除各专业另特殊规定外，均按以下单位计量。

以重量计算的项目——吨或千克（t 或 kg）。

以体积计算的项目——立方米（m³）。

以面积计算的项目——平方米（m²）。

以长度计算的项目——米（m）。

以自然计量单位计算的项目——个、套、块、组、台……

没有具体数量的项目——系统、项……

● 工程量计算。清单项目工程量计算应严格执行各专业工程工程量计算规范所规定的计算规则。2008 版和 2013 版《计价规范》在工程量计算上是有区别的，例如在电缆、导线、母线的工程量计算上，2008 版《计价规范》规定工程量计算是图示尺寸，不包含预留线及附加长度，而《通用安装工程工程量计算规范》（GB 50586—2013）规定电缆、导线、母线工程量计算包含预留线及附加长度。

《通用安装工程工程工程量计算规范》（GB 50856—2013）对工程数量的有效位数作了如下规定：

以"t"为单位，应保留小数点后三位数字，第四位数字四舍五入。

以"m³"、"m²"、"m""kg"为单位，应保留小数点后两位数字，第三位小数四舍五入。

以"个"、"项"、"台""件"、"套"、"根"、"组"、"系统"等为单位，应取整数。

② 措施项目清单编制。措施项目是为完成工程项目施工，发生于该工程施工准备和施工过程中的技术、生活、安全、环境保护等方面的非工程实体项目。措施项目清单的编制，应考虑多种因素，除工程本身的因素外，还涉及水文、气象、环境、安全等和施工企

业的实际情况。措施项目中可以计算工程量的项目清单宜采用分部分项工程量清单的方式编制，列出项目编码、项目名称、项目特征、计量单位和工程量计算规则；不能计算工程量的项目清单，以"项"为计量单位。

③ 其他项目清单编制。其他项目清单是指除分部分项工程量清单、措施项目清单外，因招标人的要求而发生的与拟建工程有关的费用所设置的项目清单。

其他项目清单的具体内容主要取决于工程建设标准的高低、工程的复杂程度、工期长短、工程的组成内容、发包人对工程管理要求等因素。其他项目清单宜按照下列内容列项：

● 暂列金额，是指招标人在工程量清单中暂定并包括在合同价款中的一笔款项。用于施工合同签订时尚未确定或者不可预见的所需材料、设备、服务的采购，施工中可能发生的工程变更、合同约定调整因素出现时的工程价款调整以及发生的索赔、现场签证确认等的费用。

● 暂估价，是指招标人在工程量清单中提供的用于支付必然发生但暂时不能确定价格的材料的单价以及专业工程的金额。

● 计日工，是指在施工过程中，完成发包人提出的工程合同范围以外的零星项目或工作，按合同中约定的综合单价计价。

● 总承包服务费，是指为配合协调发包人进行的工程分包自行采购的设备、材料等进行管理、服务以及施工现场管理、竣工资料汇总整理等服务所需的费用。

《计价规范》还规定了对其他项目清单，如出现本规范未列的项目，可根据实际情况进行补充。

④ 规费项目清单编制。规费项目清单应按照下列内容列项：工程排污费、社会保障费、住房公积金、工伤保险。当出现《计价规范》未列的项目时，应根据省级政府或省级有关权力部门的规定列项。

⑤ 税金项目清单编制。税金项目清单应按照下列内容列项：销项税额和附加税费。当出现《计价规范》未列的项目，应根据税务部门的规定列项。

（2）工程量清单计价的编制

工程量清单计价的价款应包括按招标文件规定，完成工程量清单所列项目的全部费用，包括分部分项工程费、措施项目费、其他项目费、规费和税金，即

工程造价＝分部分项工程清单计价表合计＋措施项目清单计价表合计＋其他项目清单计价表合计＋规费＋税金

① 分部分项工程费。分部分项工程费是指完成招标文件所提供的分部分项工程量清单项目的所需费用。分部分项工程量清单计价应采用综合单价计价。

● 综合单价定义。综合单价是指完成一个规定计量单位的分部分项工程和措施清单项目所需的人工费、材料和工程设备费、施工机具使用费和企业管理费、利润以及一定范围内的风险费用。

● 综合单价的组成。

综合单价＝规定计量单位项目人工费＋规定计量单位项目材料和工程设备费＋规定计量单位项目施工机具使用费＋取费基数×（企业管理费率＋利润率）＋风险费用

规定计量单位项目人工费＝Σ（人工消耗量×单价）

规定计量单位项目材料和工程设备费＝Σ（材料和工程设备消耗量×单价）

规定计量单位项目施工机具使用费＝Σ（施工机具台班消耗量×单价）

安装工程中，"取费基数"为规定计量单位项目的人工费和施工机具使用费之和。

● 综合单价的计算步骤：

a. 根据工程量清单项目名称和拟建工程的具体情况，按照投标人的企业定额或参照行业及建设管理部门发布的计价定额，分析确定该清单项目的各项可组合的主要工程内容，并据此选择对应的定额子目。

b. 计算一个规定计量单位清单项目所对应定额子目的工程量。

c. 根据投标人的企业定额或参照本省计价依据，并结合工程实际情况，确定各对应定额子目的人工、材料、施工机械台班消耗量。

d. 依据投标人自行采集的市场价格或参照省、市工程造价管理机构发布的价格信息，结合工程实际分析确定人工、材料、施工机械台班价格。

e. 根据投标人的企业定额或参照本省计价依据，并结合工程实际、市场竞争情况，分析确定企业管理费率、利润率。

f. 风险费用，按照工程施工招标文件（包括主要合同条款）约定的风险分担原则，结合自身实际情况，投标人防范、化解、处理应由其承担的、施工过程中可能出现的人工、材料和施工机械台班价格上涨、人员伤亡、质量缺陷、工期拖延等不利事件所需的费用。

● 分部分项工程费。

分部分项工程费＝Σ分部分项工程数量×综合单价

② 措施项目费。

● 措施项目的内容应根据招标人提供的措施项目清单和投标人投标时拟定的施工组织设计或施工方案。

● 措施项目费的计价方式应根据招标文件的规定，可以计算工程量的措施项目清单采用综合单价方式计价，其余的措施清单项目采用以"项"为单位的方式计价，包括除规费、税金外的全部费用。

● 招标人提出的措施项目清单是根据一般情况提出的，没有考虑不同投标人的"个性"，因此投标人在报价时，可以根据本企业的实际情况，增加措施项目内容报价，投标人增加的措施项目，应填写在相应的措施项目之后，并在"措施项目清单计价表"序号栏中以"增××"示之，"××"为增加的措施序号，自 01 起按顺序编制。措施项目计价时，对于不发生的措施项目，不能删除，金额一律以"0"表示。

③ 其他项目费。其他项目清单根据拟建工程的具体情况列项。其他项目一般包括：

● 暂列金额。由招标人根据工程特点，按有关计价规定进行估算确定，一般可以分部分项工程量清单费的 10％～15％为参考。

● 暂估价，包括材料暂估价和专业工程暂估价，其中材料暂估单价应按工程造价信息或参照市场价格估算，专业工程暂估价应分不同的专业，按有关计价规定进行估算。

● 计日工，包括计日工人工、材料和施工机械，招标人应根据工程特点和有关计价依据计算。

● 总承包服务费。

a. 发包人仅要求对分包的专业工程进行总承包管理和协调时，总包单位可按分包的专业工程造价的 1%～2%向发包方计取总承包管理和协调费。

b. 发包人要求总承包单位对分包的专业工程进行总承包管理和协调，并同时要求提供配合服务时，总包单位可按分包的专业工程造价的 1%～4%向发包方计取总承包管理、协调和服务费，分包单位则不能重复计算相应费用。

c. 发包人自行供应材料、设备的，对材料、设备进行管理、服务的单位可按材料、设备价值的 0.2%～1%向发包方计取材料、设备的管理、服务费。

④ 规费。规费在工程计价时，必须按各省建设工程施工取费定额有关规定计取。

⑤ 税金。税金是指国家税法规定的应计入建筑安装工程造价内费用，营改增后，应按财税（2016）36 号文计列销项税额和附加税费。

需要说明的是：各省（市）费用定额包含的内容及相关规定存在差异，因而以综合单价法计算工程费用的程序也略有不同。以湖南省为例，湘建价〔2016〕160 号文件规定了增值税条件下工程计价表格及工程费用标准，见表 4.1.6-1 和表 4.1.6-2。

单位工程概算费用计算程序及费率表

（一般计税法，人工费和机械费为计价基础）　　　　表 4.1.6-1

序号	费用名称	计算基础及计算程序	费率（%）			
			建筑	市政道路、桥涵、隧道、构筑物	机械土石方	仿古建筑
1	直接费	1.1～1.8 项				
1.1	人工费	直接工程费和施工措施费中的人工费				
1.2	材料费	直接工程费和施工措施费中的材料费				
1.3	机械费	直接工程费和施工措施费中的机械费				
1.4	主材费	除 1.2 项以外的主材费				
1.5	大型施工机械进出场及安拆费	(1.1～1.4 项)×费率	0.5	0.5	1.5	0.5
1.6	工程排水费	(1.1～1.4 项)×费率	0.2	0.2	0.2	0.2
1.7	冬雨季施工增加费	(1.1～1.4 项)×费率	0.16	0.16	0.16	0.16
1.8	零星工程费	(1.1～1.4 项)×费率	5	4	3	4
2	企业管理费	按规定计算的(人工费＋机械费)×费率	23.33	18.27	6.19	24.36
3	利润	按规定计算的(人工费＋机械费)×费率	25.42	23.54	7.97	26.54
4	安全文明施工增加费	按规定计算的(人工费＋机械费)×费率	24.77	19.76	6.87	24.90
5	其他					
6	规费	(1～5 项)×费率	3.78	3.78	3.78	3.78
		1.1 项人工费总额×费率	9.5	9.5	9.5	9.5
7	建安费用	1～6 项合计				
8	销项税额	7 项×税率	11	11	11	11
9	附加税费	(7＋8 项)×税率	市区 0.36	0.36	0.36	0.36
			县镇 0.3	0.3	0.3	0.3
			其他 0.18	0.18	0.18	0.18
10	单位工程概算总价	7～9 项合计				

注：采用一般计税法时，材料、机械台班单价均执行除税单价。

单位工程概算费用计算程序及费率表

（一般计税法，人工费为计价基础）　　　　表 4.1.6-2

序号	费用名称	计算基础及计算程序	费率（%）			
			单独装饰工程	安装	市政给排水、燃气	园林景观、绿化
1	直接费	1.1~1.8项				
1.1	人工费	直接工程费和施工措施费中的人工费				
1.2	材料费	直接工程费和施工措施费中的材料费				
1.3	机械费	直接工程费和施工措施费中的机械费				
1.4	主材费	除1.2项以外的主材费				
1.5	大型施工机械进出场及安拆费	（1.1~1.4项）×费率	0.5	0.5	0.5	0.5
1.6	工程排水费	（1.1~1.4项）×费率	0.2	0.2	0.2	0.2
1.7	冬雨季施工增加费	（1.1~1.4项）×费率	0.16	0.16	0.16	0.16
1.8	零星工程费	（1.1~1.4项）×费率	5	4	3	4
2	企业管理费	按规定计算的人工费×费率	33.18	28.98	23.32	25.02
3	利润	按规定计算的人工费×费率	36.16	31.59	30.01	32.25
4	安全文明施工增加费	按规定计算的人工费×费率	29.62	27.33	23.22	26.04
5	其他					
6	规费	（1~5项）×费率	3.78	3.78	3.78	3.78
		1.1项人工费总额×费率	9.5	9.5	9.5	9.5
7	建安费用	1~6项合计				
8	销项税额	7项×税率	11	11	11	11
9	附加税费	（7+8项）×费率　市区	0.36	0.36	0.36	0.36
		县镇	0.3	0.3	0.3	0.3
		其他	0.18	0.18	0.18	0.18
10	单位工程概算总价	7~9项合计				

注：采用一般计税法时，材料、机械台班单价均执行除税单价。

（3）实例【工程量清单计价法示例】

【案例 4.1-1】湖南省某综合大楼 0.4kV 配电安装工程，工程地点市区，其工程量清单分部分项工程费为 777269.83 元，其中人工费为 73219.48 元，机械费为 19512.53 元，管理费费率为 28.98%，利润费率为 31.59%，安全文明施工费率为 13.76%，规费费率 13.28%，试用工程量清单计价法计算该安装工程造价。

解： 根据湘建价〔2016〕160 号文件规定，必须在增值税条件下进行工程计价，采用一般计税法，以综合单价法计价的工程费用计算程序见表 4.1.6-3。

综合单价法计价的单位工程费用计算表（一般计税法）

表 4.1.6-3

序号	工程内容	计费基础说明	费率（%）	金额（元）
1	直接费用	1.1+1.2+1.3		777269.83
1.1	人工费			93700.68
1.1.1	其中：取费人工费			73219.48
1.2	材料费			664056.62
1.3	机械费			19512.53
2	费用和利润	2.1+2.2+2.3+2.4		96129.18
2.1	管理费	1.1.1	28.98	21218.92
2.2	利润	1.1.1	31.59	23130.02
2.3	总价措施项目费			11389.91
2.3.1	其中：安全文明施工费		13.76	10075.13
2.4	规费	2.4.1+2.4.2+2.4.3+2.4.4+2.4.5		40390.33
2.4.1	工程排污费	1+2.1+2.2+2.3	0.40	3332.22
2.4.2	职工教育经费和工会经费	1.1	3.50	3279.94
2.4.3	住房公积金	1.1	6.00	5622.46
2.4.4	安全生产责任险	1+2.1+2.2+2.3	0.20	1666.12
2.4.5	社会保险费	1+2.1+2.2+2.3	3.18	26489.59
3	建安造价	1+2		873399.01
4	销项税额	3*税率	11.00	96073.89
5	附加税费	（3+4）*费率	0.36	3490.10
6	其他项目费			63511.00
	建安工程造价	3+4+5+6		1036474.00

注：1. 采用一般计税法时，材料、机械台班单价均执行除税单价。

建安费用等于直接费用＋费用和利润。

3. 按附录 F 其他项目计价表列项计算汇总本项（详 F.1）＞其中，材料（工程设备）暂估价进入直接费用与综合单价，此处不重复汇总。

4. 社会保险费包括养老保险费、失业保险费、医疗保险费、生育保险费和工伤保险费。

2. 定额计价模式

我国从 20 世纪 50 年代起就开始推行"定额计价模式"。在计划经济体制下，国家为了控制投资，将消耗量定额和相应单价合并起来，编制"量价合一"的单价表（基价表），以此作为工程项目造价计算的标准。用单价表计算的工程直接费作为计费基础。以此基础用规定的间接费等费率计算工程造价。在定额计价管理模式下，政府便于控制国家工程项目投资和投资核算，并以此对工程建设活动进行控制和管理。所以，定额计价模式具有"量价合一、基价取费、固定费率"的特点，在定额模式下建设工程造价实质是一个统一的计划价格。

定额计价采用工料单价法计价。

（1）工料单价法的定义及组成

工料单价法是指分部分项工程项目单价采用直接工程费单价（工料单价）的一种计价

方法，综合费用（企业管理费和利润）、规费及税金单独计取。工料单价法计价的价款应包括预算定额分部分项工程费、施工组织措施费、企业管理费、利润、规费、总承包服务费、风险费、暂列金额、税金，即

工程造价＝预算定额分部分项工程费＋施工组织措施费＋企业管理费＋利润＋规费＋总承包服务费＋风险费＋暂列金额＋税金

（2）工料单价法的计价步骤

① 熟悉施工图纸及准备有关资料。熟悉并检查施工图是否齐全、尺寸是否清楚，了解设计意图，掌握工程全貌。另外，针对要编制预算的工程内容搜集有关资料，包括熟悉预算定额的使用范围、工程内容及工程量计算规则等。

② 了解施工组织设计和施工现场情况。了解施工组织设计中影响工程造价的有关内容。

③ 计算分项工程量。根据施工图确定的工程预算项目和预算定额规定的分项工程量计算规则，计算各分项工程量。

④ 工程量汇总。各分项工程量计算完毕，经复核无误后，按预算定额规定的分部分项工程逐项汇总。

⑤ 套用定额消耗量，并结合当时当地人工材料机械台班市场单价计算单位工程直接工程费和施工技术措施费，即

$$直接工程费＝\Sigma 分部分项工程量×工料单价$$
$$施工技术措施费＝\Sigma 措施项目工程量×工料单价$$

⑥ 计算各项费用。直接工程费和施工技术措施费确定以后，还需根据建设工程施工取费定额，以人工费和机械费作为计算基础，计算施工组织措施费、综合费用、规费，按规定计取总承包服务费和税金等费用，最后汇总得出安装工程造价。

（3）实例【定额计价法示例】

【案例 4.1-2】湖南省长沙市别墅给排水安装工程于 2012 年 6 月竣工，合同约定采用定额计价办法按实结算。其定额分部分项工程费为 39514.68 元，其中人工费为 6354.48 元（定额人工费为 2824.21 元），机械费为 618.18 元，企业管理费费率为 37.90%，利润费率为 39%，安全文明施工费费率为 25.51%，冬雨季施工增加费费率为 0.16%，规费费率 25.2%，试用定额计价法计算该安装工程造价。

解：根据合同约定，该工程采用 2006 年《湖南省安装工程消耗量标准》及湘建价〔2009〕406 号文件规定，人工工资按湘建价【2012】237 号文规定执行。以定额计价法的工程结算费用计算程序见表 4.1.6-4。

综合单价法计价的单位工程费用计算表（定额计价法）　　表 4.1.6-4

序号	工程内容	计费基础说明	费率（%）	结算审核价（元）
1	分部分项工程费	1.1＋1.2＋1.3＋1.4＋1.5＋1.6＋1.7		39514.68
1.1	人工费	按规定计算的分部分项工程费用中的人工费的合计		6354.48
		其中：取费人工费		2824.21
1.2	材料费	按规定计算的分部分项工程费用中的材料费的合计		21195.99

序号	工程内容	计费基础说明	费率（%）	结算审核价（元）
1.3	机械费	按规定计算的分部分项工程费用中的机械费合计		618.18
1.4	其他费	按规定计算的分部分项工程费用中的其他费合计		0.00
1.5	安装工程设备费	按规定进入工程造价的安装设备费		6350.00
1.6	企业管理费	分部分项工程费用中的工程量×企业管理费的计算基数的累计	37.90	1070.38
1.7	利润	分部分项工程费用中的工程量×利润的计算基数的累计	39.00	1101.44
2	措施项目费	2.1+2.2+2.3		783.74
2.1	安全文明施工费	人工费	25.51	720.51
2.2	冬雨季施工增加费	按解释汇编要求（〈分部分项工程量清单费〉）即第1项	0.16	63.22
2.3	施工措施项目费			
3	其他项目费	3.1+3.2+3.3+3.4		0.00
3.1	暂列金额			0.00
3.2	专业工程暂估价			0.00
3.3	计日工			0.00
3.4	总承包服务费			0.00
4	规费	4.1+4.2+4.3+4.4		2173.20
4.1	工程排污费	分部分项工程费+措施项目费+其他项目费	0.40	161.19
4.2	职工教育经费	（分部分项工程费+措施项目费+计日工）中人工费总额	1.50	42.36
4.3	养老保险费	分部分项工程费+措施项目费+其他项目费	3.50	1410.44
4.4	其他规费	（分部分项工程费+措施项目费+计日工）中人工费总额	18.90	533.78
4.5	其中：工伤保险费	按文件规定要求	0.90	25.42
5	税金	（1+2+3+4）	3.46	1469.94
6	含税工程造价	合计：1+2+3+4+5		43941.55

3. 用定额系数进行消耗量及费用的分析计算方法

《全国统一安装工程定额》在编制时，将不便于列入定额册表中作为编码的公用子目，采用一个系数，或者按定额人工费的比率来进行消耗量或费用的计算，这种系数一般称为"子目系数"和"综合系数"。这些系数列在定额的"篇说明"或"章说明"中，计算时一般列入"措施项目清单计价表中"分析计算。

① 子目系数

它是最基本的系数，具有定额子目的性质，故称为"子目系数"。用它计算的结果构成分部分项工程费，它是综合系数和工程费用的计算基础之一。用子目系数计算的有高层建筑增加费、单层房屋超高增加费、施工作业操作超高增加费等。

② 综合系数

它的计算基础是定额人工费和子目系数中的人工费，故称为"综合系数"。用这类系数计算的有脚手架搭拆费、安装工程系统调整费等，其计算结果也构成直接费。

③ 子目系数与综合系数的关系

子目系数是综合系数的计算基础。两系数之间的关系用下式表达：

综合系数计算的消耗量或费用 ＝（分部分项人工费 ＋ 全部子目系数费用中的人工费）× 综合系数

定额中这两种系数是根据各专业安装工程施工特点制定的，故各篇定额所列的子目系数和综合系数不能混用。

④ 用子目系数计算的方法：

● 高层建筑增加费、单层建筑超高增加费的计算：

$$高层建筑增加费 ＝ \sum 分部分项全部人工费 \times 高层建筑增加费率$$

● 施工操作超高增加费的计算：

操作超高增加费 ＝ 操作超高部分全部人工费，或各定额册规定的基数 × 操作超高增加系数

⑤ 用综合系数计算的方法：

● 脚手架搭拆费的计算：

安装工程的脚手架不同于建筑工程，它不是主导施工过程，故不设立专门的分部分项或设立专项编码子目来计算脚手架搭拆，而是用系数来计算。如果安装工程需要时可按实计算脚手架搭拆费。用系数计算脚手架搭拆，其计算式如下：

脚手架搭拆费 ＝ $\sum$（分部分项全部人工费＋ 全部子目系数费中的人工费）× 脚手架搭拆费系数

● 系统调整费的计算：

用综合系数来计算系统调整费用的有两个：一是采暖工程系统调整费（热水供应系统不计取）；二是通风工程系统调整费。均按下式计算：

系统调整费 ＝ $\sum$（分部分项全部人工费 ＋ 全部子目系数费中的人工费）× 系统调整费系数

● 当安装施工中发生下列费用时，可按定额规定的方法进行计算：与主体配合施工的增加费；安装施工与生产同时进行的增加费；在有害环境中施工的增加费；在洞库内安装施工的增加费等。

⑥ 子目系数和综合系数费用在定额计价表或清单计价分析表中的编制方法

子目系数和综合系数是定额规定的计算系数。定额计价时，按定额规定进行计算，一般列在工程预算计价分析表中进行编制，方法如表4.1.6-5所示。在清单计价时，高层建筑增加费、施工操作超高增加费及脚手架搭拆费列入措施项目表中分析，系统调整费按清单项目规定编码立项列入分部分项分析表中编制分析。

子目系数和综合系数计算的费用，除操作超高增加费（或高层建筑增加费）全部为人工费外，其他系数计算的费用均应包括人工工资、材料费、机械使用费，但各篇专业定额仅规定了人工费所占比例，即 Ra、Rb、Rc、Rd 等，其余部分包括的材料费和机械费，定额未作分配比例的规定。按习惯将高层、单层超高增加费的其余部分归入机械使用费Ja；而脚手架搭拆、系统调整费的其余部分归入材料费 Mc、Md 中。如表4.1.6-5所示。从表中可知，计算子目系数和综合系数后，各费用之和如下：

单位工程或分部分项工程费：$Z ＝ Zo ＋ A ＋ B ＋ C ＋ D$

单位工程人工费：$R ＝ Ro ＋ Ra ＋ Rb ＋ Rc ＋ Rd$

单位工程材料费：$M ＝ Mo ＋ Mc ＋ Md$

单位工程机械使用费：$J = Jo + Ja$

子目系数和综合系数在定额计价表或清单计价分析表中的编制　　表 4.1.6-5

定额编号或清单项目编码	定额子目定额费用名称或清单项目名称	单位	工程数量	单价	合价	人工费	材料费	机械费
	分部分项分析完后合计				Zo	Ro	Mo	Jo
（子目系数）	高（或单）层建筑增加费： $A = Ro \times$ 高层增加系数 其中人工工资： $Ra = A \times$ 各篇规定系数				A	Ra		Ja
（子目系数）	施工操作超高增加费： $B =$ 超高部分人工费或定额篇规定 $\times$ 操作超高增加系数 其中人工工资：$Rb = B$				B	Rb		
（综合系数）	脚手架搭拆费： $C = （Ro + Ra + Rb）\times$ 脚手架搭拆增加系数 其中人工工资： $Rc = C$ 各篇规定系数 $\times$				C	Rc	Mc	
（综合系数）	系统调整费： $D = （Ro + Ra + Rb）\times$ 系统调整费增加系数 其中人工工资： $Rd = D \times$ 规定系数				D	Rd	Md	
（综合系数）	按综合系数计算的其他增加费用							
	合计				Z	R	M	J

4.1.7　工程造价的价差调整

1. 编制施工图预算时考虑的价差

① 编制时间和执行时间差异

施工图预算一般是先编制，后执行。因编制时间和执行时间不同，其时间先后差使工程造价发生变化，编制者在编制施工图预算时可预测一个价格浮动系数，或者在编制总投资时计算一项"调价预备费"，来解决因先后时间差异而产生的价差。

② 难以预料的子目出现

在编制施工图预算时，有的子目出现难以预料，使工程造价发生变化，一般在总投资编制时计算一项"基本预备费"作为解决价差之用。

③ 地区价差

工程预算应该用所在地的单价，或者用该地区中心城市的单价进行编制。如果用工程所在地的单价编制预算时，必然会产生一个地区差，带来预算的不准确性，并增加调整难度。所以，应该用真正工程所在地的价格进行编制，以免产生地区价差。

2. 工程结算时考虑的价差

承包商在编制报价时，应充分考虑价差带来的风险。从市场调查预测开始，在投标活动、中标签约、生产准备、施工生产和竣（完）工结算中均应考虑价差。在中标签约时，双方应协商一个调差方式进行工程造价价差的调整。调整的方式方法很多，可根据工程项目、场涨幅、工程所在地环境等情况选择。无论用什么方式方法调差，均应记录在合同中，供双方信守。

① 价差调整方法

工程造价价差产生的原因一是单价变动，二是数量变动。在施工生产中如发生上述两种变动情况时，经发包人代表或总监理工程师签证认可，即可调差。其调差方法如下：

● 人工费的调差

人工费的调差有两个方面，即量差和价差，计算式如下：

$$人工工日量差＝实际耗用工日数－合同工日数$$

$$人工费价差＝实际耗用工日数×（实际人工单价－合同工日单价）$$

● 材料费的调差

按材料不同逐一调整价差，称为单项调差法，这种方法虽然繁杂，但能反映工程真实造价。另外，也可采用分别调差的方式，即主要材料采用单项调差法，而辅助材料和次要材料采用一个经双方协商的占主要材料费的比例系数来进行调整，这种系数调差法较为简便，但有一定误差。这些方法的计算式分别如下：

$$某项材料量差＝实际材料用量－合同材料用量$$

$$某项材料费价差＝实际材料用量×（实际材料单价－合同材料单价）$$

或　　材料费调整额＝主材实际用量×（主材实际单价－合同单价）×（1＋辅助材料调整比例或调整系数）

周转材料价差调整方法与此相同。

● 机械台班费的调差

施工机械价差调整方法与材料价差调整方法相同，按不同的机械逐一调整。

② 工程结算价差的调整方式

工程结算价差一般在工程进度款结算或 工程竣（完）工结算时调整。其价差调整方式有下面几种：

● 按实调整结算价差

双方约定凭发票按实结算，双方在市场共同询价认可后，所开具的发票作为进行工程造价价差调整的依据。

● 按工程造价指数调整

招标方和承包方约定，用施工图预算或工程概算作为承包合同价时，根据合理的工期，并按当地工程造价管理部门公布的当月度或当季度的工程造价指数，对工程承包合同价进行调整。

● 用指导价调整

用建设工程造价管理部门公布的调差文件进行价差调整，或按造价管理部门定期发布的主要材料指导价进行调整，这是较为传统的调整方法。

● 用价格指数公式调整

用价格指数公式调整，也称调值公式法，这是国际工程承包中工程合同价调整用的公式，是一种动态调整方法。

4.2　BIM 在工程计价中的应用

4.2.1　当前工程计价的难点

1. 工程计价的区域性

在我国，各个地区都有其对应的地方定额标准和建筑产品的计价标准，这样的地区差异导致了在一个地方已经积累了当地预算经验的预算人员并不能在另一个地方应用这些经验，当然积累的预算数据也都随着地点的变化不再适用了。

2. 预算数据延后性明显

在我国现阶段大部分施工企业不具备编制企业定额的能力，因此在投标报价时的消耗量采用定额的消耗量。然而我国定额基本上每五年才更新一次，具有明显的滞后性。

3. 价格数据统计量大

由于建筑工程本身的庞大性和复杂性，建筑工程的材料种类繁多、价格各异，因此，对工程中各个构件的预算数据的分析、统计是一个巨大而繁琐的工程，在传统的计量计价方式下，需要花费预算工程师大量的时间和精力。

4. 计价数据粒度大，计价分析功能不足

表格法的传统套价软件依然处于行业内造价软件的主导地位。尽管随着工程的复杂度日益增加，造价数据的量级也与日俱增，但是传统套价软件却只能分析单条清单数据，这样的数据粒度仅能满足投标预算和结算，无法按楼层、按施工区域、甚至是按构件分析，时间维度上的分析更是无法企及。

5. 数据积累困难

数据和服务是未来企业的财富和核心竞争力，而好的服务需要基于可靠的数据，因而数据积累十分重要，建筑业是典型的大数据行业，但是在中国，建筑业的数据大部分都在基层人员的脑子里，人走了经验和数据随之带走，难以形成积累。

4.2.2　基于 BIM 技术的工程计价的优势

根据 BIM 的思想，建筑工程师、结构工程师、土木工程师等都在一个建筑信息模型上工作。如果造价员也能共享该建筑信息模型，那么造价员就不需要重新输入图纸，可以将主要精力放到选择清单或套取定额等更有意义的工作上面。目前国外基于 BIM 的造价管理软件都有一个相同问题，就是清单编码体系、工程量计算规则和计价软件都不符合国内的要求，所以无法直接在国内项目中应用。国内，基于 BIM 的造价管理软件厂商，他们的产品能很好地和国内各地的造价计算要求融合在一起。基于 BIM 技术的工程计价的优势如下：

（1）基于 BIM 的工程计价比传统的计算方法更加快速准确。

基于 REVITE 平台的算量软件，避免重复建模，节约了传统算量软件重复建模的时间，大幅提高了工作效率及工程量计算的精度，软件内置国内清单规范和各地定额工程量计算规则，辅以灵活开放的计算规则设置，轻松计算工程量，可以手动套取清单定额做法，也可以智能套价。BIM 模型直接从模型中获取清单特征相关数据，基本不需要再补充特征，可直接进入造价软件，节约时间。

（2）基于 BIM 的工程计价模型能够对工程变更信息及时识别，并自动实现相关属性的变更。

一旦发生工程变更，BIM 模型能够重新完成工程量的更新，及时生成变更后的工程成本。这有利于减少建设工程变更对工程项目造成的进度影响和成本影响。

（3）BIM 模型丰富的参数信息和多维度业务信息能够辅助不同阶段和不同业务的成本分析和控制。

从最开始就对模型、造价、流水段、工序和时间等不同维度信息进行关联和绑定，能够以最少的时间随时实现任意维度的统计、分析和决策，有效地提高了工程计价的精确性。

（4）BIM 技术的突出优势是对建设工程造价数据信息进行整合形成造价数据库。

BIM 技术适应造价数据信息自身特点，快速、动态、精准、最大限度挖掘其参考价值，发挥信息资源在共享和转移过程中应有的增值作用，根据模块化分类、进行多维度分析，为造价管理领域带来了全新的数据格式、交换标准、存储模式和集成管理方式的造价数据库。用于资源共享和集中查询、确定造价指标指数、快速估算和报价。有效解决工程计价的难点，如工程计价的区域性、数据积累困难等。

（5）整个 BIM 模型集 3D 立体模型、施工组织方案、成本造价等全部工程信息和业务信息于一体，支撑包括投资估算、设计概算、施工图预算、招投标、进度款结算、工程签证、竣工结算和造价评估等不同阶段的计价工作，可以快速准确的进行多次计价。

4.2.3　BIM 技术在工程计价的应用

BIM 技术在工程计价的应用优势主要体现在提高工程计价的效率和准确性及解决数据积累的困难建立造价数据库，另外为保障基于 BIM 技术的建设工程施工顺利实施，需要建立相应的合同计价模式。因此下面我们将从工程计价在各个阶段的 BIM 技术应用、利用 BIM 技术建立造价数据库、和建立基于 BIM 技术的合同计价模式这三个方面进行阐述。

4.2.3.1　工程计价各个阶段的 BIM 技术应用

投资估算、设计概算、施工图预算、进度款、工程签证、施工图预算和结算决算等不同阶段的计价工作，很容易让工程计价人员身陷庞大的工程量计算和价格数据当中无法自拔，通过 BIM 可以方便多次定价，快速计算项目各阶段实现估算价、概算价、投标价、合同价、结算价。

投资决策阶段：传统的二维设计无法积累与造价的关联数据库，估算依靠经验进行，精准度较差。基于 BIM 技术，在造价工程师经验基数上利用 BIM 技术建立造价指标库，快速查询价格信息或相关估算指标，在不需要图纸的情况下完成项目投资。其应用步骤为：（1）输入拟建项目的主要特征进行检索，选取若干个类似的典型工程。（2）通过对典型工程的工程造价指标和工程造价指数进行分析组合，综合考虑当前项目建设期的人才机市场价格，即可快速对拟建项目进行估算。

设计阶段：在设计阶段进行限额设计和优化设计时，设计人员可能要多次修改设计方案，并对备选方案进行技术经济评价。基于 BIM 技术建立的造价数据库中的造价指标有利于快速编制设计概算，具体应用：通过对新建工程项目特征的检索，造价人员可依据造价数据库中与之相似度较高的工程项目的造价指标进行总造价计算，也可依据造价指标进行分部分项工程人工、材料、机械的消耗量、费用的计算，可以具体到单位工程甚至构件级的水平上。造价指标的应用可以提高设计概算的编制效率和准确性，使设计人员能及时找出修改设计方案的最佳途径，使得修改后的设计方案技术上先进、经济上可控。

招投标阶段：BIM 技术在招投标阶段计价的应用主要有：（1）快速准确编制工程量清单、招标控制价和投标报价。造价工程师可以根据设计单位提供的富含数据信息的 BIM 模型快速提取出工程量信息，结合项目具体特征编制准确的工程量清单，有效地避免漏项和错误输入等情况。报价需要的人才机消耗量和价格的数据信息可以通过调取造价数据库中的企业定额库和人才机价格库。（2）不平衡报价，由于 BIM 模型中的建筑构件具有关联性，其工程量信息与构件空间位置是一一对应的，计价人员可以根据招标文件相关条款规定，按照空间位置快速核准招标文件中工程量清单的正确性，正确制定投标策略，进行不平衡报价。

施工阶段：在施工阶段计价的主要工作是进度款支付、工程变更和索赔管理。BIM 模型是将 BIM 三维建筑信息模型和进度、造价关联起来，可以查到任意时间段的任意构件的工程造价，将繁琐的进度款工程计价简单方便高效起来。工程量变更和工程进度变更能够快速反应到工程造价上，变更发生后，依照变更范围和内容对 BIM 模型进行修改，一方面可以自动分析变更前后 BIM 模型的差异，计算变更部位及关联构件的变更前后工程量和量差，生成变更工程量表，编制索赔报价，避免贻误最佳索赔时间。BIM 模型可以保存所有变更记录，实施变更版本控制，记录详细的变更过程，形成可追溯的变更资料，方便查询和使用，避免引发结算争议和管理不善而遗忘索赔变更。

竣工阶段：竣工验收阶段的工程计价工作主要结算和决算。这个阶段的计价工作需要结合双方签订的合同价、设计变更、施工现场签证，还要结合前几个阶段实际支付的工程进度款来进行综合计算，涉及面广、规模庞大、计算起来非常复杂。但是利用 BIM 技术，随着设计、施工等阶段完成，BIM 数据库也不断完善，设计变更、施工现场签证和工程变更等信息已经更新到 BIM 模型中，因此可以快速准确地进行结算和决算，从而大大提高计价的速度和效率。

4.2.3.2　利用 BIM 技术建立造价数据库

随着 BIM 技术的发展与成熟，在创建、计算、管理、共享和应用海量工程项目基础数据方面具有前所未有的能力。首先，从技术上 BIM 可以将数据粒度分解到构件级，基于 BIM 的 3D 技术，再加上时间和造价形成构件级粒度的 5D 数据，经过转化再导入到数据库可以形成造价数据库，造价数据库由造价指标库、企业定额库、人才机价格库、知识库组成

1. 造价指标库

对于分项工程而言，其造价指标可细分到工程量指标、单位面积造价指标、消耗量指标。造价指标库的数据来源主要是已完典型工程和在建典型项目的工程量数据和价格信

息。已完工程数据有项目基本情况、投资估算、概算、预算、结算报表，预结算对比分析，设计变更、工程量变更、合同等，其中大多数都可通过 BIM 模型记录实现。对已完工程的数据收集和整理，不仅要提取利用结算价，还要提取项目建设过程中的各项变更，以便为新建项目前期估算工作提供参考，尽量避免同类错误、管理疏漏现象的再次出现，提高工程造价管理水平。为了确保工程造价指标数据库的质量，收集工程造价信息时首先需要明确项目概况（包括基本资料、面积、合同价、工期、楼面承载力、参与主体等），其次是分部分项造价指标和分部分项工程量指标。

分部分项造价指标：首先按照建筑工程、安装工程、室内总体及外配套工程、其他工程进行分类，在此基础上细分到各个分部分项工程，造价数据信息的收集主要包括分部分项特征、建筑面积、造价、单位面积指标、占总造价比例。

分部分项工程量指标：工程量指标可用于指导同类项目施工图设计的合理性，优化设计方案，另外遵循量价分离的原则，独立的工程量指标可辅以实时更新的价格数据库，为新建项目的快速投资估算打下基础。详细的工程量数据收集主要包括主体结构数量分析和分项数量占比分析。

2. 企业定额库

受到区域经济不均衡发展的影响，各地建筑市场相应地存在发展步调不一致的现象，各施工企业的技术水平和管理水平不尽相同，全国（地区）定额、行业定额在很大程度上不能适应多数施工企业内部管理的需求。为反映综合技术实力和管理水平，施工企业需要制定适合自身发展的企业定额。企业定额的编制须遵循国家、行业的相关规定，不仅要反映企业先进的生产力，还要为施工成本管理、投标报价、施工组织设计的编制提供参考依据。

3. 人材机价格库

人材机价格库里面主要是人工、材料、机械、设备租赁、周转材料等的价格。通过对已有竣工项目 BIM 模型类别、项目所在地区进行分类汇总，再加入市场价的维度，形成不同的价格曲线，实现动态管理。同时设置与市场信息价的数据接口，能够导入、更新各地造价主管部门实时发布的信息价格，为编制招标清单、招标控制价和投标报价审核提供依据。

4. 知识库

知识库是造价管理控制工作的资料共享平台，供造价管理人员检索、浏览、下载。知识库中的文件主要有国家、地方造价管理机构发布的法律法规、政策发文、行业规范；各类工程定额和清单规范及解释、工程量计算规则、计价依据、取费标准；本企业通用的文件及表格格式、文件书写范例等。为保证知识库内容的准确性、时效性，知识库要实现定期更新，并添加相关知识来源的超链接，强调知识的绝对可用性和可追溯性，方便造价人员快速准确地获取信息。

基于 BIM 技术的造价数据库架构，旨在打造数据信息共享平台，为不同参与者提供数据获取的便利服务，完成信息的无障碍流通，为满足各应用软件与造价数据库的对接，增强系统的可操作性，最重要的是实现数据库系统的多功能性，能够覆盖工程造价管理所需额的各项功能，并针对不同工作需求进行专业化开发。

4.2.3.3 建立基于 BIM 技术的合同计价模式

基于 BIM 的合同体系的建立，为 BIM 的实施提供了保障。不同的合同计价模式对建设工程项目的影响不同，主要表现在不同的合同管理成本、风险分配和激励作用。下面将从上述三方面分析 BIM 的应用对合同计价模式的影响。

1. 合同管理成本

在基于 BIM 的建设工程施工中会导致合同管理难度的增加，进而造成合同管理成本的增加，具体表现如下：（1）BIM 应用要求建设工程项目各参与方必须树立以 BIM 为核心的项目信息沟通理念、掌握与 BIM 相关的工具和技术、处理由 BIM 引发的相关问题，导致合同达成难度的增加。（2）目前 BIM 在我国的应用较少，有经验的承包商较少，增加了可靠承包商的选择难度。（3）BIM 应用的协同性会要求各参与方的早期介入，会增加合同谈判成本。（4）我国还没有相关 BIM 标准合同体系，合同双方需根据项目要求明确各自的合同责任与法律责任，以及与 BIM 有关的信息管理、模型建立、BIM 实施计划以及知识产权等相关问题，合同订立的难度较大，存在的潜在风险较大，增加了合同的达成难度。（5）BIM 技术的应用以各参与方风险分担、利益共享为前提，在项目实施过程创建了新项目管理模式，在这与传统的工程项目管理有差别，增加了建设工程合同的执行难度。（6）在项目建设过程要加强项目各参与方的交流以及信息管理，及时对信息进行修改、维护，增加了合同执行的成本及监督难度。因此在选择基于 BIM 的建设工程合同计价模式时，要充分考虑 BIM 的应用对合同管理成本的改变，选择的合同计价模式要能够最大限度地减少合同管理成本。

2. 风险分配

BIM 的应用在减少了传统建设工程项目中存在的技术、管理以及市场风险的同时，但是增加了新的风险。一方面技术上如软件风险、信息丢失风险；另一方面管理流程的变化，使得建设工程施工过程中各参与方利益关系发生了变化，有可能带来更大的风险。与传统建设项目中，业主与承包商形成对立局势相比，基于 BIM 的建设工程施工项目无论从团队建设、管理模式还是各参与方的协作方式来看，其注重的都是各参与方的相互尊重、相互协作，只有这样才能实现信息的共享，才能真正实现 BIM 的价值。因此，在基于 BIM 的合同计价模式必须将全部风险考虑进去，即包含传统建设工程项目风险，也包括 BIM 的应用所带来的其他风险；必须能够保证各参与方合作的建立，将风险合理分配即按最优方式进行分配，让有能力者承担并消化风险，实现各方的信任与协作。

3. 激励作用

在 BIM 新技术的应用，承包商将面对的未知较多，风险较大。此外，由二维图纸向三维空间的转变，会增减承包商对软件投入、人员培训等方面的成本。因此承包商不愿意在项目施工过程中应用 BIM，需要业主主导推广使用 BIM，并激励承包商在建设工程施工过程中使用 BIM。因此在基于 BIM 的建设工程施工过程中需要通过计价模式的选择来激发各方的积极性，将各参与方专业知识和管理人才的潜能发挥到最大，实现各参与方利益共享和风险分担，达到建设工程项目最优。

选择的合同计价模式必须有助于业主合同管理成本的降低，并能合理的分配风险，积极规避风险，减低项目的风险损失，具有一定的激励作用。

课 后 习 题

1. 工程造价计价的概念与顺序是怎样的？

2. 谈谈建筑安装工程计价依据的主要内容。

3. 建筑安装工程类别如何划分？

4. 工程造价费用项目由哪两种形式组成？

5. 试列出建筑安装工程费用项目组成内容（按费用构成要素划分）。

6. 试列出建筑安装工程费用项目组成内容（按造价形成顺序划分）。

参考答案

1. 答：工程计价是指根据《建设工程工程量清单计价规范》（GB 20500—2013）的工程量计算规则编制的工程量清单，套用相关定额并依据相关的市场价格对定额中的费用组成进行调整，组合综合单价，进而完成工程量清单计价要求的相关费用内容。工程量清单计价使用于施工图预算编制阶段（招投标阶段）。

工程造价计价的顺序：分部分项工程造价→单位工程造价→单项工程造价→建设项目总造价。

2. 答：目前湖南省建筑安装工程计价依据主要有《建设工程工程量清单计价规范》（GB 50500—2013）、《通用安装工程计量规范》（GB 50854—2013）、《湖南省通用安装工程工程量清单计价指引（2013）》、住房城乡建设部财政部关于印发《建筑安装工程费用项目组成的通知》（建标-2013.44 号）和《湖南省建筑安装工程消耗量标准（2014）》等定额，以及湖南省工程造价管理机构发布的人工、材料 施工机械台班市场价格信息、价格指数等。

3. 答：安装工程按照专业可划分为机械设备安装工程、热力设备安装工程、静置设备与工艺金属结构工程、电气设备安装工程、建筑智能化系统设备安装工程、自动化控制装置及仪表安装工程、通风空调工程、工业管道工程、消防设备安装工程、给排水、采暖、燃气安装工程、刷油防腐蚀绝热工程等，在同一个专业内因安装对象的规格大小或级别高低等不同，其所需要的安装技术、采取的施工措施可能会有很大的区别，对施工企业的管理也将提出不同的要求，所需的安装费不同，综合费也不同，为此又将同一专业的安装工程分为一类、二类、三类共三个类别。

4. 答：建筑安装工程费用项目的组成，根据住建部和财政部关于印发《建筑安装工程费用项目组成》的通知建标［2013］44 号文，于 2013 年 7 月 1 日起实施，同时建标［2003］206 号文废止。44 号文规定，费用项目由两种形式组成，即按工程造价费用构成要素划分组成和工程造价形成顺序划分组成。

5. 答：建筑安装工程费按费用构成要素划分：由人工费、材料（包含工程设备，下同）费、施工机具使用费、企业管理费、利润、规费和税金组成。其中人工费、材料费、施工机具使用费、企业管理费和利润包含在分部分项工程费、措施项目费、其他项目费中。

6. 答：建筑安装工程费按照工程造价形成顺序划分：由分部分项工程费、措施项目费、其他项目费、规费、税金组成。分部分项工程费、措施项目费、其他项目费，这三项费用又包含人工费、材料费、施工机具使用费、企业管理费和利润等费用。

第5章 BIM 造价管理

本章导读

本章首先介绍了当前造价管理工作的现状，然后讲述了在项目全生命周期各个阶段进行造价管理时的 BIM 技术应用，最后介绍了 PPP、EPC 等新型模式下的 BIM 技术应用，全面的系统的介绍了在工程造价管理中 BIM 的价值。

5.1　工程造价管理的现状和趋势

成本管理是工程项目管理工作中参建、运营各方最为关心的。工程造价管理工作是成本管理中最为核心的工作，计量和计价工作都是为工程造价管理服务的。

5.1.1　工程造价管理工作的现状

目前，工程造价管理工作在各个项目建设过程中均得到高度重视，并贯穿始终。高质量的工程造价管理，不仅便于工程资金筹措措施的制定，便于工料的调配购买，也便于减少工程各方纠纷，保障工程项目顺利实施和运行。

首先，工程造价管理的及时性有了很大提高。推行工程量清单后，大部分的人工、材料、机械设备价格将随着市场行情而变化。过去建设各方主体由于受到人力、物力及信息来源渠道的限制，不一定能及时得到这方面的最新信息以指导计价活动。现在随着各方加强信息化建设，利用计算机网络等现代化的传媒手段，将最新的价格信息及时传送，为工程造价管理服务，进一步提高工程造价的管理水平。

其次，我国工程造价管理人员的素质全面提高。行业、企业和高校不断培养大量的高素质的造价人才，培养工程造价、工程管理等专业的本专科学生是提升工程造价的管理水平最为有效的途径。

再次，加强对工程项目前期，尤其是可行性研究阶段、设计阶段的造价控制。针对以往把工程造价管理工作重心放在施工过程中，忽视了前期造价管理的重要性，现在行业统一认识，强调工程造价管理前置化；针对以往把工程造价管理工作看成一种被动的行为，现在强调加强管控的主动性。

5.1.2　工程造价管理工作的不足

尽管造价管理工作得到了提高，但也存在很多不得不正视的问题：随着经济发展，各大中城市大型复杂工程剧增，造价管理工作难度越来越高；传统手工算量、单机软件预算，已大大落后于时代的需要；造价管理技术也无法跟上工程的需求。目前的造价管理技术的局限性主要体现在以下几个方面（图 5.1.2-1）。

（1）造价分析数据细度不够。目前主流造价软件还是表格法的套价软件，只能分析一条清单总量的数据，数据粒度远不能达项目管理过程需求，不能满足按楼层按施工区域按构件分析，更不能实现基于时间维度的分析。

（2）造价难以实现过程管理。精细化造价管理需要细化到不同时间、不同构件、不同工序等。施工企业一般只关注项目一头一尾两个价格，过程管理基本没有实现。而对建设单位而言，预算超支现象也十分普遍。

图 5.1.2-1　目前造价管理的局限

造成成本超支的重要原因就是缺乏可靠的过程造价数据，并据此进行成本管理。

（3）企业级管理能力弱。大型企业的成本控制动态涉及数百项工程，快速准确的统计分析需要强大的企业级造价分析系统技术，并需要各管理部门协同应用，但目前的造价分析技术基本上还局限在单机软件分析单体工程这个层面。

（4）难以实现数据共享。目前，造价工程师所获得的数据还没有办法共享给其他岗位人员。一方面是因为技术手段；另外一方面是因为所提供的数据无法供其他人直接使用，需要进行拆分和加工。沟通协调不畅的同时，就没法保证数据的及时性和准确性。

（5）数据积累困难。现在社会已进入大数据时代，建筑业是典型的大数据行业，数据积累越来越成为企业的财富和核心竞争力，但现状却是建筑业的数据大都存在于基层人员手中，并没有集成到企业的数据库里。

5.2 BIM 在全过程造价管理中的应用

BIM 工程造价信息的可视化管理过程是进行工程项目信息数据采集与数据整合的过程，其处理获得的造价数据为信息的传递共享提供了基础。在建设工程造价控制管理中应用 BIM 技术，使得工程造价管理与投资开辟了新领域。BIM 在工程造价信息管理中的合理应用，将工程造价的数字符号与直观的立体图像进行了完美结合，生成建筑工程各个施工节点与空间部位造价信息。在项目的全生命周期，基于 BIM 进行工程造价管理，在降低工程项目投资成本，保证工程施工质量，实现工程综合效益等方面发挥着重要的现实意义。

5.2.1 BIM 造价在决策阶段的应用

决策阶段各项技术指标的确定，对该项目的工程造价会有较大影响，特别是建设标准水平的确定、建设地点的选择、工艺的评选、设备选用等直接关系到工程造价的高低。项目决策正确，意味着对项目建设做出科学的决断，选出最佳投资行动方案，达到资源的合理配置。这样才能合理地估计和计算工程造价，并且在实施最优投资方案过程中，有效地控制工程造价。项目决策失误，主要体现在对不该建设的项目进行投资建设，或者项目建设地点的选择错误，或者投资方案的确定不合理等。诸如此类的决策失误，会直接带来不必要的资金投入和人力、物力及财力的浪费，甚至造成不可弥补的损失。在这种情况下，合理地进行工程造价的计价与控制已经毫无意义了。因此，要达到工程造价的合理性，事先就要保证项目决策的正确性，避免决策失误。

据资料统计，在项目建设各阶段中，投资决策阶段影响工程造价的程度最高，达到 80%～90%。因此，决策阶段是决定工程造价的基础阶段，直接影响着决策阶段之后的各个建设阶段工程造价的计价与控制是否科学、合理的问题。所以在 BIM 的投资阶段做好投资决策分析极为重要，主要包括基于 BIM 的投资造价估算和基于 BIM 的投资方案选择。

1. 基于 BIM 的投资造价估算

项目决策阶段是建设项目全寿命周期的第一个阶段，主要完成投资估算工作，为决策者提供投资决策依据。基于 BIM 模型的工程造价大数据管理及分析，可以为企业决策层提供精准的数据支撑。通过历史项目的工程造价 BIM 模型生成指标信息库，进一步建立并完善企业数据库，从而形成企业定额。支持企业高效准确地完成项目可行性研究、投资决策、编制投资估算、方案必选等。BIM 技术的引用，颠覆了以往做投资估算的工作模式，有利于历史数据的积累，并基于这些数据抽取造价指标，快速知道工程造价估算价格。使投资估算能够更加科学合理地指导后续工程的成本控制。

基于此，在投资估算时直接在数据库中提取相似的历史工程的 BIM 模型，并根据本项目方案特点进行简单修改，因模型是参数化的，每个构件都可以得到相应的工程量、造价、功能等不同的造价指标，根据修改，BIM 系统自动修正造价指标。通过这些指标，可以快速进行工程价格估算。这样比传统的编制《指导价》或估算指标更加方便，查询、利用数据更加便捷。

2. 基于 BIM 的投资方案选择

过去积累工程数据的方法往往是图纸介质，并基于图纸抽取一些关键指标，用 Excel 保存已是一个进步，但历史数据的结构化程度不够高，可计算能力不强，积累工作麻烦，导致能积累的数据量也很小。通过建立企业级甚至行业级的 BIM 数据库将对投资方案比选和确定带来巨大的价值。BIM 模型具有丰富的构建信息、技术参数、工程量信息、成本信息、进度信息、材料信息等，在投资方案比选时，这些信息完全可以复原，并通过三维的方式展现。根据新项目方案特点，对相似的历史项目模型进行抽取、修改、更新，快速形成不同方案的模型，软件根据修改，自动计算不同方案的工程量、造价等指标数据，直观方便地进行方案比选（图 5.2.1-1）。

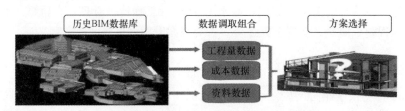

图 5.2.1-1　基于 BIM 的投资方案选择模式

5.2.2　BIM 造价在设计阶段的应用

建设工程项目的是施工进度、成本、工程质量能否达到标准，建成后能否给业主带来经济效益都取决于工程设计。工程设计这一关键环节对造价控制起着决定性作用。本节将从限额设计、设计概算和碰撞检查两个方面进行分析 BIM 对造价管理的影响。

1. 基于 BIM 的限额设计

使用传统方法做好限额设计的难点：（1）由于设计院人员有限，各专业直接工作有割裂，需要总图专业反复协同。在完全设计未完成之前，造价人员无法迅速、动态得出各种结构的造价数据供设计人员比选，因此限额设计难以覆盖到整个设计专业。（2）目前的设计方式使得设计图纸缺乏足够的造价信息，使得造价工作无法和设计工作同步，并根据造价指标的限制进行设计方案的及时优化调整。而方案的优化设计是保证投资限额设计的重要措施和行之有效的重要方法。（3）设计阶段的造价工作是事后的，即在设计完成后进行，无法在设计过程中协同进行。另外，由于只能在整体设计方案完成后进行造价计算，导致限额设计的指标分解也难以实现，同时造成限额设计被动实施。

基于 BIM 模型来测算造价数据，一方面可以提高测算的准确度，另一方面可以提高测算的精度。通过企业 BIM 数据库可以累计企业索要项目的历史指标，包括提供不同部位钢筋含量指标，混凝土含量指标，不同区域的造价指标等。通过这些指标可以在设计之前对设计院制定限额设计目标。在设计过程中制定统一的BIM模型和标准，使得各专业可以协调设计，同时模型丰富的设计指标、材料型号等信息可以指导造价软件快速建立BIM模型并核对指标是否在可控范围。对成本费用的实时模拟和核算使得设计人员和造价师能实时的、同步地分析和计算所涉及的设计单元的造价，并根据所得造价信息对细节设计方案进行优化调整，可以很好地实现限额设计（图5.2.2-1）。

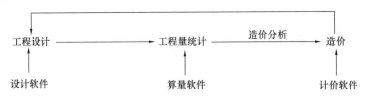

图5.2.2-1　造价指标优化设计

并且，通过BIM模型使设计方案和投资回报分析的财务工具集成，业主可以了解设计方案对项目投资收益的影响。同时，使用BIM技术除了能进行造型、体量和空间分析外，还可以同时进行能耗分析和建造成本分析等，使得初期方案决策更具有科学性，避免不必要浪费的建造成本，甚至为项目后期成本的控制提供依据。

2. 基于BIM的设计概算

在传统施工中建筑专业、结构专业、设备专业等各个专业分开设计，导致图纸中平立剖之间、建筑图和结构图之间、安装与土建之间及安装与安装之间的冲突问题会带来很多严重的后果。如：设计概算不能与成本预算解决方案建立有效连接；设计阶段的设计图纸、数据以及由此进行的概算数据无法与造价管理进行自动关联，使得整个项目生命周期无法实现设计数据共享使用。

通过BIM技术的运用设计概算能够实现对成本费用的实时模拟及核算，并能够很好地避免与造价控制脱节；BIM支持实际造价用数字信息分析和了解项目性能，实现从整个项目生命周期角度运用价值工程进行功能分析。

3. 基于BIM的碰撞检查

通过三维模型，在虚拟的三维环境下方便地发现设计中的碰撞冲突，在施工前快速、全面、准确的检查出设计图纸中的错误、遗漏及各专业间的碰撞等问题，减少由此产生的设计变更和工程洽谈，更大提高了施工现场的生产效率，从而减少施工中的返工，提高建筑质量，节约成本，缩短工期，降低风险（图5.2.2-2）。

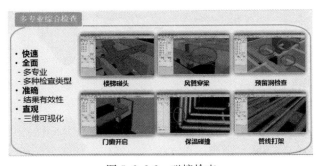

图5.2.2-2　碰撞检查

5.2.3　BIM 造价在招投标阶段的应用

在投标阶段，BIM 的价值体现最为明显。通过 BIM 软件，建立模型，工程量可以快速统计分析，形成准确的工程量清单。一方面，可要求投标单位必须建立模型并提交，既可提前在模型中发现图纸问题，也能精确统计工程量。并且在建模过程中，软件会自动查找建模的错误，并且发现遗漏的项目和不合理处。在提高效率方面，传统的手工算量可能需要 15 天，手工建模算量 7 天，CAD 导图算量 3 天，BIM 模型算量 30 分钟；在准确率方面，以模型导入为例：100% 导出相应楼层设计模型的所有构件，土建构件的算量误差率汇总统计为 0.2%。在计价方面，可以查询造价指标，可以查询材价信息，以实时获得市场价，指导采购。

在招标采购阶段，需要精确的算量并套取工程清单，基于项目编码、项目名称、项目特征、计量单位和工程量计算规则"五统一"的原则形成了一个业主的采购"清单"，将清单编制完后附加到 BIM 模型中，招标代理机构发出招标文件时，就可以将包含清单信息的模型一起发给投标人，这样就可以保证招标信息与设计信息的完整性与连续性，有利于招标工作顺利地进行。互联网技术与 BIM 平台有机的结合，更加有利于政府招投标管理部门的监督管理，有效地遏制了徇私舞弊等现象的发生，对于整个行业的健康发展十分有帮助。

5.2.3.1　BIM 设计模型导入

对于工程造价人员来说，各专业的 BIM 模型建立是 BIM 应用的重要基础工作。BIM 模型建立的质量和效率直接影响后续应用的成效。模型的建立主要有三种途径：

（1）按照施工图纸建立 BIM 模型，这是最基础最常用的方式。

（2）基于 CAD 图纸，利用软件提供的识图功能，直接生成 BIM 模型。

（3）复用和导入设计软件提供的 BIM 建模，生成 BIM 算量模型。这是从整个 BIM 流程来看最合理且快捷的方式（图 5.2.3-1、图 5.2.3-2）。

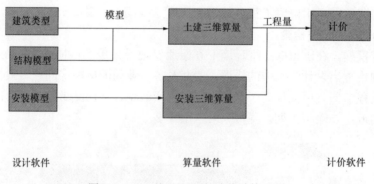

图 5.2.3-1　基于 BIM 的造价计算过程

5.2.3.2　基于 BIM 的工程算量

基于 BIM 的工程量算量特点：

（1）更加高效。基于 BIM 的自动化算量方法将造价工程师从繁琐的劳动中解放出来，造价工程师节省更多的时间和精力用于更有价值的工作，如造价分析等，并可以利用节约的时间编制更精确的预算；

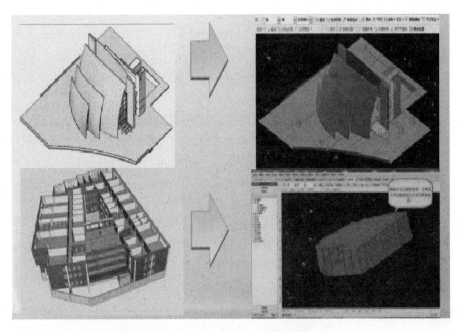

图 5.2.3-2　生成 BIM 算量模型

（2）更加准确。工程量计算是编制工程预算的基础，但计算过程非常繁琐，造价工程师容易因人为原因造成计算错误，影响后续计算的准确性。自动化算量功能可以使工程量计算工作摆脱人为因素影响得到更加客观的数据（图 5.2.3-3）；

（3）更加智能。一方面基于 BIM 的工程算量可以更方便、快捷地应对设计变更；同时能更好地积累数据。

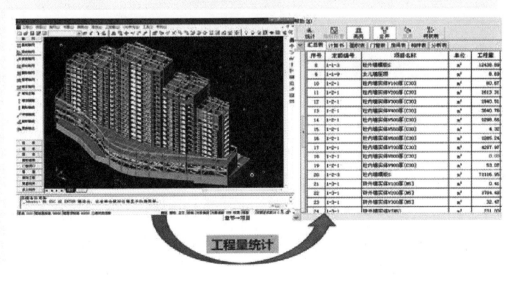

图 5.2.3-3　BIM 模型算量

5.2.4　BIM 造价在施工过程中的应用

1. 基于 BIM 的 5D 计划管理

建筑信息模型的 5D 应用是指建筑三维数字模型结合项目建设时间轴与工程造价控制的应用模式，即 3D 模型＋时间＋资金的应用模式。

在该模式下，建筑信息模型集成了建设项目所有的几何、物理、性能、成本、管理等信息，在应用方面为建设项目各方面提供了施工计划与造价控制的所有数据。项目各方人员在真实施工之前就可以通过建筑信息模型确定不同时间节点的施工进度与施工成本，可以直观的按月、按周、按日观看到项目的具体实施情况并得到该时间节点的造价数据，从而做到实时的造价控制。

① 基于 BIM 5D 模型实现资金计划管理和优化（图 5.2.4-1）。

② 基于 BIM 5D 模型可以方便快捷地进行施工进度模拟和优化（图 5.2.4-2）。

③ 基于 BIM 5D 模型实现施工资源动态管理（图 5.2.4-3）。

④ 基于 5D 模型实现项目精细化成本管控（图 5.2.4-4）。

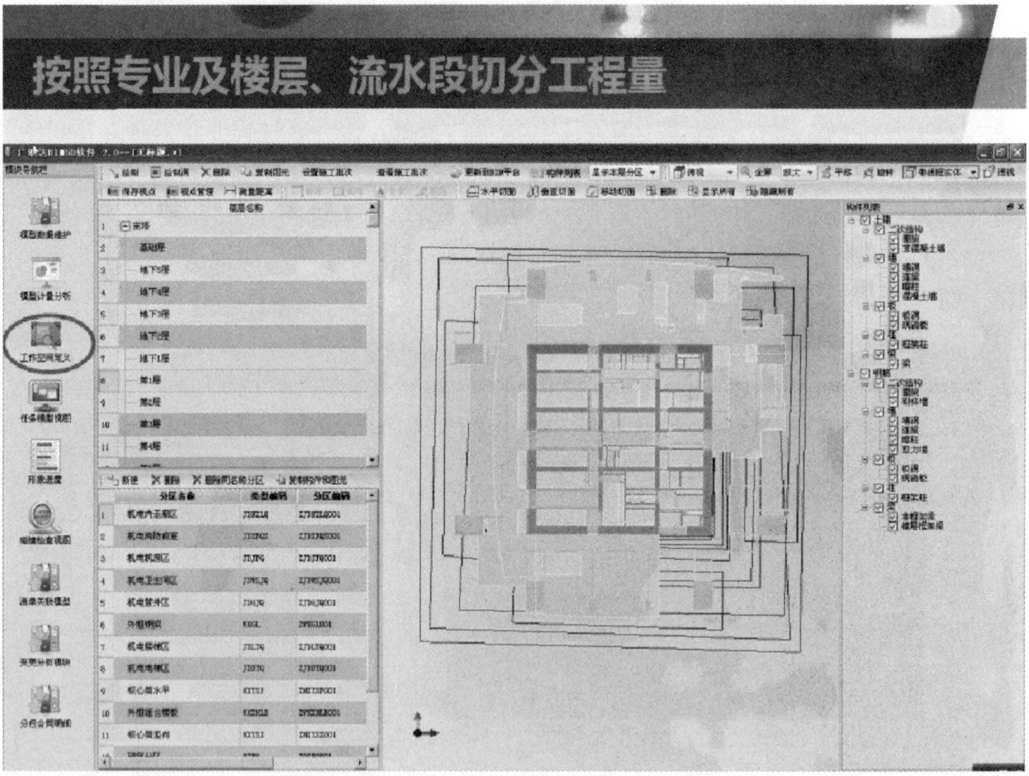

图 5.2.4-1　按照专业及楼层、流水段切分工程量

2. 基于 BIM 的工程计量和支付

在传统的造价模式下，建筑信息都是基于 CAD 图纸建立的，工程进度、预算、变更等基础数据分散在工程、预算、技术等不同管理人员手中，在进度款申请时难以形成数据的统一和对接，导致工程进度计量工作难以及时准确，工程进度款的申请和支付结算工作

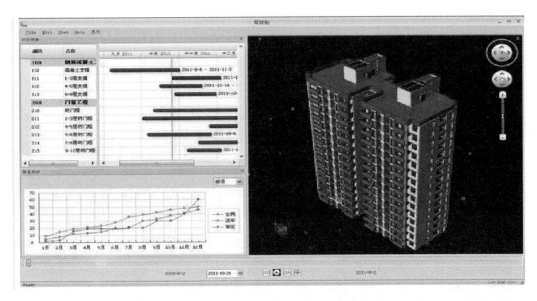

图 5.2.4-2　BIM 模型实现施工动态监控图

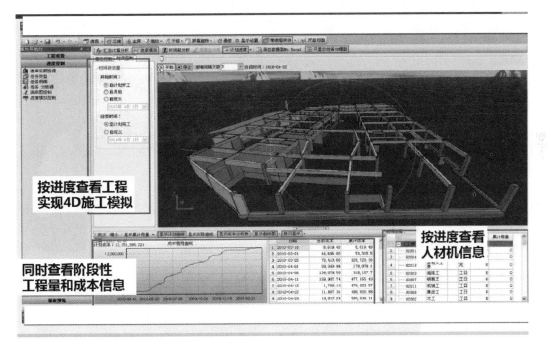

图 5.2.4-3　按进度查看信息

也较为繁琐，致使工作量加大而影响其他管理工作的时间投入。正因如此，当前的工程进度款估算粗糙成为常态，最终导致超付。甲乙双方经常很多时间在进度款争议中，并因此增加项目管理风险。

BIM 技术的推广和应用在进度计量和支付方面为我们带来了便利。BIM5D 可以将时间与模型进行关联，根据所涉及的时间段，如月度、季度，软件可以自动统计该时间段内容的工程量，并进行智能组价，从而有力的辅助工程计量和工程支付（图 5.2.4-5）。

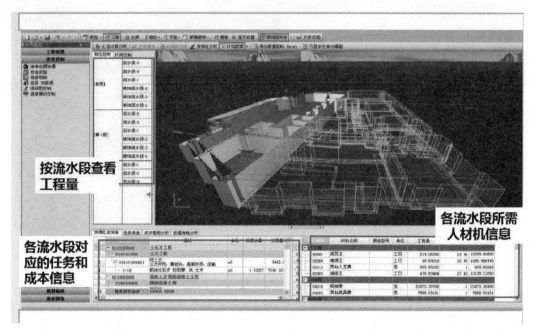

图 5.2.4-4　按流水段查看信息

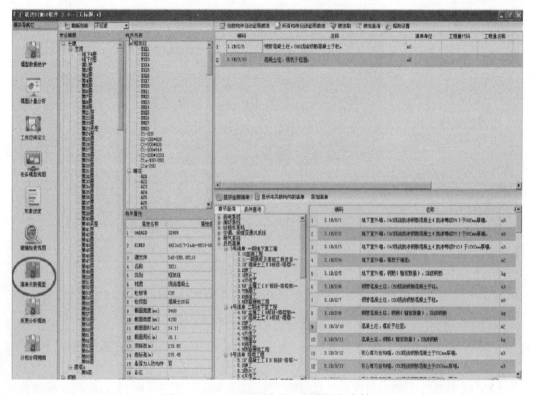

图 5.2.4-5　基于 BIM 的工程计量与支付

利用 BIM 技术可以最大限度地减少设计变更，并且在设计、施工各个阶段，以及各参建方共同参与进行多次的三维碰撞检查和图纸审核，尽可能从变更产生的源头减少变更。图纸变更与模型关联，计算变更工程量（图 5.2.4-6、图 5.2.4-7）：

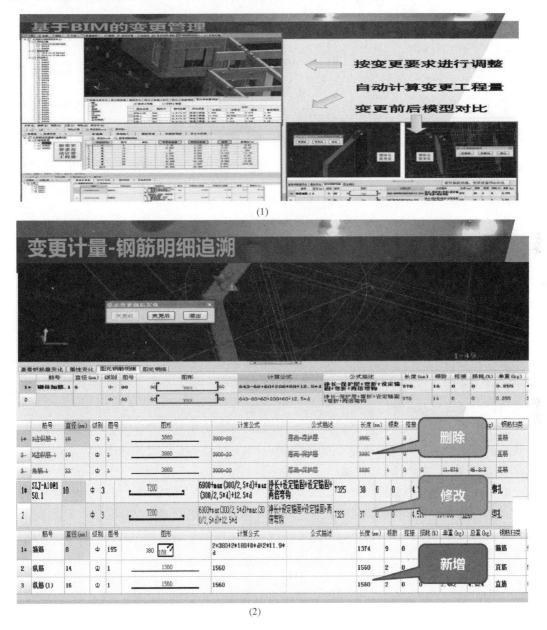

(1)

(2)

图 5.2.4-6　变更计量-钢筋明细追溯图

① 按照图纸要求修改构建界面或钢筋信息。

② 按变更要求自动计算工程量。

③ 梁的变化不仅影响自身，也影响了与之关联的板。

④ 自动生成量表，并可以进一步手动调整。

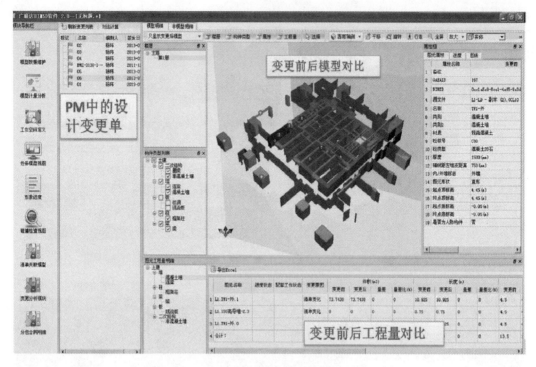

图 5.2.4-7　基于 BIM 的变更管理图

3. 基于 BIM 的签证索赔管理

在工程建设中，只有规范并加强现场签证的管理，采取事前控制的手段并提高现场签证的质量，才能有效降低实施阶段的工程造价，保证建设单位的资金得以高效的利用，发挥最大的投资效益。

对于签证内容的审核，可以利用在 BIM 5D 软件中实现模型与现场实际情况进行对比分析，通过虚拟三维的模拟掌握实际偏差情况，从而确认签证内容的合理性。

4. 基于 BIM 的材料成本控制

在施工管理过程中材料消耗量的分析，尤其是计划部分材料消耗量的分析是一大难题。目前材料、设备、机械租赁、人工与单项分包等过程中的成本拆分困难，无法和招投标阶段进行对比，等到项目快结束阶段才发现，为时已晚。基于 BIM 的 5D 施工管理软件将模型与工程图纸等详细的工程信息资料集成，是建筑的虚拟体现，形成一个包含成本、进度、材料、设备等多维信息的模型。目前，BIM 的力度可以达到构件级，可快速准确分析工程量数据，再结合相应的定额或消耗量分析系统可以确定不同构件、不同流水段、不同时间节点的材料计划和目标结果。结合 BIM 技术，施工单位可以让材料采购计划、进场计划、消耗控制的流程更加优化，并且有精确控制能力。并对材料计划、采购、出入库等进行有效管控，见图 5.2.4-8～图 5.2.4-10。

5. 基于 BIM 的分包管理

（1）传统模式的分包管理存在的问题

①无法快速准确分配任务进行工程量计划，数据混乱、重复施工。②结算不及时、不准确，分包结算工程量远大于总包与业主的结算工程量。③分包结算争议多。

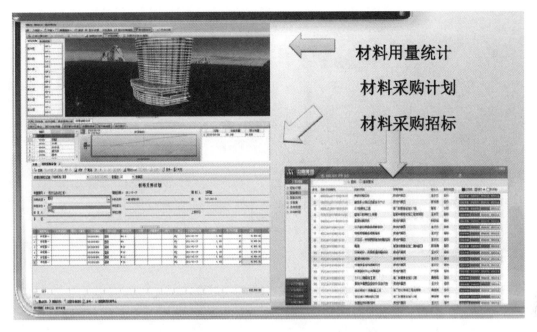

图 5.2.4-8 BIM 的材料成本控制

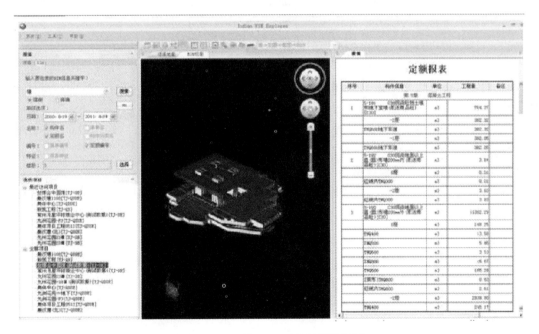

图 5.2.4-9 基于 BIM 的材料计划图

（2）基于 BIM 的派工单管理

基于 BIM 的派工单管理管理系统可以快速准确分析出按进度计划进行的工程量清单，提供准确的用工计划，同时系统不会重复派工，控制漏派工，实现基于准确数据的派工管理。派工单与 BIM 关联后，在可视化的 BIM 图形中，按区域开出派工单，系统自动区分

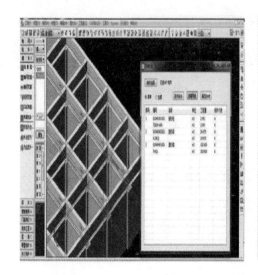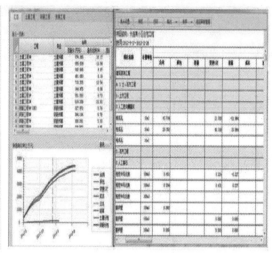

图 5.2.4-10　基于 BIM 的材料利用监控图

和控制是否已派过，减少了差错。

（3）分包结算和分包成本控制

作为总包单位，需要与下游分包单位进行结算。在这个过程中总包单位的角色为甲方，供应商或分包方为乙方。在传统造价模式下，由于施工过程中人工、材料、机械的组织形式与传统造价理论中的定额或清单模式的组织形式存在差异，分包计算方式与定额或清单中的工程量计算规则不同，双方结算单价的依据与一般预结算也不同。对于这些规则的调整，以及准确价格数据的获取，传统模式主要依据造价管理人员的经验与市场的不成文规则，常常成为成本管控的盲区或灰色地带。

根据分包合同的要求，建立分包合同清单与 BIM 模型的关系，明确分包范围和分包工程量清单，按照合同要求进行过程算量，为分包结算提供支撑。

6. 基于 BIM 的多算对比分析

造价管理中的多算对比对于及时发现问题并纠偏，降低工程费用至关重要。多算对比通过从时间、工序、空间三个维度进行分析对比，只分析一个维度可能发现不了问题。比如某项目上月完成 500 万元产值，实际成本 460 万，总体效益良好，但很有可能某个子项工序预算为 80 万，实际成本却发生了 100 万。这就要求我们不仅能分析一个时间段的费用，还要能够将项目实际发生的成本拆分到每个工序中。又因为项目经常按施工段区域施工或分包，这又要求我们能按空间区域或流水段统计、分析相关成本要素。从这三个维度进行统计及分析成本情况，需要拆分、汇总大量实物消耗量和造价数据，仅靠造价人员人工计算是难以完成的。

要实现快速、精确地多维度多算对比，利用 BIM5D 技术和相关软件。对 BIM 模型各构件进行统一编码并赋予工序、时间、空间等信息，在统一的三维模型数据库的支持下，从最开始就进行了模型、造价、流水段、工序等不同纬度信息的关联和绑定，在过程中，能够以最少的时间实现任意维度的统计、分析和决策，保证了多维度成本分析的高效性和精准性，以及成本控制的有效性和针对性。

5.2.5 BIM 造价在工程竣工结算中的应用

建设工程竣工结算是建筑施工结算最后一个环节，是建设项目工程造价的最终体现，是工程造价控制的最后环节，并直接关系到建设单位和施工企业的切身利益。需求方可按照竣工结算的一般原则和重点注意事项，结合 BIM 的优势，尝试建立起基于 BIM 模型的竣工结算审核流程，以期提高对竣工结算依据的全面审查效力，实现竣工结算量价费的精细核算，最终取得全面高效、准确、客观的工程竣工结算成果。

1. 检查结算依据

竣工结算的依据一般包含以下几个方面：①GB 50500—2016 建设工程工程量清单计价规范；②施工合同（工程合同）；③工程竣工图纸及资料；④双方确认的工程量；⑤双方确认追加（减）的工程价款；⑥双方确认的索赔、现场签证事项及价款；⑦投标文件；⑧招标文件；⑨其他依据。

BIM 模型只有全部准确反映上诉文件或资料才能得出一份准确的结算工程量数据。传统的工程资料信息交流方式，人为重复工作量大，效率低下，信息流失严重。而 BIM 技术提供了一个合理的技术平台，基于 BIM 三维模型，将工期、价格、合同、变更签字信息储存与 BIM 中央数据库中，可供工程参与方在项目生命周期内及时调用共享。在竣工结算对资料的整理环节中，审查人员可直接访问 BIM 中央数据库，调取全部相关工程资料。基于 BIM 技术的工程结算资料的审查将获益于工程实施过程中的有效数据积累，极大缩短结算审查前期准备工作时间，提高结算工程的效率及质量。

2. 核对工程量数据

当结算的原始资料依据不存在问题时，下一步应该进行工程量核对，目前市场大多采用单价合同，在结算阶段，核对工程量是最主要、最核心、最敏感的工作。其主要工程数量核对形式依据先后顺序分为四种：

① 分区核对。分区核对处于核对数据的第一阶段，通过 BIM 技术按照施工段的划分将主要工程量区分列出，形成对比分析表，如采用传统手工计算则速度较慢，碰到参数改动，往往需要很长时间才可以完成，但是采用 BIM 技术计算，可能就是几分钟就能完成，得出相关数据，如果两人采用的都是 BIM 模型，则核对的速度将大大提高。

当然施工实际用量的数据也是结算工程量的一个重要参考依据，但是对于历史数据来说，往往分区统计存在误差，所以只存在核对总量的价值，特别是钢筋数据，下面是某项目结算工程量分区对比分析表（见表 5.2.5-1）

BIM 数据分区对比分析表   表 5. 2. 5-1

序号	施工段	BIM 数据	预算数据	计算偏差		BIM 模型扣除钢筋占体积	实际用量	BIM 模型与现场量差		备注
				数值	百分率%			数值	百分率%	
1	B-4-1	4281.98	4291.40	−9.42	−0.22	4166.37	4050.34	116.03	2.78	
2	B-4-2	3852.83	3832.40	0.43	0.01	3748.80	3675.30	73.50	1.96	
3	B-4-3	3108.18	3141.30	−33.12	−1.07	3024.26	3075.20	−50.94	−1.68	
4	B-4-4	3201.98	3185.30	16.68	0.52	3115.53	3183.80	−68.23	−2.19	
	合计	14444.97	14470.40	−25.43	−0.18	14054.96	13984.64	70.32	−0.5	

分布分项工程量是在分区核对完成以后，确保主要工程量数据在总量上差异较小的前提下进行的（图 5.2.5-1）。

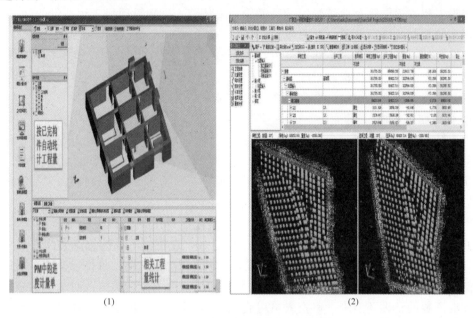

图 5.2.5-1　分部分项清单工程量核对

③ BIM 模型综合应用查漏。由于目前项目承包管理模式（土建与机电往往不是同一家单位）和传统手工计量的模式下，不管是工程预算还是结算，都是各专业独立核算，很少专业与专业间相互协作计算，造成实际结算工程量的偏差，通过各专业 BIM 模型的应用，减少由于计算能力不足、预算施工经验不足造成的经济损失。

【案例 5-1】某项目图纸结构总说明中规定这样一个条款：现浇板内若铺电线管，应将电线管铺设在板厚 1/3 范围内，并沿电线管方向铺设补强筋。且根据先关规定，预埋管线也应该加筋，现场实际使工作已经放置了钢筋，按原则，这部分钢筋完全可以业主提出结算，但是此项目土建与机电由两家单位负责施工，土建单位无法知道整个几十万平方米的项目板内预埋管线的长度是多少。在竣工结算阶段，现场 BIM 顾问提出了这个问题，并经各方沟通，从机电分包从 BIM 模型提取板内预埋管线的长度，经过最后分析，此项钢筋用量 100t 左右，挽回了经济损失。

④ 大数据核对。大数据核对是在前三个阶段完成后的最后一道核对程序。可以通过大数据对比分析报告，对项目结算报告做出分析，得出结论。

5.2.6　基于 BIM 的运维管理

（1）运维管理处在整个建筑行业最后的环节，并且持续时间最长，所以是不可或缺和非常重要的阶段。运维管理阶段有着丰富的数据依托，各种设备、建筑、人员、辅助系统等长生的大量数据和建筑从设计和施工阶段积累下来的大量数据，可以为运维系统提供更加丰富和高效的手段及入口。整个过程中从传统的数据采集到基于 BIM 的数据采集，将辅助系统的数据介入 BIM 实现系统整合，同时通过定位、寻路等先进技术的研究引入

BIM 扩展功能，从多个方面进行研究和应用，使整个运维管理更加高效。

（2）运维管理的意义：美国国家标准与技术协会（NIST）于 2004 年进行了一次研究，目的是预估美国重要设施行业（如商业建筑、公共设施建筑和工业设施）中的效率损失。该研究报告显示，业主和运营商在运维管理方面耗费的成本几乎占总成本的 2/3。上述统计数字反映了设施管理人员的日常工作；使用修正笔手动更新住房报告；通过计算天花板的数量，计算收费空间的面积；通过查找大量建筑文档，找到关于热水器的维护手册；搜索竣工平面图。不难看出，一幢建筑在其生命周期的费用消耗中，约 80％的部分是发生在其使用费用结算，其中主要的费用构成因素有：抵押贷款的利息支出、租金、重新使用的投入、保险、税金、能源消耗、服务费用、维修、建筑维护和清洁等等。在建筑物的平均使用年限达到 7 年以后，这些使用阶段发生的费用就会超过该建筑物最初的建筑安装的造价，然后，这些费用总额就以一种不均匀的抬高比例增长，在一幢建筑物的使用年限达到 50 年以后，建筑物的造价和使用阶段的总的维护费用这两者之间的比例可以达到 1：9。因此，职业化的运维管理将会给业主和运营商带来极大的经济效益。

（3）在运维阶段，BIM 数据中的关键要素主要有以下几个：

① 设施对象：运维管理中，"设施"是管理的基础元素之一，设施可能是一个设备、系统、结构物或者其他任何可能被用于管理的对象，这个对象与 BIM 模型的模型对象是紧密关联，但又不是一一对应的，其之间的关系应该是一个组合和分解的关系，一个设施对象，可能由 BIM 模型中几个模型对象组合而成，也可能是 BIM 模型中一个模型的一部分，比如说，一个电梯系统，在运维管理中，可能是按照一个设施对象来管理，但在模型中却是多个模型对象组成。所以，运维阶段，直接用现有 BIM 平台软件创建的 BIM 模型，在没有经过二次加工和运维平台二次组织的前提下，是比较难以直接应用的。

② 空间对象：空间管理也是运维管理中的一个重要内容，但在目前的 BIM 软件中，并没有原生的"空间"对象概念，所以，这也是运维阶段，需要对模型和数据结构进行优化的一个重要环节。

③ 属性数据：数据是 BIM 的核心所在，对于模型中的属性数据的提取、组织和再利用，是运维平台中数据处理的第一步，也是关键的一环。属性数据是 BIM 模型中的原生数据，方便的查看、检索属性数据，才可以将 BIM 的价值在运维阶段充分发挥。

④ 实时运维数据：这个是数据是一般由 BA 系统提供，是建筑物实时产生的运维管理数据，比如能耗、温湿度、空气数据、外部环境等等。

⑤ 视图：在没有 BIM 这个概念之前，运维管理也一直在进行，之所以 BIM 在运维阶段有广泛的应用价值，其可视化的特征是关键因素之一。因为 BIM 可以是三维化的，所以使得在运维可以变得更加直观和准确，而不仅仅是依靠文字描述。没有 BIM，一样可以进行运维管理，但通过 BIM 模型这样一个更加直观、形象的交互环境，可以使得运维更加容易且高效。

⑥ 元数据：运维阶段，只有属性数据、实时运维数据、视图数据还是远远不够的，需要有大量的外部数据做支撑，比如设备的厂家资料、维修记录、二维图纸等等，如何以结构化的方式来组织这些外部的非结构化的元数据，也是运维管理系统需要认真的关注的另外一个核心功能。

⑦ 系统结构：设施、空间这些基础对象，需要进行合理组织，使其更加方便高效的

应用于运维，同时，因为运维系统中需要对接大量的外部数据，所以其编码体系及标准显得尤为重要，没有唯一的编码，就没法再众多系统中进行数据关联，所以系统结构是运维平台数据组织的核心。BIM 平台软件对于模型对象的组织，是按照其软件设计来，而不是专门针对某个应用领域来，所以将模型数据直接导出，应用于运维管理是不可取的，也是行不通的，所以必须要进行再组织和再优化。

（4）BIM 运维管理技术。

① 基于 BIM 的数据采集方案。

运维系统所涉及的管理对象包括建筑本身的管理、空间管理和各类设施设备的管理。所涉及的数据种类和数量非常繁多。如果对这些数据都进行简单的人工采集将耗费非常大的工作量。面对这样的问题，我们设计了基于 BIM 的数据采集方案。该方案将在一定程度上简化人工数据采集的工作量。我们首先要了解运维数据量庞大数据接入的途径，将BIM 三维模型引入到移动手持设备上，同时安排物业和巡逻人员在日常的巡逻过程中，将发现的设备在手持设备的 BIM 模型中可视化的进行简单的标注和记录。最后记录后的信息将自动通过手持设备发送到 BIM 运维系统的后台中，后台服务将对设备进行归类处理和保存，如此完成一部分数据的采集和实际现场中设备的安装情况和安装数量的采集。同时后台系统能够手动录入设备的数量和种类，如此方便进行设备安装的情况的检测和统计。这套 BIM 数据采集方案，其中一个问题就是体量巨大的 BIM 模型如何流畅地运行在移动设备上，BIM 模型在制作过程中一层一个专业就有将近 3000 万个面，如此庞大的数据如果原封不动地移植到移动端，是不现实的。为此专门针对 BIM 模型，在移动端的展示上进行了多重的数据优化和处理，包括技术和非技术的处理，将 BIM 模型数据进行整合压缩主要是在模型处理软件中进行合适的压缩处理，对模型进行多专业和多楼层的分类。同时在三维 BIM 模型的加载上也进行分类加载和隐藏。

② 快速设备定位方案提高设备管理和抱紧管理的效率。

在基于 BIM 的运维数据采集方案中提到解决了 BIM 三维模型在移动终端上的流畅显示问题。例如，上海中心 BIM 运维智能系统开发了一套基于移动端的投诉报修功能。巡逻人员和普通的用户拿着安装了这套功能的移动终端就可以方便快捷的将发现问题上报到智能 BIM 运维系统中。在上报问题的过程中提供基于 BIM 的三维定位功能，上传的问题都将带有三维空间信息。这些上报问题将被实时的展示在 BIM 三维平台中，直观快速方便简洁的管理每条上报问题。整个移动端是基于 android 进行开发。同时还基于移动端支持的 NFC 功能开发了 NFC 定位功能。在主要的设备上贴上 NFC 标签，预先写入相关的设备信息和设备的唯一标识，当巡逻人员在需要查看这个设备信息和设备唯一标识，当巡逻人员在需要查看这个设备的相关信息时，只要用移动端设备轻轻一扫就能将这个设备中的相关信息加载到移动设备上供巡逻人员查看。

5.3　新型管理模式下的 BIM 造价应用

5.3.1　PPP 项目的 BIM 造价应用

1. PPP 项目模式

PPP（Public-Private Partnership），即政府和社会资本合作，是公共基础设施中的一种项目运作模式，是近年来出现的一种新的融资模式。在该模式下，鼓励私营企业、民营资本与政府进行合作，参与建设城市基础设施项目。其典型的结构为：政府部门或地方政府通过政府采购形式与中标单位组成的特殊目的公司签订特许合同（特殊目的公司一般由中标的建筑公司、服务经营公司或对项目进行投资的第三方组成的股份有限公司）由特殊目的公司承担设计、建设、运营、维护基础设施的大部分工作，并通过"使用者付费"及必要的"政府付费"获得合理投资回报。如图 5.3.1-1 所示。

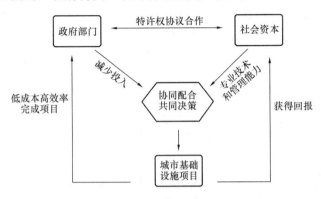

图 5.3.1-1 PPP 项目模式流程示意图

PPP 模式虽然是近几年才发展起来的，但在国外已经得到了普遍的应用。1992 年英国最早应用 PPP 模式。当前，我国正在实施的内有新型城镇化发展战略，外有"一带一路"基础设施建设。城镇化是现代化的要求，也是稳增长、促改革、调结构、惠民生的重要抓手。立足国内实践，借鉴国际成功经验，推广运用政府和社会资本合作模式，是国家确定的重大经济改革任务，对于加快新型城镇化建设、提升国家治理能力、构建现代财政制度具有重要意义。而"一带一路"建设的投融资合作，需要着力搭建利益共同体，充分调动沿线国家的资源，加强政府和市场的分工协作，坚持以企业为主体，市场化运作，真正实现共商、共建、共享，对于国际协调能力的提高、我国企业国际化能力的提升、国际合作机制的整合升级具有重要意义，主要体现在以下几点。

（1）推广运用政府和社会资本合作模式，是促进经济转型升级、支持新型城镇化建设的必然要求，也是"一带一路"建设的需要。政府通过政府和社会资本合作模式向社会资本开放基础设施和公共服务项目，可以拓宽城镇化建设所需的融资渠道，形成多元化、可持续的资金投入机制，有利于整合社会资源，盘活社会存量资本，激发民间投资活力，拓展企业发展空间，提升经济增长动力，促进经济结构调整和转型升级。"一带一路"倡议覆盖的地域宽广，大多数沿线国家的基础设施发展严重滞后，其融资需求远远大于当前的供给，引入社会资本的参与，可以利用政府与社会资本合作模式的融资渠道来弥补公共资本的缺口，也促使我国企业积极参与其他国家的基础设施建设，进而提升我国企业国际化能力。

（2）推广运用政府和社会资本合作模式，是加快转变政府职能、提升国家治理能力的一次体制机制变革，也是"一带一路"建设提高多国之间的国际协调能力，实现共商、共建、共享目标的纽带。规范的政府和社会资本合作模式能够将政府的基础设施发展规划、市场质量监管、公共服务职能，与社会资本的社会资源、管理效率、技术专业性有机结合，减少政府的资本投入和对微观事务的过度参与，提高公共服务的效率与质量。政府和社会资本合作模式要求平等参与、公开透明，政府和社会资本按照合同办事，有利于简政放权，降低政府风险，更好地实现政府职能转变，体现现代国家治理理念。而社会资本通过政府给予相应的政策扶持，有效的增加投资基础设施的积极性。"一带一路"基础设施建设涉及较多区域性或次区域性项目，通过各方在经贸合作、投资洽谈、项目设计、行业标准等方面达成共识，构建有效的多边协调机构和透明的区域联合监管框架，从而提高各国间的协调沟通能力，实现各国间的基础设施互联互通。

（3）推广运用政府和社会资本合作模式，是深化财税体制改革、构建现代财政制度的重要内容。根据财税体制改革要求，现代财政制度的重要内容之一是建立跨年度预算平衡机制、实行中期财政规划管理、编制完整体现政府资产负债状况的综合财务报告等。政府和社会资本合作模式的实质是政府购买服务，要求从以往单一年度的预算收支管理，逐步转向强化中长期财政规划，这与深化财税体制改革的方向和目标高度一致。推广使用"PPP"模式，是支持新型城镇化建设的重要手段。有利于吸引社会资本，拓宽城镇化融资渠道，形成多元化、可持续的资金投入机制。

（4）推广运用政府和社会资本合作模式，是有效降低"一带一路"相关国家风险的强力护盾。由于各国国情不同，会存在不同的风险，比如，驻在国国内政治稳定状况和地缘政治风险、法律风险、社会风险，以及包括经营决策风险、汇率和利率风险等在内的经济风险。如若采用政府和社会资本合作模式，社会资本的社会资源优势以及行业专业度就会凸显出来，不但能减轻节省政府投资，还可以将项目一部分风险转移给民营企业，从而分担政府风险，企业自身的行业专业度也能够降低项目前期可研立项、建设、运营、维护等阶段的风险。

2. PPP 模式的特点

PPP 模式使政府部门和民营企业充分利用各自优势，有效结合了政府部门的政府职能、协调能力与民营企业的专业技术、民间资本、管理效率。PPP 模式的优势及特点主要体现在：

（1）PPP 模式可以有效提高经济效益，消除费用的超支情况。政府部门和民营企业依靠利益共享、风险共担的关系，可以有效降低项目的整体成本，从而可以在财政预算方面减轻政府压力。由于政府部门和民营企业从初始阶段就共同参与项目的前期工作，民营企业在建设施工、技术、运营管理等方面的优势得以显现，能够有效缩短前期工作周期，使项目费用降低了。而 PPP 模式是项目完成并得到政府批准后，民营企业才能开始获得收益，因此能够消除项目完工风险和资金风险。

（2）PPP 模式可以有效提高时间效率。PPP 模式下，项目融资更多的是由民营企业来完成，这便缓解了政府部门增加预算、扩张债务的压力，因此政府部门可以同时开展更多更大规模的基础设施建设；PPP 模式下，民营企业为项目提供了更多的资金和专业技能，推动了项目在审计、施工、运维管理的方面的支持，另外，PPP 模式是项目完成并得到政府批准后，民营企业才能开始获得收益，以上这些必然促使民营企业为了早些获得收益而提高效率，进而也会缩短工期降低工程造价，也为政府部门提供了最佳管理理念和经验。

（3）PPP 模式可以合理分配风险。政府部门和民营企业充分利用各自优势互补，合作完成项目。政府将部分项目的责任和风险转移给了民营企业，双方承担的风险都降低了，民营企业专业技术、管理效率使项目超支、工期延误的情况以及运营过程中可能遇到的问题会被尽量避免。民营企业资金的支持减轻了政府在建设初期短期内筹集大量资金的财务压力，是政府能够合理有效分配资金，同时开展多项基础设施建设，加快建设速度。

（4）PPP 模式可以使各参与方组成战略合作关系。在传统模式下，政府一般会为重大基础设施建设项目成立指挥部这样专门的团队，负责组织项目前期工作、设计建设及竣工交接等工作，但由于团队缺乏项目实施过程中的运作协调经验，很难保证项目的正常推进，甚至难以控制项目建设成本和工期，团队还要学习项目相关的专业知识、专业技术。而这些都是民营企业的优势，在 PPP 模式下，民营企业提供专业技术和管理能力，避免了政府部门的专业团队学习这些知识消耗大量时间精力，进而避免影响项目的推进速度，能够使项目快速实施。经过合作磨合，再有类似项目各参与方便轻车熟路，形成长期的战略合作关系。民营企业也得到了风险低、现金流稳定的与政府长期合作的机会，既有利于企业自身发展，也刺激了当地的经济，增加了就业机会。

（5）PPP 模式可以应用广泛的范围。在传统模式下，由于种种条件的限制，公共基础设施项目只能由政府投资建设，民营企业无法参与其中。在 PPP 模式下，项目依然由政府牵头，而民营企业从项目前期就能够参与进来，直至参与项目运营，因而突破了参与限制，市政公用事业、公路、铁路、机场、医院、学校等公共设施都可以采用 PPP 模式。

诚然，PPP 模式依托诸多优势得到市场的认可，也经过了长期的应用，但依然并不完善，存在一些问题，如 PPP 模式下项目的交易结构复杂，长期合同缺乏灵活，可能会降低效率。PPP 项目通常需要多个参与者共同合作，这会增加项目的约束条件，也会使各参与方之间的沟通产生障碍。为了项目长期稳定运行，PPP 合同可能会比较严格，缺乏灵活性，很难将不可预料的事情充分考虑进来，导致项目后期管理不能与时俱进，只能遵循合同内容来执行，因此可能会在合同内容上因为存在争议而消耗过多时间。

3. PPP 项目的 BIM 造价应用

PPP 模式作为一种新的融资模式，受到了很多国家的青睐，也有着广泛的应用。BIM 造价应用能够更好地辅助 PPP 模式。

（1）决策阶段的应用

在项目决策阶段，一般由设计单位结合政府部门的建设意图或方案进行项目的设计工作，出具 CAD 二维图纸或者部分效果图，再通过政府部门对该方案图纸资料的反馈提出修改意见，设计院再进行图纸的不断深化和修改工作，期间必将存在反复沟通修改的时间消耗过多，沟通效果不佳的问题，主要原因还是设计院出具的 CAD 二维图纸和效果图不能完全具象的展现建筑的立体全貌，政府部门也很难从头脑中建立项目的模型概念。

而如果由 BIM 团队辅助设计团队，依据 CAD 图纸进行模型建立，政府部门便可通过观察模型对设计方案提出修改意见，避免双方因理解和沟通的差异导致设计返工，大大节省时间成本。另外，决策阶段政府部门也会考虑控制项目成本，CAD 图纸和效果图所承载的信息无法直接表示项目的造价信息，需要另行计算，这也会增加修改方案的时间，使用 BIM 建模及修改模型的同时，使用相应的建模软件便可快速汇总计算出满足估算或概算程度的造价信息，进而节省该阶段时间周期。

以某 PPP 模式医院项目决策阶段为例，该医院原设计为时下流行的欧式风格，外檐采用高档石材贴面，但通过 BIM 建模发现，该设计外观与周边建筑物格格不入，且通过造价成本计算，高档石材大大提高了建设成本，政府部门遂立即提出修改设计方案，避免了后期的返工隐患。

（2）设计阶段的应用

项目设计阶段，是对项目造价控制最重要最有效的阶段，设计阶段的图纸方案将会影响项目最终的成本造价，前期设计方案的准确性往往会影响施工进程以及最终的项目建成效果，而由此造成的签证变更以及返工现象也会直接作用影响最终的建设成本。一般来说，项目的最终造价（只考虑建安成本）是由合同＋签证变更为组合内容，最终经审计单位审核结算后而最终确定的，合同金额在招投标阶段已确定，签证变更则是在项目施工过程中发生的，从造价的角度来分析，项目中产生的签证变更，主要是因传统设计模式造成的，传统的设计制图方式还是以专业划分，由不同专业的设计师进行各自专业的 CAD 图纸设计，然后在进行最终图纸的整合审阅工作，由此产生的问题就是各自专业进行非协同的隔离设计必将存在因设计沟通情况而导致的设计周期过长的现象，同时也在后续相应的审图过程中为审图人员的工作带来更大的难度。

而采用 BIM 技术引入设计阶段，将会使此问题的得到有效的解决，对项目造价的控制也大有益处。在设计阶段运用 BIM 技术实现精确审图的目的，通过相关 BIM 软件运用在 BIM 环节中的碰撞试验检测模块的功能，进行重复碰撞、硬碰撞、软碰撞等形式的检测，可对设计方案中的设计问题进行一定程度上的规避，加大审图环节的精度并缩短审图时间，这样就会减少施工阶段变更签证的产生区别于传统设计单位为政府部门展示实际方案以及设计效果的方式（图纸、效果图、搭建实体模型（沙盘）），通过对于 BIM 模型进行渲染处理生成模拟动画的方式，可以让政府部门更直观更生动的感受与项目建成后实体差异性较小的全景面貌，在设计阶段就可对某些不满意的设计形式或者用料进行修改方案的处理工作，避免因造成"建—拆—建"的现象而产生额外的造价成本，尽可能地避免施工过程中返工等意外情况的发生。

以某 PPP 模式医院项目设计阶段为例，该医院 CAD 施工图纸由设计单位设计完成，准备交由咨询公司进行工程量清单及招标控制价编制，通过 BIM 团队建模并做碰撞试验后发现，电缆桥架和消防管道干管有与柱和梁碰撞的情况，通风管道与电缆桥架有标高重叠的情况，BIM 团队及时将此情况反馈给政府部门和设计单位，及时作出修改，避免了到施工过程中发现问题再进行拆改而增加造价的问题。如图 5.3.1-2 所示。

（3）招投标阶段的应用

招投标阶段主要是工程量清单的编制和合同价款的确定，此部分一直都是由专业的造价咨询单位通过传统造价的方式来计算工程量、配价，由于作业人员对于 CAD 图纸的理解不同，将会给咨询单位及施工单位在工程量计算及核对的过程中带来不可避免的麻烦，虽然各方所掌握的图纸信息相同，但是将图纸信息转化为算量模型信息的过程中就会存在差异，造成双方争议，进而影响整个项目的进展。引进 BIM 技术则可以很好地缓解这些问题，在设计阶段进行建立的模型在此阶段可进行项目造价的精算工作，由于建筑模型已被设计单位进行审核，因此该模型和相应的 CAD 图纸所代表的建筑信息契合度更高，由此计算出的工程量精度更高，造价也更加精确。

以某 PPP 模式医院项目为例，施工单位对招标文件中的工程量清单某项工程量有异议，政府部门委托咨询公司复核，再与设计单位沟通图纸情况，来来回回数次沟通，耽误了项目整个进度的进行，而采用 BIM 技术后，BIM 团队建立的建筑模型由设计单位审核通过，施工单位也不存在异议，工程量也很快地计算出来，节省了大量的前期时间。

（4）施工阶段的应用

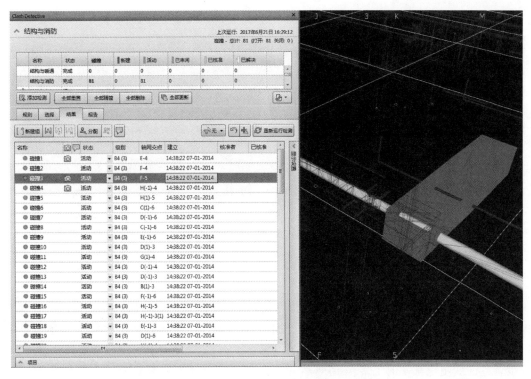

图 5.3.1-2　消防管道干管与梁碰撞检查

在项目的施工阶段，主要是监控施工单位的施工状态，使项目在预定工期内完成或者缩短工期提前完成。建立 BIM 管理平台，施工单位实时将工程进度和资金使用情况等数据上传至平台，与建筑模型相链接，设计、监理、造价咨询公司通过模型和数据进行分析复核，政府部门通过模型便能够清晰的查看工程进度、材料设备进场、资金使用情况等信息，通过平台便可实时监控工程的施工进度和成本的变化，使整个项目直观、透明的展现在政府部门面前，达到监督、管理的目的，避免了施工单位整理资料再报送政府部门造成信息滞后，也避免因信息不对称造成各方提交的数据不一致。

仍以某 PPP 模式医院项目为例，施工单位每个月申请进度款的时候报送上个月的施工完成情况，经监理现场确认，由咨询公司复核造价报送至政府部门。这过程中可能会出现施工单位反复修改报送资料、进料信息不清晰、政府部门对现场情况掌握不完整等情况，而且政府部门对施工进度以每月为周期才能了解一次，如果有 BIM 团队的介入，建立 BIM 信息平台，以建筑模型为基础，施工单位可以将报送进度周期缩短至周甚至日为单位，进料情况也能够实时上传至平台管理模块，整个项目完全透明化，政府部门通过平台便可轻松了解整个项目的进展情况，即时做出决策调整。如图 5.3.1-3 所示。

（5）竣工阶段的应用

在项目的竣工阶段，就传统模式而言，竣工结算较为繁琐，不仅要追溯施工过程中的变更签证是否有效合理，还要对整个项目是否有因设计或用途调整存在未施工的情况进行复核。很容易造成施工单位耗费大量时间精力去整理前期资料，咨询公司也要花费大量时间精力复核变更签证的合理性和有效性，增加结算的时间周期，影响项目的运营。而通过

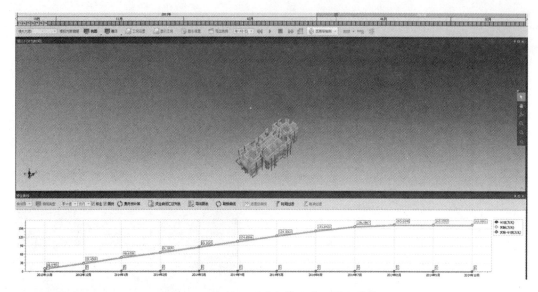

图 5.3.1-3　施工进度与资金使用情况曲线

BIM 技术可以简化这些，由于从决策阶段 BIM 技术就开始应用，项目信息全部在平台得以体现，而且经过决策阶段、设计阶段的 BIM 优化，施工过程中出现的签证变更也大大减少，签证变更也都实时上传至 BIM 管理平台，咨询公司即时复核签证变更，为竣工结算阶段调取信息提供了极大的便利，有助于审计单位更全面具体的了解项目过程中造价变化的原因，更充分的去进行结算审查中的合理性审查和造价复核等工作。

（6）运维阶段的应用

在项目的运维阶段，由于 PPP 项目是由社会资本负责运营管理，城市基础设施在运维过程中会产生大量的项目基础数据资料，这些资料的保密不仅是项目管理的需要，也是保障国家安全的需要，利用 BIM 造价，所有资料均采用电子版上传至管理平台，政府部门可以根据需要设置查看和复制资料的权限，防止资料的外流。

4. PPP 项目的 BIM 造价应用特点

由此我们可以看出，BIM 造价应用贯穿整个 PPP 项目，区别于传统模式，BIM 造价在 PPP 项目中的特点主要有如下几点：

（1）辅助决策，协助设计，节约预算。基础设施建设项目通常与我们的生活息息相关，设计是否人性化、合理化是决策阶段的重要考量之一，通过 BIM 建模及大数据模拟分析提供决策依据，性能分析可以避免后期设计"走弯路"，施工模拟可以提前对周边环境规划有初步判断，做到"走在施工的前面"，优化项目进度，达到节约成本预算的目的。

（2）信息透明安全，便于监管。作为 PPP 项目，政府部门更多是起到监督管理作用，通过 BIM 协同管理平台，所有资料均以云存储方式储存在平台上，项目信息一目了然，而且通过设置权限，可以管理各方查看信息的级别，增强项目资料的保密性。

（3）信息化运维管理，收益支出明确。PPP 项目运维阶段一般交由社会资本方来运营管理，通过"使用者付费"和"政府少量付费"的方式来获取成本及收益，由于传统方式管理造成信息不对称，容易出现收益信息不透明、政府部门监管困难的情况，而使用BIM 技术，日常运营维护信息录入运维平台，不仅方便管理，收支情况也更加清晰明了。

5.3.2 EPC 项目的 BIM 造价应用

1. EPC 项目模式

EPC（Engineering-Proeurement-Construction）是一个起源于美国工程界的固定短语，它是设计（Engineering）、采购（Procurement）以及施工（Construction）三个词的英文缩写，即"设计-采购-施工"总承包模式，如图 5.3.2-1 所示。EPC 总承包模式具有建设速度快、成本较低的特点，近年来发展迅速，被许多工程采用。该建设模式是由业主通过工程招标或委托建设的方式，将整个工程从设计、采购材料、工程设备、施工、调试及竣工交付的所有工作都交给一个总承包商或承包联营体完成，而由总承包商按合同对工程项目的质量、造价、进度、安全等向业主负责。

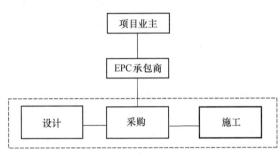

图 5.3.2-1 EPC 总承包项目模式图

在 EPC 模式中，Engineering 不仅包括具体的设计工作，而且可能包括整个建设工程内容的总体策划以及整个建设工程实施组织管理的策划和具体工作；Procurement 也不是一般意义上的建筑设备材料采购，而更多的是指专业设备、材料的采购；Construction 应译为"建设"，其内容包括施工、安装、试车、技术培训等。总承包商可以通过分包的方式把承包工程中的部分工作发包给具有相应资质的分包企业，中标的分包企业按照分包合同对总承包商或承包联合体负责。

EPC 模式为我国现有工程建设模式的改革提供了新的变革动力。通过 EPC 总承包商的一揽子服务，可以解决原有交易模式下设计、采购、施工等环节中存在的突出矛盾。在EPC 工程的项目管理过程中将设计阶段与采购工作相融合，或称将采购纳入设计程序，在进行设计工作的同时，也开展了采购工作；设计工作结束时，采买工作也基本结束。由此，缩短采购周期，提高采购质量，节省投资费用。在工程施工建设的实施阶段，EPC工程公司利用自身的技术优势和管理优势，将专业的施工过程通过透明、公平的招标分包给专业承包商实施，确保了工程质量，同时避免了工程中的浪费。而在工程的试运行及竣工过程中，EPC 工程公司对项目的整体系统的熟悉和强大的技术势力顺利实施试运行工作，避免了多家单位施工，多轮沟通，难于竣工的问题。EPC 模式体现了对投资控制的龙头作用且贯穿了工程建设的全生命周期，并且利益主体单位集中，能够实现对项目投资的有效控制。

2. EPC 模式的特点

EPC 总承包模式能将项目的各个有机联系的阶段作为一个系统进行管理，与传统的建设模式相比具有明显的优越性，其特点表现为：

（1）能实现在一个主体下对设计、采购、施工进行系统的和整体的管理和控制。设计、采购、施工组合为一个合同进行承包，既可以在一个主体管理下实现系统的管理和控制，又可以在一个主体管理下实现整体优化。传统的承包模式只能获得局部优化的效果，局部优化不是最完善的优化，整体优化可以实现设计、采购、施工之间的深度交叉和内部协调。

（2）能充分发挥设计的主导作用。设计的主导作用表现为设计是影响工程造价的决定因素，设计文件和图纸是采购和施工的依据，设计质量是采购质量和施工质量的先决条件。总承包要求承包商从设计、采购、施工全过程和整体上考虑和处理工程问题设计能更充分地考虑设备、材料采购以及现场施工安装的要求，更能主动地进行设计方案的优化，能更好地配合设备、材料采购和施工。

（3）有利于实现设计、采购、施工的集成化进度交叉管理，在确保各阶段合理周期的前提下缩短总工期。这种合理交叉是一种有效的进度管理方法，发达国家已普遍采用，在美国称为快速跟进法。设计、采购、施工深度交叉能给业主带来经济效益机会，但同时给承包商带来返工的风险。而交叉深度的确定和交叉点设计的合理性，反映一个承包商的水平。

（4）有利于保证工程质量。统计表明，工程建设的许多质量问题是设计、采购、施工脱节造成的。总承包，能够实现将采购纳入设计程序，设计者负责供货厂商报价的技术评审，确保采购设备符合设计要求采购者负责催交制造商的先期确认图纸和最终确认图纸，经设计者审查后制造厂才能进行制造设计者则按经审查的图纸做施工图，保证设计图纸与运达现场的设备完全相符，避免建筑安装返工。同时，能在设计时考虑采购、施工的要求，提高设计质量，减少返工和浪费。

（5）能实现对工程造价的控制。传统的建设模式，设计者和施工单位对如何降低工程造价缺乏主动性，业主对工程造价的控制也显得无能为力。总承包能调动承包商的积极性，在确保项目产品功能和质量的前提下，对整个工程的造价进行有效的控制。虽然业主需要支付一笔承包商管理费，但各项费用都有显著降低，业主是最大受益者。

因此，在我国大力推行 EPC 总承包具有重要的现实意义，是深化工程建设项目组织实施方式改革，提高工程建设管理水平，实现资源优化配置，规范建筑市场秩序的重要措施是勘察、设计、施工、监理企业调整经营结构，增强综合实力，加快与国际工程承包和管理方式接轨，提高竞争力的有效途径，是适应我国加入后新形式的要求，积极开拓国际承包市场，推动我国技术、机电设备及工程材料的出口，促进劳务输出，提高我国企业国际竞争力的必然要求。

3. EPC 项目的 BIM 造价应用

在 EPC 工程总承包项目中，总承包商为了能够最大程度的获取经济收益，就必须严格对项目成本加以控制，因而项目的成本控制在整个 EPC 工程总承包项目中占有举足轻重的地位。尤其当总承包商与业主签订了合同，合同价格确定之后，其整个项目的经济效益好坏与否在很大程度上取决于项目造价管理是否成功。所以，EPC 工程总承包项目的造价管理工作必须在整个项目实行过程中严格进行，如图 5.3.2-2 中所示，EPC 项目的造价管理包括了设计阶段、采购阶段、施工阶段等造价控制阶段，并通过日常管理和资源库的记录和更新进行整体管理。

采用传统模式的项目在各个阶段只考虑当前阶段的花费，比如设计招标时只注重降低设计费用，采购招标注重降低采购费用，这样对项目总造价的控制极为不利。比如设计阶段太过注重降低设计费用而没有考虑后期采购与施工阶段的需要，这就有可能会造成大量设计变更与返工，而这最终均将导致项目总造价的增加。采购阶段只注重最大限度地降低

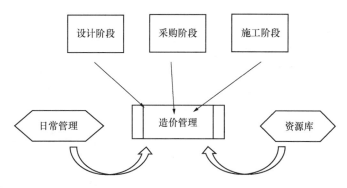

图 5.3.2-2 EPC 项目的造价管理

采购费用，使得材料与设备的供应商利润过低，而供应商可能会采用一些不合理的对策，最终将会对项目的成本、工期、质量产生深远的影响。而 EPC 工程总承包模式就可以很好的避免传统模式本身的局限性，强调阶段服从全过程，注重项目整体的优化。EPC 工程总承包模式的造价控制是一个大的系统，局部的最优不是最优，整体的最优才是最优。综上所述，EPC 工程总承包项目成本控制的最终目的是最大限度地降低项目总造价。

BIM 作为以信息集成为核心以三维模型为基础的贯穿于项目全生命周期的技术手段，恰好为 EPC 项目的全生命周期成本管理提供了先进的数据化工具和信息共享平台，为实现总集成化的项目管理开辟了新途径。在项目前期综合考虑采购、施工等因素，这样可以大大减少纠纷、设计变更等，最终降低管理费用，实现全面的造价管理。

（1）设计阶段

EPC 工程总承包模式是集设计、采购、建造于一体的工程总承包模式，这样就可以充分的发挥设计的主导作用，通过设计、采购和施工各个阶段的互相交叉、综合考虑来实现项目方案的优化，特别是利用 BIM 技术以及项目管理技术，在项目前期综合考虑采购、施工等因素，这样可以大大减少纠纷、设计变更等，最终降低管理费用，实现造价的全面控制。

BIM 模型是基于数字技术，在计算机中建立一个能够全面的、完整的、准确的相互关联的建筑信息数据库的建筑信息模型。这里的信息不仅包括传统的视觉信息，还应当包括构件的价格以及材料的性能等。另外，相比于传统的纸质文本信息，更易于长期保存与查询，在设计阶段初期可以充分利用过去类似工程各项信息，为合理编制成本控制计划奠定基础，同时 BIM 模型的各项功能又为成本控制计划的实现提供了保障。

如图 5.3.2-3 所示，在设计阶段，通过对 BIM 模型进行碰撞试验、性能分析等应用，运用限额设计、价值工程等手段进行分析，并在此过程中全面参考采购及施工的有效信息，完成设计优化，实现成本控制前置。

（2）采购阶段

在 EPC 工程总承包模式中，采购工作在设计、采购以及施工三个阶段其实起到了承上启下的作用，采购阶段所采购材料、设备的质量以及在整个采购过程中所产生的成本都直接对设计方案的实现程度造成影响。用量较大的材料与一些特殊材料以及某些大型的设备的采购质量、效率将会对项目的成本目标、进度目标以及质量目标造成直接影响。

而基于 BIM 的信息集成平台，采购可以更好地发挥其作用。基于 BIM 模型，设计、

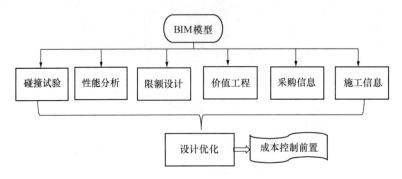

图 5.3.2-3　EPC 项目设计阶段 BIM 造价应用

采购以及施工三者之间可以形成合理的深度交叉，如图 5.3.2-4 所示。在进行设计的同时也开始深入调查所需材料与设备的价格以及供货周期，将采购工作充分融入设计阶段当中，为采购工作争取到更多的时间，大大增加了降低采购成本的可能性。另外在设计完成之时采购的部分工作也已经完成，并对分析其设计方案的施工可行性，将分析结果及时反馈给设计人员，以便于设计的优化与修改，大大减少施工过程中的设计变更，降低工程成本。

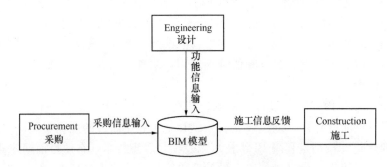

图 5.3.2-4　EPC 项目 BIM 模型信息交互示意图

（3）施工阶段

由于施工阶段所包含的成本因素复杂，并且难以精确计算，因此该阶段的造价控制难度最大。而通过利用 BIM 技术，我们可以从多方面、多角度对施工阶段的成本进行控制，最终实现预期目标。

BIM 的三维模拟将建筑设计、施工、运营全过程回归其本来面貌，利用虚拟环境的数据集成，便能够在虚拟环境下进行施工模拟，运用 BIM 的这一点特性，进行施工进度编排、技术标准制定、专项方案编制，可以提高整体施工方案的有效性。从而运用 WBS（任务分解结构）、赢得值法等手段，关联 BIM 信息化模型，进行项目的进度管理、质量管理，将项目的基本信息做完整体在模型上呈现。在此基础上，进行全过程的造价管理，在功能上实现与其他项目管理要素的集成管理，实时而准确的监控和记录造价目标的完成程度，从整体为项目控制成本，同时大大提高造价管理的效率。

4. EPC 项目的 BIM 造价应用特点

（1）将 BIM 技术应用于 EPC 工程总承包项目造价管理之中，可充分发挥 BIM 技术与 EPC 总承包模式的优势，基于 BIM 技术可以使得项目信息便捷可靠的传递与共享，同时可以实现 EPC 工程总承包项目的各个阶段真正意义上的深度交叉，这无论是对缩短项目的建设工期，还是对 EPC 工程总承包商的造价目标的实现，均有非常重要的意义。

（2）运用 BIM 技术，可以输入各阶段的项目信息，较好地实现对项目的信息化控制，通过赢得值法等项目管理方法的引入，可以在定量分析的基础上实时的掌控项目的具体实施情况，并根据具体的实施情况对项目采取特定的措施加以控制，从而实现真正意义上的全过程造价管理。

课 后 习 题

一、单选题

1. 下列选项中，不符合现在我国工程造价管理现状的是（　　）。

A. 工程造价管理的及时性有了很大提高

B. 工程造价管理人员的素质有了全面提高

C. 造价难以实现过程管理

D. 基本上全面实现了数据共享

2. 下列选项中，不符合现在我国工程造价发展趋势的是（　　）。

A. 国际化　　　　　　　　　　B. 专业化

C. 单一化　　　　　　　　　　D. 信息化

3. 下列选项中，属于决策阶段 BIM 造价应用的是（　　）。

A. 基于 BIM 的投资方案选择　　B. 基于 BIM 的碰撞检测

C. 基于 BIM 的三算对比　　　　D. 基于 BIM 的设计变更

4. 下列选项中，不属于设计阶段 BIM 造价应用的是（　　）。

A. 基于 BIM 的限额设计　　　　B. 基于 BIM 的设计概算

C. 基于 BIM 的碰撞检测　　　　D. 基于 BIM 的工程量结算

5. 基于 BIM 的工程算量的优势不包括（　　）。

A. 更高效　　　　　　　　　　B. 专业性更强

C. 更准确　　　　　　　　　　D. 更智能

6. 下列选项中，不属于运维阶段 BIM 数据的关键要素的是（　　）。

A. 设施对象　　　　　　　　　B. 空间对象

C. 构件的几何属性　　　　　　D. 实时运维数据

7. 下列选项中，不属于 PPP 项目特点的是（　　）。

A. PPP 模式可以有效提高经济效率

B. PPP 模式可以有效提高时间效率

C. PPP 模式可以合理分配风险

D. PPP 模式可以降低项目成本

8. PPP 项目的 BIM 造价应用优势不包括（　　）。

A. 辅助决策、协助设计　　　　B. 信息透明安全，便于监管

C. 降低项目各参与方的投资　　D. 信息化运维管理，收益支出明确

9. EPC 模式是指（　　）。

A.　设计-采购-施工　　　　　　B.　设计-采购-转移

C.　采购-施工-转移　　　　　　D.　设计-施工-转移

10. EPC 项目的 BIM 造价应用点不包括（　　　）

A.　转移信息　　　　　　　　　B.　限额设计

C.　采购信息　　　　　　　　　D.　施工信息

二、多选题

1. BIM 技术在下列哪些阶段可以服务于工程造价？（　　　）

A.　决策阶段　　　　　　　　　B.　设计阶段

C.　施工阶段　　　　　　　　　D.　运维阶段

E.　竣工交付阶段

2. 下列选项中，属于施工阶段 BIM 造价应用的是（　　　）。

A.　基于 BIM 的 5D 管理　　　　B.　基于 BIM 的工程计量和支付

C.　基于 BIM 的工程量概算　　　D.　基于 BIM 的签证索赔管理

E.　基于 BIM 的分包管理

3. 下列选项中，属于竣工结算阶段 BIM 造价应用的是（　　　）。

A.　检查结算依据　　　　　　　B.　核对工程量

C.　基于 BIM 的签证索赔管理　　D.　基于 BIM 的限额领料

E.　基于 BIM 的竣工交付

参考答案

一、单选题

1. D　2. C　3. A　4. D　5. B　6. C　7. D　8. C　9. A　10. A

二、多选题

1. ABCD　2. ABDE　3. AB

第6章　BIM 与造价信息化

本章导读

　　本章首先介绍了工程信息的分类和特点，接着对工程信息化的现状、必然性进行了分析，最后介绍了 BIM 在工程造价信息化建设中的作用与价值。

6.1　工程造价信息简介

工程造价信息是一切有关工程造价的特征、状态及其变动的消息的组合。在工程承发包市场和工程建设过程中，工程造价总是在不停地运动着、变化着，并呈现出种种不同特征。人们对工程承发包市场和工程建设过程中工程造价运动的变化，是通过工程造价信息来认识和掌握的。在工程承发包市场和工程建设中，工程造价是最灵敏的调节器和指示器，无论是政府工程造价主管部门还是工程承发包双方，都要通过接收工程造价信息来了解工程建设市场动态，预测工程造价发展，决定政府的工程造价政策和工程承发包价。因此，工程造价主管部门和工程承发包双方都要接收、加工、传递和利用工程造价信息，工程造价信息作为一种社会资源在工程建设中的地位日趋明显，特别是随着我国开始推行工程量清单计价制度，工程价格从政府计划的指令性价格向市场定价转化，而在市场定价的过程中，信息起着举足轻重的作用，因此工程造价信息资源开发的意义更为重要。

6.1.1　工程造价信息的特征

工程造价信息作为信息的组成部分，具有一般信息的特点，同时，它服务于工程造价管理活动，是工程造价咨询行业的特有信息，基于行业特点，主要有六个特征：

1. 地域性

从我国执行了工程量清单计价制度后，市场要素价格决定了建设项目的成本，建设项目的成本直接受到市场要素价格的波动。工程造价信息的地域性一方面表现在劳务价格上，另一方面表现在建材价格上。人工费在建设项目成本中占比越来越高，而劳务价格在沿海地区与内地地区、一线城市与二、三线城市之间差异较大，这就造成不同地区人工费的差异。另外，工程建设项目的建筑材料需求大，而建材价格与地区有着很大的联系，材料价格包括出厂价、材料运输费、包装费，不同地区相同材料的出厂价和包装费略有差异，材料运输费取决于厂家与施工现场的距离，材料价格差异主要源于材料运输费的差距。材料价格和人工价格信息具有明显的地域性差异，而它们都属于工程造价信息，因此说明工程造价信息具有明显的行业地域性。

2. 专业性

我国建设工程类型较多，不同工程类型之间的信息资源有较大的差异，其中有部分共性信息资源，如政策信息、法律法规文件等，不同工程的特定专业特征导致工程造价信息的专业性，如定额信息、要素价格信息、造价指标指数信息等，这种专业性远多于共性，因此，不同行业的工程造价信息具有明显的专业性。

3. 系统性

工程造价管理的动态性及全过程性决定工程造价信息的数量繁多，并且受各方面因素的影响。同时，工程全生命周期中各阶段的工程造价信息并不是孤立的，这些大量的、相互关联的信息需要整合，进行系统性的资源管理，才能最大程度发挥工程造价信息的价值，提升工程造价管理水平。

4. 多样性

工程造价管理贯穿于工程项目建设全过程，各阶段对工程造价信息的需求不同，从前期的投资决策到后期的资料管理。造价信息的种类繁多，有政务信息、法律法规信息、要素价格信息、指数指标信息、已完工程资料等。

5. 动态性

工程项目建设的持续性导致工程造价管理具有明显的动态性，工程项目建设过程中需要大量的、不同的工程造价信息，需要及时搜集、更新、补充。随着工程造价管理的市场化改革，工程造价信息随市场需求变化而处于不断变化中，尤其是要素价格信息随市场需求变化最为显著。

6. 季节性

工程建设项目受自然环境影响较大，施工进度的安排需要考虑季节因素，因此工程造价信息的需求也受季节影响。

6.1.2 工程造价信息的种类

广义上说，所有对工程造价的确定和控制起作用的信息都可以称为是工程造价信息。这些信息既包括大量的反应项目建造成本、资源价格的经济信息，也包括大量的反映项目建筑特征、结构特征、功能特征、交易信息等在内的非经济信息。这些信息既包括正式的文件式工程造价信息，如清单计价规范、各种定额以及市场价格指导文件等，也包括大量的非文件式造价信息，如各种指数、指标等。这些信息既包括反映国家、行业整体建造水平、资源价格的宏观工程造价信息，也包括反映具体项目的微观工程造价信息。这些信息既包括记录或反映已完建设工程的造价信息，也包括预测未来的工程和资源价格信息。

根据信息的特征，工程造价信息主要可以分为以下六类：

1. 市场信息

市场信息来源于市场，主要包括市场中人、材、机械、设备等要素价格信息，生产商与供应商信息，招投标信息，其中，各要素价格信息又是工程造价信息的核心部分，直接关系工程建设项目的成本，要素价格的高低决定工程项目成本的高低和工程投资效益的好坏。

2. 计价依据

主要包括预算定额、概算定额、概算指标、投资估算指标、劳动定额、施工定额、费用定额、工期定额、企业定额等各类定额；消耗量指标、造价（费用）及其占比指标、技术经济指标等各类型造价指标。

3. 造价指数

单项价格指数，主要包括人工费价格指数、主要材料价格指数、施工机械台班价格指数等；综合价格指数，主要包括建筑安装工程造价指数、建设项目或单项工程造价指数、建筑安装工程直接费造价指数、其他直接费及间接费造价指数、工程建设其他费用造价指数等。

4. 工程案例信息

主要包括典型案例库，已建和在建工程造价信息，如单方造价、总造价、分部分项工程单方造价、各类消耗量信息等；包括已建和在建工程功能信息、建筑特征、结构特征、交易信息等；包括建设单位、交易中心发布的各种招标工程信息。

5. 法规标准信息

主要包括相关建设管理法规、计价管理法规、清单计价规范、清单计量规范、造价（咨询）技术标准等。

6. 技术发展信息

主要包括各类新技术、新产品、新工艺、新材料的开发利用信息。

6.2　工程造价信息化

6.2.1　信息化的含义

"信息化"概念产生于日本。1963 年，日本学者梅倬忠夫在《信息产业论》一书中描绘了"信息革命"和"信息化社会"的前景，预见到信息科学技术的发展和应用将会引起一场全面的社会变革，并将人类社会推入"信息化社会"。1967 年，日本政府的一个科学、技术、经济研究小组从经济学角度对信息化下了一个定义："信息化是向信息产业高度发达且在产业结构中占优势地位的社会——信息社会前进的动态过程，它反映了由可触摸的物质产品起主导作用向难以捉摸的信息产品起主导作用的根本性转变"。

我国发布的《2006～2020 年国家信息化发展战略》中，对信息化进行如下定义：充分利用信息技术，开发利用信息资源，促进信息交流和知识共享，提高经济增长质量，推动经济社会发展转型的历史进程。

实现信息化的过程要通过开发利用信息资源，建设信息网络，推进信息技术应用，发展信息技术，培育信息化人才等完成。具体到工程造价管理领域，信息化就是指应用信息和计算机技术，通过对工程造价信息资源的开发、交流、共享，以及工程造价管理手段的提高，来改进工程造价管理的效率，使工程造价管理工作更趋科学化、标准化、智能化、网络化。

6.2.2　工程造价信息化的必然性

在工程造价的形成和控制过程中，有着许多诸如定额、价格、指数、标准、规范等种类繁多、动态变化的信息，需要对各种大量的数据进行分析、统计、交换、计算等处理。这些信息往往数据量大、数据结构复杂、时效性强，采集、整理和计算复杂且工作量大。在造价的形成和控制过程中，一方面对造价的形成、控制方法与手段有着快速、准确、便捷的客观要求，另一方面目前电脑处理技术和网络通信技术的发展与普及也为造价信息化提供了先进、可靠的技术支撑。所以造价信息化既是工程造价改革与发展的客观需要，也必将成为行业的趋势。

6.2.3　工程造价信息化的制约因素

我国从 20 世纪 90 年代起，逐步重视和开展工程造价管理行业的信息化建设，目前信息技术在工程造价管理工作中的应用水平有着显著的提升，工程造价管理信息化的基本框架已经建立起来。但从总体来说，我国工程造价信息化面临的问题还比较突出，造价信息化现状堪忧，各种主观因素和客观因素的存在，严重制约了工程造价信息化进程，主要表现在以下几个方面：

1. 造价信息化管理人员不足

（1）管理观念落后。受传统工作方式的影响，在市场经济高度发展的今天，偏于陈旧的观念无法应对变化莫测的市场。此外，部分管理企业任务将信息化管理作为结果来看待，没有重视信息化对企业管理的主要作用，未能将信息化过程同工程造价管理流程结合起来，认识不到信息化建设对于保持企业核心竞争力的作用。

（2）专业技能不足。随着信息系统专业化、科学化程度的提高，信息系统的运行维护和使用都需要配备专业的人员。长期以来，工程造价管理人员主要知识和技能是与工程造价相关的，可以说，工程造价信息技术人员还严重不足，一般的造价管理人员又缺乏相应的培训，导致实际工作中工程造价管理信息技术无法发挥应有的作用，严重阻碍了工程造价管理信息化的进程。

2. 造价信息化工具薄弱

（1）软件

如今的工程造价管理软件的种类基本齐全，也基本覆盖了工程算量、工程计价、审核结算等功能。但这些软件多停留在单机的、单条套定额的计价软件，用户的痛点问题得不到有效解决，而且造价管理更多的局限在事前的招投标和事后的结算阶段，无法做到对造价全过程的管理和控制，即使部分管理软件能做到过程管理，但其精细化水平和实际效果不尽理想。

另外，现阶段软件尚缺乏对工程造价信息的有效分析，难以实现对各类工程造价技术经济指标及人材机价格的变化进行准确的预测，从而满足深层次造价管理的需要，无法为使用者提供核心应用服务。

（2）硬件

长期以来只重视对生产、设计信息化的投入，而对造价管理信息化投入不足，加上缺乏相应的设施标准，工程造价管理信息系统的基础建设总体还比较薄弱。而且目前的信息化设施没有根据工程造价本身的特点进行设置，信息设备、通信网络、数据库和支撑软件整体解决方案尚不成熟。

3. 造价信息化标准体系待完善

由于我国建设工程信息数据标准尚未统一，数据格式和存取方式不统一，使得对信息资源的远程传递加工处理变得非常困难，各地区工程定额库数据、工程量清单计价中的数据无法实现交换与共享，工程造价信息资源开发与使用者之间的数据交换、共享也无法实现，所以信息资源的内在质量很难提高；加上信息维护更新速度慢，准确性和实效性不能满足市场需求，从而严重制约了造价信息化进程。

4. 造价信息化机制不健全

由于缺乏统一、有效的工程造价管理信息化工作机制，工程造价信息管理缺乏有效指导和协调，各地管理方式各有差异，综合管理层次不高，管理手段较为单一，信息资源相互封闭，管理的广度和深度有待提高。

6.3　BIM 在工程造价信息化建设的价值

6.3.1　BIM 在建筑领域的应用背景

BIM 的全称叫建筑信息模型（Building Information Modeling），它是一种多维（三维空间、四维时间、五维成本、N 维更多应用）模型信息集成技术，可以使建设项目的所有参与方（包括政府主管部门、业主、设计、施工、监理、造价、运营管理、项目用户等）在项目从概念产生到完全拆除的整个生命周期内都能够在模型中操作信息和在信息中操作模型，从而从根本上改变从业人员依靠符号文字形式图纸进行项目建设和运营管理的工作方式，实现在建设项目全生命周期内提高工作效率和质量以及减少错误和风险的目标。

BIM 的含义可总结为：

① BIM 是以三维数字技术为基础，集成了建筑工程项目各种相关信息的工程数据模型，是对工程项目设施实体与功能特性的数字化表达。

② BIM 是一个完善的信息模型，能够连接建筑项目生命期不同阶段的数据、过程和资源，是对工程对象的完整描述，提供可自动计算、查询、组合拆分的实时工程数据，可被建设项目各参与方普遍使用。

③ BIM 具有单一工程数据源，可解决分布式、异构工程数据之间的一致性和全局共享问题，支持建设项目生命期中动态的工程信息创建、管理和共享，是项目实时的共享数据平台。

从 BIM 的概念和含义不难看出：BIM 针对的对象是建设项目，BIM 的关键词是信息（这里信息有两层含义，作为名词，指的是项目相关的各种信息；作为动词，指的是项目信息化的过程），事实上，BIM 的本质就是建设信息化。

任何项目从概念阶段开始，在贯穿项目实施的整个过程中，就是事实上的项目信息不断增加的过程，然而由于各种因素（多是人为因素），这些信息并没有被完全搜集、存储、利用、共享，从而导致相当大的项目损失（图 6.3.1-1）。

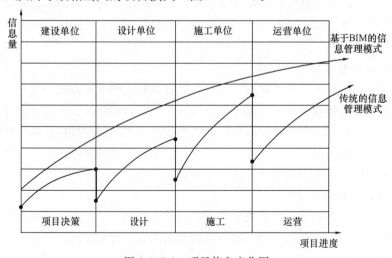

图 6.3.1-1　项目信息变化图

斯坦福大学整合设施工程中中心（CIFE）有研究表明：

① 30％的错误是因为采用了不准确或过期的图纸所致；

② 建设工程中 2/3 的问题都与信息交流有关；

③ 信息交流问题导致的工程变更和错误约占工程总投资的 3％～5％；

④ 在项目竣工时，任何项目参与方拥有的建设信息都不足 65％。

在信息化程度上，如果建筑业通过技术升级和流程优化能够达到目前制造业的水平，按照美国 2011 年 9817 亿美元的建筑业产值规模计算，每年可以节约大约 3000 亿美元。如果中国建筑业的效率水平可以同等提升，按照中国 2012 年 13.53 万亿元的建筑业规模计算，每年可以节约 4.13 万亿元。

6.3.2 BIM 在工程造价信息化建设的价值

工程造价管理一直以来都是工程管理中的难点之一，造价管理周期长，涵盖了工程建设的每一个阶段，与每一个业务环节息息相关。因此，造价管理相关的每个对象（工程）都有海量的数据信息且计算十分复杂，即使是一栋普通的多层住宅，若要达到精细化管理的水准，涉及的造价数据量也是很庞大。

BIM 作为建筑领域的先进技术，在信息表征、存储、计算、管理、应用、共享等方面有着巨大的优势。

1. BIM 信息的优点

（1）面向对象。就是建筑物信息以面向对象的方式来表达，使建筑物成为大量实体对象的集合。比如，BIM 中包含了大量的梁、板、柱、墙、门窗等实体对象，用户操作的就是这些对象实体，而不是点、线、面等几何元素。

（2）参数化表达。BIM 模型中的任一建筑对象都是物理特性和功能特性的数字化表达，为信息管理的集成化和智能化提供了可能。同时，作为原生数据，可为后续的信息管理提供基础数据支撑。

（3）信息完备且高度集成。BIM 包含一个工程从横向的项目各参与方到纵向的项目实施各阶段的所有信息，不仅包含几何信息、材料信息等基础信息，还包括项目成本、进度、质量、安全、环境等信息。这些信息高度集成在一个模型里，从根本上解决项目信息交流形成的"信息断层"和应用系统之间的"信息孤岛"问题，从而实现真正意义的管理协同（图 6.3.2-1）。

（4）信息的一致性。为工程项目各参与方提供单一工程数据源，可解决分布式、异构工程数据之间的一致性和全局共享问题，支持建设项目生命期中动态的工程信息创建、管理和共享，是项目实时的共享数据平台。

（5）信息的关联性。BIM 模型中的数据都是相互关联的，假如模型中某个对象或者属性信息出现变更，那么和它存在关联的信息也会更新，这样就保证模型中数据的一致性，也避免了为实现单一目标的管理而导致其他目标管理出现偏差的情况。

（6）支持开放性标准。即支持按开放式标准交换建筑信息，从而使建筑全生命周期产生的信息能为各方互通互用。

2. BIM 在工程造价信息化建设中的应用

工程造价信息化的目标是通过信息化手段，使工程造价管理工作更趋科学化、标准

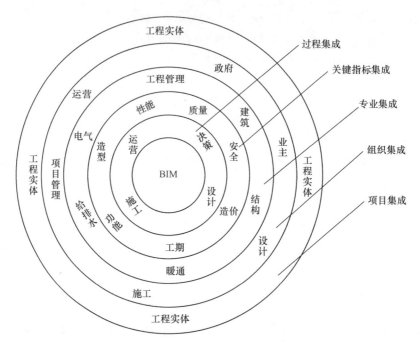

图 6.3.2-1　BIM 信息集成图

化、精细化、智能化、网络化。

按信息论的观点分析，工程造价信息化的主要任务分为两部分：一是各种造价信息的采集、传输、储存和发布；二是各种数据的统计、分析、处理、计算和应用。据此需要提供的技术支持也主要包括两方面，一是办公通用软件以及计价软件、图形算量软件、定额管理软件、招投标软件等各种工程造价专用软件；二是网络通信技术，如局域网技术，互联网技术，网络数据库技术，网络数据安全技术等。

BIM 及相关技术作为信息采集、处理、共享的先进工具，在工程造价信息化建设中有着不可替代的价值。

（1）造价信息集成与积累

从项目自身的角度来讲，BIM 可以从项目立项开始介入，贯穿概念阶段、设计阶段、施工阶段到运营维护全过程，把估算、概算、预算、决算、运维等全过程造价信息集成在 BIM 模型中，使得项目各方都能依据模型信息进行造价控制。尤其是在施工阶段，及时、准确地获取相关工程数据就是项目管理的核心竞争力。基于 BIM 数据库可以实现任一时点上工程基础信息的快速获取，通过合同、计划与实际施工的消耗量、分项单价、分项合价等数据的多算对比，可以有效了解项目运营是盈是亏，消耗量有无超标，进货分包单价有无失控等等问题，实现对项目成本风险的有效管控（图 6.3.2-2）。

从企业的角度，为了适应建筑业的发展形势，更好地制定企业发展战略，更智能、更精细的进行成本管控，企业的管理模式也趋向信息化。各项目将 BIM 数据汇总到企业总部，形成一个集约化的企业级项目基础数据库，企业不同岗位都可以进行数据的查询和分析。同时可以提供多项目集中管理、查看、统计和分析，以及单个项目不同阶段的多算对比功能，为总部管理和决策提供依据（图 6.3.2-3）。

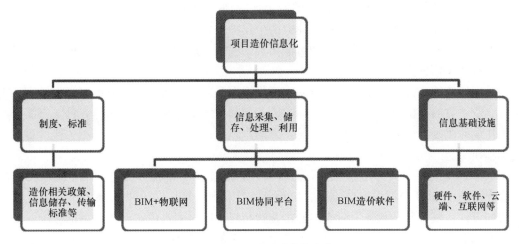

图 6.3.2-2　项目造价信息化

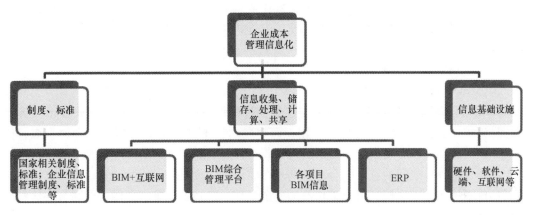

图 6.3.2-3　企业成本管理信息化

（2）造价信息智能化管理

"量"是造价的基础数据，不仅是计价的基础也是项目材料采购、成本控制的基础性数据，项目效益的好坏取决于对基础数据的准确获取。BIM 计量软件能基于二维 CAD 图纸或三维 BIM 模型两种方式，根据内置算量规则（可根据不同标准、不同地域、不同的工程属性设置满足需要的规则），快速、准确的计算出工程量；如遇工程变更，由于 BIM 数据的关联性和参数化，BIM 算量软件也能立即计算出变更量。所以，BIM 使工程量的获取更高效、更准确、更智能。

"价"构成了造价的另一重要因素。BIM 计价软件支持一键智能导入各地的计价规则，以适应不同地域的项目需求；同时支持与互联网建立智能链接，以随时更新相应的动态价格信息等。

BIM5D 管理软件的出现使得项目的全过程造价管理成为现实，软件集 3D 立体模型、施工组织方案、成本及造价等三个部分于一体，能够真正实现成本费用的实时模拟和核算，也能够为后续施工阶段的组织、协调、监督等工作提供有效可行的信息。BIM 数据库的建立是基于各个工程不同阶段的历史项目数据及市场信息的积累，一旦出现异常数据，BIM数据库就会智能提醒并检测问题出现的地方和原因，有助于施工企业工作人员高效利用相关标准、经验及规划资料建立的拟建项目信息模型，快速生成业主方需要的各种进度报表、结算单、资金计划，使可能出现的问题提前被发现，并提供智能解决方案。

（3）造价信息协同共享

采用传统的造价方式，项目各方基本都是根据需要建立自己的计算模型，设计方、施工方、业主方的模型不一样，同一公司的商务部和技术部的模型也不一样，这一方面导致了工作量的重复，造成了资源浪费；另一方面，不同模型的计算结果势必不一样，容易引起工程纠纷。

以BIM协同的方式来进行全过程造价管理，就能把项目各方的造价信息有增无减的集成在同一个BIM模型中，建筑师、工程师、造价师、施工方、业主在各个阶段能够进行协同设计，真实预见到施工阶段的开销花费与建设的时间进度，使得项目的各个阶段都能够协作统一，解决了不同阶段或者不同专业带来的信息损失问题，很好地避免了设计与造价控制环节脱节、设计与施工脱节、变更频繁等问题。同时，因项目信息是及时更新的，并且是唯一的数据源，让项目各方的操作都基于同一基础，结果都可追溯，比如业主方的投资与回报、设计方的造价控制、施工方的请款、设计变更与索赔、运营策略制定、维护计划等。

（4）"BIM+"助力造价信息化

① BIM与物联网

BIM与物联网集成应用，实质上是建筑全过程信息的集成与融合。BIM技术发挥上层信息集成、交互、展示和管理的作用，而物联网技术则承担底层信息感知、采集、传递、监控的功能，二者集成应用可以实现建筑全过程"信息流闭环"，实现虚拟信息化管理与实体环境硬件之间的有机融合。尤其是在项目实施阶段和运维阶段，BIM+物联网在项目的成本控制、安全控制以及交付后的资金管理、空间管理等方面能提供强大的信息支持以及智能解决方案。

② BIM与云计算

BIM与云计算集成应用，是利用云计算的优势将BIM应用转化为BIM云服务，基于云计算强大的计算能力，可将BIM应用中计算量大且复杂的工作转移到云端，以提升计算效率；BIM和云造价的结合实现了全过程精细化管理，提高了工程量计算准确性、能更好地控制设计变更、提高项目策划的准确性和可行性、造价数据的积累与共享、提高项目造价数据的时效性、使造价过程模拟成为可能、支撑不同维度多算对比分析。从根本上解决了工程造价行业存在的"数据不连续、数据积累难、协同共享难"等问题，避免了传统工程造价管理中，由于预算、结算管理流程下出现项目亏损或者工程变量导致纠缠的问题。

③ BIM与互联网

互联网可以将产品价格、消耗量指标、造价数据等造价信息进行透明化，并可实现追踪更新。BIM软件技术可以实现对海量的工程价格信息的收集、整理、分析，发布到共享的信息平台，并利用推荐智能解决方案以满足不同需求。BIM与互联网的结合则能使网络上的动态造价信息与BIM模型进行实时连接与互动，实现信息的即时共享，从而保障了造价信息化进程的顺利进行。

④ BIM 与 ERP

BIM 可以进行基础数据的创建、计算、管理和应用，主要解决"项目该花多少钱"的问题，ERP 擅长进行项目过程数据的采集、管理、共享和应用，主要解决"项目花了多少钱"的问题，二者的结合能实现计划与实际量的对比，从而发现项目的内控管理问题，进一步提升企业的管理能力。BIM 与 ERP 的无缝对接会发展为未来的行业趋势。

另外，随着 GIS 技术、三维扫描技术、人工智能等相关技术的不断发展，加上计算机软硬件技术、通信设施的不断完善，可以预见，工程造价的信息化浪潮正在袭来，建筑工程造价行业的格局必将被重塑。

课 后 习 题

一、单选题

1. 下列选项中，不属于工程造价信息的特征的是（   ）。

A. 地域性　　　　　　　　　　B. 专业性

C. 系统性　　　　　　　　　　D. 单一性

2. 下列选项中，不属于制约工程造价信息化的因素的是（   ）。

A. 造价信息化管理人员不足　　B. 建筑行业经济发展不充分

C. 造价信息化工具薄弱　　　　D. 造价信息化标准体系待完善

3. 下列选项中，对 BIM 的含义理解不正确的是（   ）。

A. BIM 是对工程项目设施实体与功能特性的数字化表达

B. BIM 是一个完善的信息模型

C. BIM 可解决分布式、异构工程数据之间的一致性

D. BIM 的主要用处就是通过三维模型提供可视化功能

4. 下列选项中不属于 BIM 信息特点的是（   ）。

A. 面向对象　　　　　　　　　B. 参数化表达

C. 精确性　　　　　　　　　　D. 信息完备且高度集成

二、多选题

1. 下列选项中，属于工程造价信息的特征的是（   ）。

A. 地域性　　　　　　　　　　B. 专业性

C. 系统性　　　　　　　　　　D. 多样性

E. 全面性

2. 下列选项中，属于 BIM 在工程信息化建设的价值的是（   ）。

A. 造价信息集成与积累　　　　B. 造价信息智能化管理

C. 造价信息协同共享　　　　　D. 创建造价信息

E. 造价信息统一化

参考答案

一、单选题

1. D　2. B　3. D　4. C

二、多选题

1. ABCD　2. ABC

参 考 文 献

1. 范向前，刘志忠．基于 BIM 技术在建设工程领域实践与应用[J]．价值工程，2017，36(27)：209-210．[2017-09-12]．

2. 高天云．基于大数据和 BIM 的工程造价管理研究[J]．低碳世界，2017，(23)：241-242．

3. 伊爽，杨智璇．方案设计阶段的 BIM 协同造价管理模式[J/OL]．工程管理学报，2017，(04)：1-5．

4. 马杰．BIM 编码系统下自动编制无砟轨道预算的数据结构探讨[J/OL]．工程管理学报，2017，(04)：1-4．

5. 仲雯，吴忆娟，于洋．基于 BIM 的全寿命周期工程造价管理研究[J]．中外企业家，2017，(19)：90-92．

6. 宋海进．简析 BIM 技术在建筑工程中的应用优势[J]．智能城市，2017，3(03)：156．

7. 雷丽莎．基于 BIM 的工程造价精细化管理研究[J]．农家参谋，2017，(06)：192-193．

8. 李志阳，张天琴，孙志新．BIM 技术在造价管理中的应用研究[J]．工程建设与设计，2015，(11)：138-141．

9. 叶术娟．BIM 技术在建筑工程造价管理中的应用[J]．中国高新技术企业，2015，(28)：51-53．

10. 徐青．BIM 技术在工程施工阶段造价控制中的应用研究[D]．北京交通大学，2016．

11. 李鹤龄．BIM 技术在项目实施阶段造价管理中的应用[D]．兰州交通大学，2016．

12. 林庆．BIM 技术在工程造价咨询业的应用研究[D]．华南理工大学，2014．

13. 谢尚佑．基于 BIM 技术全寿命周期造价管理研究及应用[D]．长安大学，2014．

14. 郭婷婷．PPP 模式风险分担研究[J]．金融天地，2016(03)．

15. 陈一鸣，唐会芳．基于 BIM 技术 PPP 项目全生命周期风险管理[J]．项目管理技术，2017：51-56．

16. 李雅琦．BIM 在 PPP 项目中的应用研究[J]．城市建设理论研究，2017(10)：47．

17. 刘尚阳，刘欢．BIM 技术应用于总承包成本管理的优势分析[J]．建筑经济，2013(6)：31-34．

18. 张树婕．BIM 在工程造价管理中的应用研究[J]．建筑经济，2012(2)：20-24．

19. 陈亮．BIM 在 EPC 总承包项目中的应用[J]．工程技术研究，2017：146-147．

20. 朱锐炎．EPC 总承包项目中的费用控制与管理[J]．工程建设．2016(06)．

21. 刘广文，牟培超，黄铭丰．BIM 应用基础．同济大学出版社，2013．

22. 郑慧萍．BIM 技术助力工程造价管理迈向"智慧、精细管理"的新时代．中国经济网，2014.10.15．

23. 秦丹绯．基于 BIM 技术工程项目全过程造价控制的实践与思考．科技信息，2013.01.25．

24. 张树捷．BIM 在工程造价管理中的应用研究[J]．建筑经济，2012，2：20-24．

25. 艾新．基于 BIM 的全过程造价管理应用探索．建筑与预算，2014，217(5)：14-18．

26. 孟森，刘欣，张世洋．浅谈基于 BIM 的工程造价管理[J]．工程建设，2012，44(5)：74-78．

27. 胡硕兵．建筑智能化系统运维管理探讨[J]．智能建筑，2010(1)．

28. 唐晓灵，田晨曦．建筑信息模型(BIM)技术扩散与应用研究[J]．建筑经济，2013(6)．

29. 徐海长，运维管理系统在智能建筑中的应用[J]，智能建筑与城市信息，2015(5)．

30. 彭金平．我国工程造价信息化建设的障碍及保障体系研究[D]．重庆大学，2015．

31. 王少星．基于 bim 技术的工程信息研究[D]．北方工业大学，2016．

32. 李勇，管昌生．基于 BIM 技术的工程项目信息管理模式与策略[J]．工程管理学报，2012，26(4)，17-20．

33. 马俐．论工程造价的信息化建设[J].运筹与管理，2006，15(3)，149-154.

34. 曹祥军．基于 BIM 技术工程造价管理信息研究[J].安徽建筑，2012，16，205-207.

35. 张建平．BIM 助力工程建设全面信息化[J].建筑设计管理，2011(3)，16-34.

36. 中国建设工程造价管理协会．中国工程造价信息化的回顾与展望[R]北京：吴佐民，安景合，郭靖娟等，2013.

37. 张振明．工程造价信息学引论[M].厦门：厦门大学出版社，2005.

38. 刘占省．BIM 技术概论[M].北京：中国建筑工业出版社．

39. 杨宝明．BIM 改变建筑业[M].北京：中国建筑工业出版社．

40. 全国造价工程师执业资格考试培训教材编审委员会．《建设工程造价管理》.中国计划出版社.2017.5.

41. 陈淳慧．詹述琦.《工程造价控制与管理》.上海交通大学出版社.2015.8.

42. 赵延龙．鲍学英.《工程造价管理》.西安交通大学出版社.2007.8.

43. 马楠．马永军．张国兴.《工程造价管理》.机械工业出版社.2016.2.

44. 陈建国．高显义.《工程计量与造价管理》.同济大学出版社.2010.5.

45. 廖天平．何永萍.《建设工程造价管理》.重庆大学出版社.2012.4.

46. 于慧中．郭仙君.《工程造价控制与管理》.中国建材工业出版社.2014.8.

47. 赵勤贤.《工程造价管理》.机械工业出版社.2013.7.

48. 张江波．BIM 模型算量应用[M].西安：西安交通大学出版社．

49. BIM 算量——探索 BIM 设计模型后价值-BIM 新闻-筑龙 BIM 论坛．

50. 刘素琴．BIM 技术在工程变更管理中设计阶段的应用研究 [D].南昌大学.2014.

51. 学术期刊《建筑经济》2017 年 4 期 周丹．基于 BIM 技术的造价数据库架构研究[J].建筑经济.201704.

52. 李美娟．基于 BIM 的建设工程施工合同计价模式研究 [D].重庆大学.2014.

53. 蒋泉．建筑工程中工程量计算方法及发展[J].安徽冶金科技职业学院学报.200904.

54. 互联网 标题：《 观点 BIM 造价数据库将有多专业？四个子数据库：造价指标库、企业定额库、人才机价格库、知识库 》.

55. 中华人民共和国国家标准．GB 50500—2013 建设工程工程量清单计价规范[S].北京：中国计划出版社，2013.

56. 中华人民共和国国家标准．GB 50856—2013 通用安装工程工程量计算规范[S].北京：中国计划出版社，2013.

57. 吴心伦．安装工程造价(第七版).重庆大学出版社.2014；6 页-48 页．

58. 苗月季 刘临川．安装工程基础与计价(第二版).中国电力出版社，2014；5 页-24 页．

59. 湖南省安装工程消耗量标准(基价表)，湖南省建设工程造价管理总站，湖南科学技术出版社，2014，长沙．

60. BIM 总论[M].中国建筑工业出版社，何关培，2011.

61. 信息化建筑设计[M].中国建筑工业出版社，赵红红主编，2005.

62. Balancing control and flexibility in joint risk management：Lessons learned from two construction projects[J]．Ekaterina Osipova，Per Erik Eriksson. International Journal of Project Management . 2012.

63. Building information modelling framework：A research and delivery foundation for industry stakeholders [J]．Bilal Succar. Automation in Construction . 2008 (3).

64. Risk perception and Bayesian analysis of international construction contract risks：The case of payment delays in a developing economy[J]．Francis K. Adams. International Journal of Project Management . 2007 (2).

65. Using fuzzy risk assessment to rate cost overrun risk in international construction projects[J]. Irem Dikmen，M. Talat Birgonul，Sedat Han. International Journal of Project Management . 2006 (5).

66. A fuzzy approach to construction project risk assessment and analysis：construction project risk management system[J]. V Carr, J. H. M Tah. Advances in Engineering Software . 2001 (10).

67. Risk and its management in the Kuwaiti construction industry：a contractors' perspective[J]. Nabil A. Kartam，Saied A. Kartam. International Journal of Project Management . 2001 (6).

68. 里程碑支付模式下 BIM 5D 现金流动态管理[D]. 韩东 . 东北财经大学 2015.

69. 基于 BIM 和 IPD 协同管理模式的建设工程造价管理研究[D]. 殷小非 . 大连理工大学 2015.

70. BIM 技术在工程造价管理中的应用研究[D]. 李菲 . 青岛理工大学 2014.

71. 基于 BIM 技术全寿命周期造价管理研究及应用[D]. 谢尚佑 . 长安大学 2014.

72. 基于 BIM 的建设工程全过程造价管理研究[D]. 刘畅 . 重庆大学 2014.

73. 基于 BIM 的建筑工程设计管理初步研究[D]. 尹航 . 重庆大学 2013.

74. 基于 BIM 的全过程造价管理研究[D]. 方后春 . 大连理工大学 2012.

75. 基于 BIM 的建设项目全生命周期信息管理研究[D]. 孙悦 . 哈尔滨工业大学 2011.

76. 对建筑工程全过程造价管理的研究[D]. 胡波 . 天津大学 2010.

77. A Web-platform for Linking IFC to External Information during the Entire Lifecycle of a Building[J]. Marc Dankers，Floris van Geel，Nicole M. Segers. Procedia Environmental Sciences . 2014.

78. Life cycle cost and carbon footprint of energy efficient refurbishments to 20th century UK school buildings[J]. Jamie Bull，Akshay Gupta，Dejan Mumovic，Judit Kimpian. International Journal of Sustainable Built Environment . 2014 (1).

79. Cost and Experience based Real Estate Estimation Model[J]. Vahida Zujo，Diana Car-Pusic，Valentina Zileska-Pancovska. Procedia - Social and Behavioral Sciences . 2014.

80. Design for maintenance accessibility using BIM tools[J]. Liu，Rui，Issa，Raja R A. Facilities . 2014 (3/4).

81. Combining life cycle costing and life cycle assessment for an analysis of a new residential district energy system design[J]. Miro Ristimki，Antti Synjoki，Jukka Heinonen，Seppo Junnila. Energy . 2013.

附件 1 建筑信息化 BIM 技术系列岗位专业技能考试管理办法

北京绿色建筑产业联盟文件

联盟 通字 【2018】09 号

通　知

各会员单位，BIM 技术教学点、报名点、考点、考务联络处以及有关参加考试的人员：

根据国务院《2016—2020 年建筑业信息化发展纲要》《关于促进建筑业持续健康发展的意见》（国办发［2017］19 号），以及住房和城乡建设部《关于推进建筑信息模型应用的指导意见》《建筑信息模型应用统一标准》等文件精神，北京绿色建筑产业联盟组织开展的全国建筑信息化 BIM 技术系列岗位人才培养工程项目，各项培训、考试、推广等工作均在有效、有序、有力的推进。为了更好地培养和选拔优秀的实用性 BIM 技术人才，搭建完善的教学体系、考评体系和服务体系。我联盟根据实际情况需要，组织建筑业行业内 BIM 技术经验丰富的一线专家学者，对于本项目在 2015 年出版的 BIM 工程师培训辅导教材和考试管理办法进行了修订。现将修订后的《建筑信息化 BIM 技术系列岗位专业技能考试管理办法》公开发布，2018 年 6 月 1 日起开始施行。

特此通知，请各有关人员遵照执行！

附件：建筑信息化 BIM 技术系列岗位专业技能考试管理办法　全文

二〇一八年三月十五日

附件：

建筑信息化 BIM 技术系列岗位专业技能考试管理办法

根据中共中央办公厅、国务院办公厅《关于促进建筑业持续健康发展的意见》（国发办〔2017〕19 号）、住建部《2016—2020 年建筑业信息化发展纲要》（建质函〔2016〕183 号）和《关于推进建筑信息模型应用的指导意见》（建质函〔2015〕159 号），国务院《国家中长期人才发展规划纲要（2010—2020 年）》《国家中长期教育改革和发展规划纲要（2010—2020 年）》，教育部等六部委联合印发的《关于进一步加强职业教育工作的若干意见》等文件精神，北京绿色建筑产业联盟结合全国建设工程领域建筑信息化人才需求现状，参考建设行业企事业单位用工需要和工作岗位设置等特点，制定 BIM 技术专业技能系列岗位的职业标准、教学体系和考评体系，组织开展岗位专业技能培训与考试的技术支持工作。参加考试并成绩合格的人员，由工业和信息化部教育与考试中心（电子通信行业职业技能鉴定指导中心）颁发相关岗位技术与技能证书。为促进考试管理工作的规范化、制度化和科学化，特制定本办法。

一、岗位名称划分

1. BIM 技术综合类岗位：

BIM 建模技术，BIM 项目管理，BIM 战略规划，BIM 系统开发，BIM 数据管理。

2. BIM 技术专业类岗位：

BIM 技术造价管理，BIM 工程师（装饰），BIM 工程师（电力）

二、考核目的

1. 为国家建设行业信息技术（BIM）发展选拔和储备合格的专业技术人才，提高建筑业从业人员信息技术的应用水平，推动技术创新，满足建筑业转型升级需求。

2. 充分利用现代信息化技术，提高建筑业企业生产效率、节约成本、保证质量，高效应对在工程项目策划与设计、施工管理、材料采购、运营维护等全生命周期内进行信息共享、传递、协同、决策等任务。

三、考核对象

1. 凡中华人民共和国公民，遵守国家法律、法规，恪守职业道德的。土木工程类、工程经济类、工程管理类、环境艺术类、经济管理类、信息管理与信息系统、计算机科学与技术等有关专业，具有中专以上学历，从事工程设计、施工管理、物业管理工作的社会企事业单位技术人员和管理人员，高职院校的在校大学生及老师，涉及 BIM 技术有关业务，均可以报名参加 BIM 技术系列岗位专业技能考试。

2. 参加 BIM 技术专业技能和职业技术考试的人员，除符合上述基本条件外，还需具备下列条件之一：

（1）在校大学生已经选修过 BIM 技术有关岗位的专业基础知识、操作实务相关课程的；或参加过 BIM 技术有关岗位的专业基础知识、操作实务的网络培训；或面授培训，或实习实训达到 140 学时的。

（2）建筑业企业、房地产企业、工程咨询企业、物业运营企业等单位有关从业人员，参加过 BIM 技术基础理论与实践相结合的系统培训和实习达到 140 学时，具有 BIM 技术系列岗位专业技能的。

四、考核规则

1. 考试方式

（1）网络考试：不设定统一考试日期，灵活自主参加考试，凡是参加远程考试的有关人员，均可在指定的远程考试平台上参加在线考试，卷面分数为 100 分，合格分数为 80 分。

（2）大学生选修学科考试：不设定统一考试日期，凡在校大学生选修 BIM 技术相关专业岗位课程的有关人员，由各院校根据教学计划合理安排学科考试时间，组织大学生集中考试。卷面分数为 100 分，合格分数为 60 分。

（3）集中考试：设定固定的集中统一考试日期和报名日期，凡是参加培训学校、教学点、考点考站、联络办事处、报名点等机构进行现场面授培训学习的有关人员，均需凭准考证在有监考人员的考试现场参加集中统一考试，卷面分数为 100 分，合格分数为 60 分。

2. 集中统一考试

（1）集中统一报名计划时间：（以报名网站公示时间为准）

夏季：每年 4 月 20 日 10：00 至 5 月 20 日 18：00。

冬季：每年 9 月 20 日 10：00 至 10 月 20 日 18：00。

各参加考试的有关人员，已经选择参加培训机构组织的 BIM 技术培训班学习的，直接选择所在培训机构报名，由培训机构统一代报名。网址：www.bjgba.com（建筑信息化 BIM 技术人才培养工程综合服务平台）

（2）集中统一考试计划时间：（以报名网站公示时间为准）

夏季：每年 6 月下旬（具体以每次考试时间安排通知为准）。

冬季：每年 12 月下旬（具体以每次考试时间安排通知为准）。

考试地点：准考证列明的考试地点对应机位号进行作答。

3. 非集中考试

各高等院校、职业院校、培训学校、考点考站、联络办事处、教学点、报名点、网教平台等组织大学生选修学科考试的，应于确定的报名和考试时间前 20 天，向北京绿色建筑产业联盟测评认证中心 BIM 技术系列岗位专业技能考评项目运营办公室提报有关统计报表。

4. 考试内容及答题

（1）内容：基于 BIM 技术专业技能系列岗位专业技能培训与考试指导用书中，关于 BIM 技术工作岗位应掌握、熟悉、了解的方法、流程、技巧、标准等相关知识内容进行命题。

（2）答题：考试全程采用 BIM 技术系列岗位专业技能考试软件计算机在线答题，系统自动组卷。

（3）题型：客观题（单项选择题、多项选择题），主观题（案例分析题、软件操作题）。

（4）考试命题深度：易 30%，中 40%，难 30%。

5. 各岗位考试科目

序号	BIM 技术系列岗位专业技能考核	考核科目			
		科目一	科目二	科目三	科目四
1	BIM 建模技术岗位	《BIM 技术概论》	《BIM 建模应用技术》	《BIM 建模软件操作》	
2	BIM 项目管理岗位	《BIM 技术概论》	《BIM 建模应用技术》	《BIM 应用与项目管理》	《BIM 应用案例分析》
3	BIM 战略规划岗位	《BIM 技术概论》	《BIM 应用案例分析》	《BIM 技术论文答辩》	
4	BIM 技术造价管理岗位	《BIM 造价专业基础知识》	《BIM 造价专业操作实务》		
5	BIM 工程师（装饰）岗位	《BIM 装饰专业基础知识》	《BIM 装饰专业操作实务》		
6	BIM 工程师（电力）岗位	《BIM 电力专业基础知识与操作实务》	《BIM 电力建模软件操作》		
7	BIM 系统开发岗位	《BIM 系统开发专业基础知识》	《BIM 系统开发专业操作实务》		
8	BIM 数据管理岗位	《BIM 数据管理业基础知识》	《BIM 数据管理专业操作实务》		

6. 答题时长及交卷

客观题试卷答题时长 120 分钟，主观题试卷答题时长 180 分钟，考试开始 60 分钟内禁止交卷。

7. 准考条件及成绩发布

（1）凡参加集中统一考试的有关人员应于考试时间前 10 天内，在 www. bjgba. com（建筑信息化 BIM 技术人才培养工程综合服务平台）打印准考证，凭个人身份证原件和准考证等证件，提前 10 分钟进入考试现场。

（2）考试结束后 60 天内发布成绩，在 www. bjgba. com 平台查询成绩。

（3）考试未全科目通过的人员，凡是达到合格标准的科目，成绩保留到下一个考试周期，补考时仅参加成绩不合格科目考试，考试成绩两个考试周期有效。

五、技术支持与证书颁发

1. 技术支持：北京绿色建筑产业联盟内设 BIM 技术系列岗位专业技能考评项目运营办公室，负责构建教学体系和考评体系等工作；负责组织开展编写培训教材、考试大纲、题库建设、教学方案设计等工作；负责组织培训及考试的技术支持工作和运营管理工作；负责组织优秀人才评估、激励、推荐和专家聘任等工作。

2. 证书颁发及人才数据库管理

（1）凡是通过 BIM 技术系列岗位专业技能考试，成绩合格的有关人员，专业类可以获得《职业技术证书》，综合类可以获得《专业技能证书》，证书代表持证人的学习过程和考试成绩合格证明，以及岗位专业技能水平。

（2）工业和信息化部教育与考试中心（电子通信行业职业技能鉴定指导中心）颁发证书，并纳入工业和信息化部教育与考试中心信息化人才数据库。

六、考试费收费标准

1. BIM技术综合类岗位考试收费标准：BIM建模技术830元/人，BIM项目管理950元/人，BIM系统开发950元/人，BIM数据管理950元/人，BIM战略规划980元/人（费用包括：报名注册、平台数据维护、命题与阅卷、证书发放、考试场地租赁、考务服务等考试服务产生的全部费用）。

2. BIM技术专业类岗位考试收费标准：BIM工程师（装饰）等各个专业类岗位830元/人（费用包括：报名注册、平台数据维护、命题与阅卷、证书发放、考试场地租赁、考务服务等考试服务产生的全部费用）。

七、优秀人才激励机制

1. 凡取得BIM技术系列岗位相关证书的人员，均可以参加BIM工程师"年度优秀工作者"评选活动，对工作成绩突出的优秀人才，将在表彰颁奖大会上公开颁奖表彰，并由评委会颁发"年度优秀工作者"荣誉证书。

2. 凡主持或参与的建设工程项目，用BIM技术进行规划设计、施工管理、运营维护等工作，均可参加"工程项目BIM应用商业价值竞赛"BVB奖（Business Value of BIM）评选活动，对于产生良好经济效益的项目案例，将在颁奖大会上公开颁奖，并由评委会颁发"工程项目BIM应用商业价值竞赛"BVB奖获奖证书及奖金，其中包括特等奖、一等奖、二等奖、三等奖、鼓励奖等奖项。

八、其他

1. 本办法根据实际情况，每两年修订一次，同步在www.bjgba.com平台进行公示。本办法由BIM技术系列岗位专业技能人才考评项目运营办公室负责解释。

2. 凡参与BIM技术系列岗位专业技能考试的人员、BIM技术培训机构、考试服务与管理、市场传推广、命题判卷、指导教材编写等工作的有关人员，均适用于执行本办法。

3. 本办法自2018年6月1日起执行，原考试管理办法同时废止。

北京绿色建筑产业联盟

（BIM技术系列岗位专业技能人才考评项目运营办公室）

二〇一八年三月

附件2 建筑信息化 BIM 技术造价管理职业技能考试大纲

目　　录

编　制　说　明

　　为了响应住建部《2016—2020 年建筑业信息化发展纲要》（建质函［2016］183 号）《关于推进建筑信息模型应用的指导意见》（建质函［2015］159 号）文件精神，结合《建筑信息化 BIM 技术系列岗位专业技能考试管理办法》，北京绿色建筑产业联盟邀请多位 BIM 造价方面相关专家经过多次讨论研究，确定了《BIM 造价专业基础知识》与《BIM 造价专业操作实务》两个科目的考核内容，BIM 技术造价管理职业技能考试将依据本考纲命题考核。

　　建筑信息化 BIM 技术造价管理职业技能考试大纲，是参加 BIM 技术造价管理职业技能考试人员在专业知识方面的基本要求。也是考试命题的指导性文件，考生在备考时应充分解读《考试大纲》的核心内容，包括各科目的章、节、目、条下具体需要掌握、熟悉、了解等知识点，以及报考条件和考试规则等等，各备考人员应紧扣本大纲内容认真复习，有效备考。

　　《BIM 造价专业基础知识》要求被考评者了解 BIM 造价的基本概念、特点；熟悉 BIM 造价的应用及价值；掌握 BIM 在工程计量方面的应用，其中包括 BIM 土建计量，BIM 安装计量同时掌握 BIM 在工程计价以及全过程造价管理中的应用。

　　《BIM 造价专业操作实务》要求被考评者了解项目各阶段 BIM 相关软件，熟悉 BIM 造价专业软件，掌握 BIM 计量操作实务、BIM 计价操作实务以及 BIM 造价在项目各阶段的实战应用。

《建筑信息化 BIM 技术造价管理职业技能考试大纲》编写委员会

2018 年 4 月

考　试　说　明

一、考核目的

一是为建筑信息化技术发展选拔合格的职业技能人才，提高建筑业从业人员信息技术的应用水平，推动技术创新，满足建筑业转型升级需求。

二是充分利用现代信息化技术，实现项目全生命周期中数据共享，能够有效应对工程设计变更，节省大量人力物力，保证各方对于工程实体客观数据的信息的对称性。

二、职业名称定义

BIM 技术造价管理职业技术人员是基于 BIM 进行工程算量和预算编制、相关项目成本过程控制以及相关项目成本经济分析的 BIM 技术人员。

三、考核对象

1. 凡中华人民共和国公民，遵守国家法律、法规，恪守职业道德的，工程经济类、工程管理类、经济管理类等有关专业，具有中专以上学历，从事工程造价咨询、施工管理工作的企事业单位技术人员和管理人员，高职院校的在校大学生及老师，涉及 BIM 技术造价管理有关业务的，均可以报名参加 BIM 技术造价管理职业技术考试。

2. 参加 BIM 技术造价管理职业技术考试的人员，除符合上述基本条件外，还需具备下列条件之一：

（1）在校大学生已经选修过 BIM 技术造价管理的《BIM 造价专业基础知识》、《BIM 造价专业操作实务》相关课程的；或参加过 BIM 技术造价管理有关岗位的专业基础知识、操作实务的网络培训；或面授培训，或实习实训达到 140 学时的。

（2）建筑业工程造价咨询企业、房地产企业、施工企业等单位有关从业人员，参加过 BIM 技术造价管理基础理论与实践相结合的系统培训和实习达到 140 学时，具有 BIM 技术造价管理相应水平的。

四、考试方式

（1）大学生选修学科考试：不设定统一考试日期，凡在校大学生选修 BIM 技术相关专业岗位课程的有关人员，由各院校根据教学计划合理安排学科考试时间，组织大学生集中考试。卷面分数为 100 分，合格分数为 60 分。

（2）集中考试：设定固定的集中统一考试日期和报名日期，凡是参加培训学校、教学点、考点考站、联络办事处、报名点等机构进行现场面授培训学习的有关人员，均需凭准考证在有监考人员的考试现场参加集中统一考试，卷面分数为 100 分，合格分数为 60 分。

五、报名及考试时间

（1）网络平台报名计划时间（以报名网站公示时间为准）：

夏季：每年 4 月 20 日 10：00 至 5 月 20 日 18：00。

冬季：每年 9 月 20 日 10：00 至 10 月 20 日 18：00。

各参加考试的有关人员，已经选择参加培训机构组织的 BIM 技术造价管理职业技术培训班学习的，直接选择所在培训机构报名考试，由培训机构统一组织考生集体报名。网址：www.bjgba.com（建筑信息化 BIM 技术人才培养工程综合服务平台）。

（2）集中统一考试计划时间（以报名网站公示时间为准）：

夏季：每年 6 月下旬（具体以每次考试时间安排通知为准）。

冬季：每年 12 月下旬（具体以每次考试时间安排通知为准）。

考试地点：准考证列明的考试地点对应机位号进行作答。

六、考试科目、内容、答题及题量

（1）考试科目：《BIM 造价专业基础知识》《BIM 造价专业操作实务》（由 BIM 技术应用型人才培养丛书编写委员会编写，中国建筑工业出版社出版发行，各建筑书店及网店有售）。

（2）内容：基于 BIM 技术应用型人才培养丛书中，关于 BIM 技术造价管理工作岗位应掌握、熟悉、了解的方法、流程、技巧、标准等相关知识内容进行命题。

（3）答题：考试全程采用 BIM 技术造价管理职业技术考试平台计算机在线答题，系统自动组卷。

（4）题型：客观题（单项选择题、多项选择题），主观题（简答题、软件操作题）。

（5）考试命题深度：易 30%，中 40%，难 30%。

（6）题量及分值：

《BIM 造价专业基础知识》考试科目：单选题共 40 题，每题 1 分，共 40 分。多选题共 20 题，每题 2 分，共 40 分。简答题共 4 道，每道 5 分，共 20 分。卷面合计 100 分，答题时间为 120 分钟。

《BIM 造价专业操作实务》考试科目：土建计量与计价 4 题，每题 25 分，共 100 分。安装计量与计价 4 题，每题 25 分，共 100 分。答题时间为 180 分钟。

（7）答题时长及交卷：客观题试卷答题时长 120 分钟，主观题试卷答题时长 180 分钟，考试开始 60 分钟内禁止交卷。

七、准考条件及成绩发布

（1）凡参加集中统一考试的有关人员应于考试时间前 10 天内，在 www.bjgba.com（建筑信息化 BIM 技术人才培养工程综合服务平台）打印准考证，凭个人身份证原件和准考证等证件，提前 10 分钟进入考试现场。

（2）考试结束后 60 天内发布成绩，在 www.bjgba.com 平台查询。

（3）考试未全科目通过的人员，凡是达到合格标准的科目，成绩保留到下一个考试周期，补考时仅参加成绩不合格科目考试，考试成绩两个考试周期有效。

八、继续教育

为了使取得 BIM 技术造价管理职业技术证书的人员能力不断更新升级，通过考试成绩合格的人员每年需要参加不低于 30 学时的继续教育培训并取得继续教育合格证书。

九、证书颁发

考试测评合格人员，由工业和信息化部教育与考试中心颁发《职业技术证书》，在参加考试的站点领取，证书全国统一编号，在中心的官方网站进行证书查询。

BIM 造价专业基础知识考试大纲

1 工程造价基础知识

1.1 工程造价概述
1.1.1 了解建设工程相关概念
1.1.2 熟悉工程造价的含义、特点、职能
1.1.3 熟悉工程造价的计价特征和影响因素

1.2 工程造价管理
1.2.1 了解工程造价管理的相关概念
1.2.2 了解国内外工程造价管理的产生和发展

1.3 全国注册造价工程师
1.3.1 了解全国注册造价工程师的概念
1.3.2 了解全国注册造价工程师的执业范围
1.3.3 了解全国注册造价工程师应具备的能力
1.3.4 了解全国注册造价工程师执业资格制度

1.4 工程造价咨询
1.4.1 熟悉工程造价咨询的含义和内容
1.4.2 了解工程造价咨询企业的资质等级
1.4.3 了解我国现行工程造价咨询企业管理制度

1.5 工程造价行业发展现状
1.5.1 了解工程造价计量工作的现状
1.5.2 了解工程造价计价工作的现状
1.5.3 了解工程造价管理工作的现状和趋势

1.6 相关法律
1.6.1 了解建筑法
1.6.2 了解招投标法
1.6.3 了解合同法
1.6.4 了解价格法

2 BIM 造价概述

2.1 BIM 造价的概念
2.1.1 了解 BIM 的由来
2.1.2 了解 BIM 的概念
2.1.3 了解 BIM 造价的含义

2.2　BIM 造价的发展

2.2.1　了解传统造价阶段

2.2.2　熟悉 BIM 造价阶段

2.3　BIM 造价软件简介

2.3.1　了解国外 BIM 造价软件

2.3.2　了解国内 BIM 造价软件

2.4　BIM 造价的特征

2.4.1　熟悉 BIM 造价精细化特征

2.4.2　熟悉 BIM 造价动态化特征

2.4.3　熟悉 BIM 造价一体化特征

2.4.4　熟悉 BIM 造价信息化特征

2.4.5　熟悉 BIM 造价智能化特征

2.5　BIM 造价的作用与价值

2.5.1　了解 BIM 在造价管理中的优势

2.5.2　了解 BIM 对造价管理模式的改进

2.5.3　掌握 BIM 造价在各参与方中的价值

2.6　BIM 造价市场需求预测

2.6.1　了解 BIM 造价应用的必然性

2.6.2　了解未来 BIM 造价应用趋势

2.6.3　了解 BIM 造价人才培养需求

3　BIM 与工程计量

3.1　工程计量概述

3.1.1　熟悉工程计量的依据

3.1.2　掌握工程计量的规范

3.1.3　掌握工程计量的方法，包括一般工程量计算方法、统筹法计算工程量以及信息技术在工程计量中的应用

3.2　BIM 土建计量

3.2.1　掌握土建计量内容，包括土建计量的含义、建筑面积的计算、土建分部分项工程的计量（其中包括土石方工程、地基处理和基坑支护工程、桩基工程、砌筑工程、混凝土及钢筋混凝土工程、金属结构工程、木结构工程、门窗工程、屋面及防水工程、保温、隔热、防腐工程）、土建措施项目的计量、土建装饰装修工程的计量、楼地面装饰工程、墙、柱面装饰与隔断、幕墙工程、天棚工程、掌握油漆、涂料、裱糊工程、其他装饰工程，以及其他土建工程的计量，如拆除工程

3.3　安装计量

3.3.1　熟悉安装计量内容，包括安装计量涵义、电气工程及管道工程的计量、建筑给排水工程及消防工程的计量

3.4　BIM 时代软件化计量的发展和优势

3.4.1　熟悉 BIM 软件计量基本流程

3.5　BIM 与工程量计算

3.5.1　了解工程量计量发展历程，包括手工算量、软件表格法算量、三维算量软件以及 BIM 计量

3.5.2　掌握 BIM 计量的优势，包括提高工程量计算准确性、数据共享和历史数据积累、提高工程变更管理能力以及提高造价管控水平

3.5.3　掌握 BIM 计量基本流程，包括 REVIT 明细表统计工程量、REVIT 中提取算量信息以一定的数据格式导进传统算量软件以及在 REVIT 平台上内置的算量插件直接生成工程量

4　BIM 与工程计价

4.1　工程计价概述

4.1.1　了解工程计价概念与依据

4.1.2　熟悉安装工程类别划分

4.1.3　了解工程造价的构成

4.1.4　掌握建筑安装工程造价费用的计算方法

4.1.5　掌握建筑安装工程计价程序

4.1.6　掌握建筑安装工程的计价模式

4.1.7　掌握工程造价的价差调整

4.2　BIM 在工程计价中的应用

4.2.1　了解当前工程计价的难点

4.2.2　熟悉基于 BIM 技术的工程计价的优势

4.2.3　掌握 BIM 技术在工程计价的应用，包括工程计价各个阶段的 BIM 技术应用、利用 BIM 技术建立造价数据库以及建立基于 BIM 技术的合同计价模式

5　BIM 造价管理

5.1　BIM 在全过程造价管理中的应用

5.1.1　掌握 BIM 造价在决策阶段的应用

5.1.2　掌握 BIM 造价在设计阶段的应用

5.1.3　掌握 BIM 造价在招投标阶段的应用，包括 BIM 设计模型导入、基于 BIM 的工程算量

5.1.4　掌握 BIM 造价在施工过程中的应用

5.1.5　掌握 BIM 造价在工程竣工结算中的应用

5.1.6　掌握基于 BIM 的运维管理

5.2　新型管理模式下的 BIM 造价应用

5.2.1　熟悉 PPP 项目的 BIM 造价应用

5.2.2　熟悉 EPC 项目的 BIM 造价应用

6　BIM 与造价信息化

6.1　工程造价信息简介

6.1.1　了解工程造价信息的特征

6.1.2　了解工程造价信息的种类

6.2　工程造价信息化

6.2.1　了解工程造价信息化含义

6.2.2　了解工程造价信息化的必然性

6.2.3　了解工程造价信息化的制约因素

6.3　BIM 在工程造价信息化建设的价值

6.3.1　了解 BIM 在建筑领域的应用背景

6.3.2　熟悉 BIM 在工程造价信息化建设的价值。

BIM 造价专业操作实务考试大纲

1　BIM 造价软件概述

1.1　BIM 软件概述

1.1.1　了解项目前期策划阶段的 BIM 软件

1.1.2　了解项目设计阶段的 BIM 软件

1.1.3　了解施工阶段的 BIM 软件

1.1.4　了解运营阶段的 BIM 软件

1.2　BIM 基础应用软件

1.2.1　熟悉何氏分类法

1.2.2　熟悉 AGC 分类法

1.2.3　了解厂商、专业分类法

1.2.4　了解国外软件

1.3　BIM 造价专业软件

1.3.1　掌握新点 BIM5D 算量软件

1.3.2　了解广联达 BIM 土建算量软件

1.3.3　了解鲁班 BIM 算量软件

1.3.4　了解斯维尔 BIM 算量软件

1.3.5　了解晨曦 BIM 算量软件

1.3.6　了解品茗 BIM 算量软件

1.4　BIM 造价软件应用现状与展望

1.4.1　熟悉工程造价管理进入过程管控阶段

1.4.2　掌握 BIM 技术在工程造价管控中的应用

1.4.3　了解人工智能与工程造价

2　BIM 计量操作实务

2.1　国内造价工程量计算的标准和规范
2.2　BIM 技术的计量概述
2.2.1　熟悉建筑与装饰工程的计量
2.2.2　熟悉安装工程的计量
2.3　BIM 技术的算量软件实物操作
2.3.1　掌握建筑与装饰工程的算量软件实物操作
2.3.2　掌握安装工程的算量软件实物操作
2.3.3　掌握钢筋工程的算量软件实物操作

3　BIM 计价操作实务

3.1　国内造价计价的标准及规范
3.1.1　掌握工程计价方法及计价依据
3.1.2　掌握建设工程定额计价规范
3.1.3　掌握建设工程清单计价规范
3.2　BIM 专业化计价软件实务操作
3.2.1　掌握 BIM 专业化计价软件实务操作
3.2.2　熟悉建筑与装饰工程计价操作总说明
3.2.3　掌握安装工程计价操作
3.3　BIM 计价之云计价
3.3.1　了解 BIM 云计价概述
3.3.2　了解 BIM 云计价软件介绍

4　BIM 造价管理实务

4.1　设计阶段 BIM 造价实战应用
4.1.1　掌握 BIM 造价在绿色节能分析方面的实战应用
4.1.2　掌握 BIM 造价在辅助决策方面的实战应用
4.1.3　掌握 BIM 造价在设计审核阶段的实战应用
4.1.4　掌握 BIM 造价的限额设计（经济指标分析）
4.2　招投标阶段 BIM 造价实战应用
4.2.1　掌握 BIM 造价在预算价精算、复核阶段的实战应用
4.2.2　掌握 BIM 造价在项目预算、资金计划阶段的实战应用
4.3　施工阶段 BIM 造价实战应用
4.3.1　掌握 BIM 造价在支付审核阶段的实战应用
4.3.2　掌握 BIM 造价在建造阶段的碰撞检查、预留洞口定位
4.3.3　掌握 BIM 造价在方案模拟阶段的实战应用
4.3.4　掌握 BIM 造价在进度模拟与监控阶段的实战应用

4.3.5　掌握 BIM 造价钢筋成本管控方面的实战应用

4.3.6　掌握 BIM 造价在资料管理方面的实战应用

4.3.7　掌握 BIM 造价的现场管理（移动端的应用）

4.3.8　掌握 BIM 造价的变更签证管理

4.4　结算阶段 BIM 造价实战应用

4.4.1　掌握 BIM 造价的结算方法

4.4.2　掌握基于 BIM 的结算审计优势总结

4.5　全过程造价控制阶段 BIM 造价的实战应用

4.5.1　了解 BIM 全过程应用概述

4.5.2　掌握 BIM 全过程造价管理项目应用

5　BIM 造价应用实务案例

5.1　BIM 造价应用实战之陕西某互联网数据中心项目 B 区

5.1.1　了解项目信息

5.1.2　熟悉基于 BIM 模型的造价优势

5.1.3　掌握 BIM 模型各专业算量